BAND 1

Führung
Frauen und ihre Chefs

Verlag BertelsmannStiftung

Bibliografische Information der Deutschen Nationalbibliothek

Die Deutsche Nationalbibliothek verzeichnet diese Publikation in der Deutschen Nationalbibliografie; detaillierte bibliografische Daten sind im Internet unter http://dnb.d-nb.de abrufbar.

Verantwortlich: Martina Schwenk
Lektorat: Viola Eigenberz, Hamburg
Herstellung: Sabine Reimann
Gestaltung: Visio Kommunikation GmbH, Bielefeld
Umschlagfoto: Katrin Biller, k.zwo, Bielefeld
Bildnachweis innen: Cartoons: Dirk Meissner, Köln;
Foto S. 5: Arne Weychardt, Hamburg; Foto S. 7: Bundesregierung/Kugler;
Foto S. 84 oben: Frank Nürnberger, Berlin;
Foto S. 84 unten: Kristina Jentzsch, Halblech Berghof
Druck: Hans Kock Buch- und Offsetdruck GmbH, Bielefeld
ISBN 978-3-86793-514-2

www.bertelsmann-stiftung.de/verlag

Inhalt

Vorwort
Liz Mohn ... 4

Grußwort
Ursula von der Leyen ... 6

Lese-Hinweise ... 8

Einleitung ... 10

1 Die Macht der kleinen Dinge ... 12

2 „Die Frauen wollen ja nicht ...“ ... 16

3 Das Sichtbarkeitsdilemma ... 21

4 Extreme Minderheiten und extreme Mehrheiten ... 24

5 Führen Frauen wirklich anders? ... 30

6 Mixed Teams ... 36

7 Ein guter Chef bindet ... 41

8 Gender Pay Gap – bitte schließen! ... 46

9 Vermeidbare Verluste ... 54

10 Die gläserne Decke ... 59

11 Der Sprung ins Top-Management ... 64

12 Vorsichtig in der Führungsrolle ... 70

13 Der Nonkonformist – ein Wunschbild ... 74

Quellenverzeichnis ... 78

Inhaltsverzeichnisse Band 2, 3, 4 ... 83

Die Autorinnen ... 84

Vorwort

Seit wann dürfen Frauen ihr eigenes Bankkonto führen und ohne Erlaubnis ihres Ehemanns eine Arbeit aufnehmen? Mögen bereits die Fragen Frauen der jüngeren Generation irritieren – die Antworten tun es wohl umso mehr: Die Kontoeröffnung ist seit 1962 möglich und die Entscheidung über eine Berufstätigkeit ab 1977! Entscheidende Eckpfeiler auf dem Weg zur Gleichberechtigung in unserer Gesellschaft liegen also noch nicht so lange zurück. Kulturen zu verändern, braucht Zeit, benötigt Vorbilder, aber zuallererst Personen, die Prozesse vorantreiben und umsetzen.

Nicht anders verhält es sich in Organisationen, weil Führungskräfte – ob männlich oder weiblich – einen Kulturwandel zu mehr Chancengleichheit gravierend beeinflussen und verantwortlich mitgestalten können. Frauen zur Realisierung ihrer Berufs- und Karriereziele zu ermutigen, ihre Kompetenzen wertzuschätzen und ihnen Selbstvertrauen zu vermitteln, ist bei weitem nicht nur eine Strategie gegen den demographischen Wandel – es ist ein Gebot der Fairness, der Gleichberechtigung und der Sinnstiftung.

Heute sind über 70 % der Frauen erwerbstätig. Die Hälfte der Studierenden in deutschen Hochschulen ist inzwischen weiblich. Junge Frauen besitzen darüber hinaus oftmals bessere Hochschul- und Schulabschlüsse als ihre männlichen Kollegen. Ihre fachlichen und sozialen Kompetenzen sind ein wertvolles Potenzial für jede Organisation. Aber trotzdem findet sich in den oberen Etagen bundesdeutscher Unternehmen nach wie vor nur ein Anteil von ca. 10 % weiblicher Führungskräfte.

Natürlich braucht es organisatorische Rahmenbedingungen, um Frauen bei der Realisierung ihrer beruflichen Ziele zu unterstützen: die Vereinbarkeit von Privat- und Berufsleben, die Flexibilisierung von Arbeitszeiten und Maßnahmen im Rahmen der Führungskräfte- und Personalentwicklung. Benötigt werden auch ein neues Rollenverständnis der Männer und insbesondere Führungskräfte, die sich ihrer Verantwortung bei der Förderung von Frauen bewusst sind: Nach welchen Maßstäben fördere ich Mitarbeiter? Wie kommuniziere ich in meinen Bereichen? Welche Anreize setze ich als Führungskraft?

Seit 2009 setzt sich die Bertelsmann Stiftung mit Executive Trainings, Hörbüchern und Studien für die Förderung weiblicher Führungskräfte ein. Diese Publikation wendet sich gezielt an Führungskräfte, um sie für *ihre* Möglichkeiten bei der Förderung weiblicher Mitarbeiter zu sensibilisieren und bei der Gestaltung chancengleicher Führungskulturen zu unterstützen.

Ich danke allen Beteiligten an der Studie, an der Publikation und in den Fokusgruppen für ihr großartiges Engagement – es ist für mich ein wertvoller Beitrag, um einerseits Frauen in ihren beruflichen Chancen zu unterstützen, aber insbesondere auch, um unsere Arbeitswelt gleichberechtigt, sozial und human zu gestalten.

Liz Mohn
stellv. Vorsitzende des Vorstands der Bertelsmann Stiftung

Grußwort

Die amerikanische Frauenrechtlerin Susan B. Anthony hat einmal gesagt: "Our job is not to make young women grateful. It is to make them ungrateful, so that they keep on going." Heute – 150 Jahre nach dieser Feststellung – sind wir in Sachen Gleichberechtigung weit gekommen: Mary Barra hat bei General Motors das Steuer übernommen, die oberste Währungshüterin der USA heißt Janet Yellen und die kleine Tochter einer Berliner Rechtsanwältin fragte ihre Mutter in meiner Hörweite: „Mama, kann eigentlich auch ein Mann Bundeskanzlerin werden?"

Ich bin stolz und dankbar, dass ich die erste Frau bin, die in unserem Land zur Verteidigungsministerin ernannt wurde. Und ich hoffe, dass es nur ein Zufall ist, dass es gerade die erste Bundeskanzlerin dieses Landes war, die mich für dieses Amt ausgewählt hat.

In meinem neuen Amt betrete ich nun einen Bereich, in dem der Frauenanteil gerade einmal bei zehn Prozent liegt: Erst seit dem Jahr 2001 stehen Frauen überhaupt alle militärischen Laufbahnen offen.

Inzwischen leisten knapp 19.000 Soldatinnen ihren Dienst – Tendenz steigend. Zunehmend übernehmen Frauen in der Bundeswehr Führungspositionen. Und doch gibt es bis zum heutigen Tag in der ganzen Bundeswehr nur eine Generalin!

Die Studie „Truppenbild ohne Dame" zeigt zudem eine Entwicklung, wie wir sie auch in anderen Bereichen erlebt haben.

Während anfänglich Frauen noch wohlwollend bei ihren ersten Schritten auf fremdem Terrain begleitet werden, so wandelt sich die Sicht, wenn Frauen anfangen, zu Konkurrentinnen zu werden.

„Das Integrationsklima für Frauen trübt sich leicht ein." So heißt es etwas vornehmer in unserer Bundeswehr-Studie.

Diese Mechanismen sind altbekannt und sie sollten uns nicht schrecken. Wir sind auf dem richtigen Weg – auch im Bereich der alten Männerdomäne „Verteidigung". Das belegt ein Tweet, der für Furore sorgte: Er zeigt meine Amtskolleginnen Ine Eriksen (Norwegen), Karin Enström (Schweden), Jeanine Hennis-Plasschaert (Niederlande) und mich – bei einem Plausch mitten auf der Münchener Sicherheitskonferenz. „Verteidigungsministerinnen unter sich" – so die Bildunterschrift.

Es ist vielleicht noch ein langer Weg, bis die erste Tochter fragen wird: „Mama, kann man auch als Mann Verteidigungsministerin werden?" Aber die ersten Schritte sind gemacht. Die gute Nachricht ist doch: Weibliche Führung ist selbst in traditionellen Männerdomänen keine Frage mehr des „Ob?", sondern des „Wie?".

Das große Verdienst dieser Publikation der Bertelsmann Stiftung ist es, dass sie genau dieses „Wie?" analysiert und Lösungen aufzeigt – intelligent und völlig frei von Dogmen. Mehr davon!

Dr. Ursula von der Leyen
Bundesministerin der Verteidigung

Lese-Hinweise

- Sie finden in diesem Schuber fünf Bände. Die ersten vier nähern sich der Fragestellung „Führungsfrauen – wie man sie findet und wie man sie bindet“ jeweils im Fokus eines wichtigen Einflussbereichs an: die Führungskräfte der Frauen, das Unternehmen als Ganzes, das Personalmanagement sowie das Zusammenspiel von Karriere und Privatleben. Jeder Band steht für sich, sodass Sie sich je nach Interesse oder aktuellem Handlungsfeld einzelne Abschnitte heraussuchen können.

- Während der Vorbereitung dieser Texte haben wir uns für zwei Tage mit 15 Frauen der mittleren Führungsebene getroffen und mit ihnen über ihre Entwicklung, ihre Erfahrungen und ihre Vorhaben diskutiert. Immer wenn im folgenden Text von der „Fokusgruppe“ die Rede ist, sind diese Frauen gemeint. Ihnen verdanken wir nicht nur zwei anregende Tage, sondern auch viele Erkenntnisse und zahlreiche prägnante Aussagen. Die Zitate sind in den Bänden 1–4 gekennzeichnet durch ❞ zu finden.

- In der Regel finden Sie am Ende jeden Kapitels den Abschnitt **Was tun?**. Hier bekommen Sie knappe, handlungsorientierte Empfehlungen an die Hand, wie mehr Frauen dauerhaft in Führungspositionen kommen und bleiben. Abgerundet wird jedes Kapitel mit weiterführenden Lese- oder Hörtipps **ZUM WEITERLESEN**. Alle benannten Studienergebnisse oder Publikationen, die im Internet öffentlich zugänglich sind, finden Sie gesammelt unter www.creating-corporate-cultures.org/fuehrungsfrauen zum Download in der Rubrik „Literatur“.

- Der fünfte Band ist eine Literaturrecherche zum Thema. Frau Dr. Edding hat sie 2012 im Auftrag der Bertelsmann Stiftung erstellt. Sie diente im ersten Schritt der Vorbereitung der hier vorliegenden Bände 1–4. Wer sie las, war begeistert und der Leserkreis wuchs an. Aufgrund der sehr positiven Resonanz haben wir uns entschlossen, sie hier als zusätzlichen, zitierfähigen Materialienband aufzunehmen.

EINLEITUNG

Führung
Frauen und ihre Chefs

Entscheidend für den Aufstieg oder Nicht-Aufstieg von Frauen sind in deutschen Unternehmen nicht die Frauen selbst, sondern immer noch ihre Chefs. Sie ermöglichen oder behindern Karrieren. Natürlich müssen Frauen ihren Aufstieg wollen und aktiv betreiben. Es steht jedoch fest, dass Gender-Diversity in verantwortungsvollen Positionen nicht allein, ja, wahrscheinlich nicht einmal in erster Linie, eine Angelegenheit der Frauen ist.

Auf allen Stufen der Hierarchie sind Vorgesetzte die Türöffner für den Aufstieg. Sie sind die Personen, die in der täglichen Begegnung verborgene Talente entdecken, schlummernden Ehrgeiz wecken und Zögernde ermutigen können. Genauso können sie aber auch dafür sorgen – meist ohne es zu wollen, oft ohne es zu bemerken –, dass vielversprechende Frauen resignieren oder sich wegbewerben.

Lesen Sie in diesem Band, welche Rolle Führungskräfte, Unternehmenschefs wie auch direkte Vorgesetzte für die Karriere von Frauen spielen, und erfahren Sie, warum Vielfalt ein wichtiges Thema ist, um die Leistungsfähigkeit und Reputation Ihres Unternehmens auch in Zukunft zu sichern. Wir räumen für Sie mit den schlimmsten Führungsfrauen-Klischees auf und bieten Strategien zur Förderung fähiger Frauen – vorab ein paar Aspekte, die ausführlich beleuchtet werden:

Zu den größten Karrierehürden der Frauen gehören Mikro-Herabsetzungen: kleine Ungerechtigkeiten, flüchtige Kommunikationsakte, oft verdeckt, schwer beweisbar, tief schmerzend. Die Frage ist: Wie arbeiten Sie als Chef erfolgreich mit Mikro-Bestätigungen?
→ Kapitel 1

Wer Karriere machen möchte, will „gesehen" werden. Frauen werden in Unternehmen aber oft nur als Frau gesehen, nicht als Leistungsträgerin und als Expertin mit Fach- und Führungskompetenz. Es gibt ein Sichtbarkeitsdilemma. Wie löst man es auf?
→ Kapitel 3

Man kann es kaum glauben, aber es ist immer noch so. Frauen werden geringer bezahlt, selbst wenn sie die gleiche oder vergleichbare Arbeit tun und gleich oder vergleichbar qualifiziert sind. Willkommen im Gender Pay Gap. Wie lässt er sich schließen?
→ Kapitel 8

Mit der gläsernen Decke ist gemeint, dass talentierte Frauen in Unternehmen kaum Chancen haben, ins obere Management aufzusteigen. Der Zugang ist wie durch eine unsichtbare Barriere verwehrt. Womit hat das zu tun? Wer sind die Hüter dieser gläsernen Decke?
→ Kapitel 10

Führungskräfte haben die Aufgabe und den Spielraum, Veränderungen im Unternehmen zu bewirken. In diesem Band finden Sie jede Menge Hinweise, wo und wie Sie heute schon damit anfangen können.

1

Die Macht der kleinen Dinge

Führungsfrauen müssen sich mehr anstrengen als Männer, wenn sie eine verantwortungsvolle Position in einem männerdominierten Feld erfolgreich ausfüllen wollen. In ihrem beruflichen Alltag begegnen ihnen immer wieder kränkende und herabsetzende Verhaltensweisen. Wie sollen sie diesen begegnen? Protestieren sie, wird ihnen das als Überempfindlichkeit ausgelegt. Sagen sie nichts, heißt es, sie seien womöglich zu schwach. Wenn Frauen manchmal mit der (informell geäußerten) Begründung „Das tue ich mir nicht an“ Entwicklungsmöglichkeiten ausschlagen, dann ist es in der Regel nicht die Arbeit selbst, die sie sich nicht antun möchten, sondern deren besondere Begleitumstände.

Prekäre Zugehörigkeit

Wir Menschen sind soziale Wesen und brauchen Zugehörigkeit. Aber für Frauen, die in männerdominierten Bereichen eine Führungsposition innehaben, ist diese nicht leicht zu erreichen. Hier fühlen sich Männer selbstverständlich als Teil des Teams. Ihnen geht es darum, innerhalb des jeweiligen Gremiums ihren Status zu sichern oder, besser noch, zu erhöhen. Frauen dagegen ringen darum, ob sie überhaupt mitmachen dürfen. Sie sind in der Minderheit, und das heißt erst einmal Außenseiter. Frauen in hohen Führungspositionen sind immer noch nicht normal, sie entsprechen nicht dem Manager-Prototyp. Zugang zu finden zum Kreis der Kollegen, also als Fach- und Führungskraft akzeptiert zu werden, ist nicht einfach. Die Frau kann die Männer nicht einfach nachmachen, das würde ihr die Akzeptanz nicht sichern. Genaue Beobachtung und vorsichtiges Experimentieren sind hier nötig. Partnerinnen, um sich auszutauschen und Vergleiche anzustellen – so etwas wie „Best Practice für Minderheiten“ –, wären willkommen, aber sie fehlen. Die Frau muss allein herausfinden, wie sie angemessen angezogen ist; wie sie Kontakte knüpfen, Netzwerke aufbauen kann, ohne in missverständliche Situationen zu geraten; wie sie ihren Status sichern und was sie tun kann, wenn er ignoriert wird; wie sie zu Wort kommen kann und auch gehört wird; wie sie sich zu Zoten und frauenfeindlichen Bemerkungen verhalten soll – die Liste ließe sich verlängern.

Winzige Herabsetzungen, der Sand im Schuh

Eine amerikanische Beraterin hat vor Jahren den Ausdruck „Micro-Inequities" geprägt, Mikro-Herabsetzungen oder -Ungerechtigkeiten. Sie beschreibt sie als „scheinbar kleine Ereignisse, die oft flüchtig und kaum zu beweisen sind, verdeckte Geschehnisse, oft ohne Absicht, häufig unerkannt durch den Verursacher, die immer dann passieren, wenn Menschen als anders wahrgenommen werden".[1]

Wir alle, ob wir es bemerken oder nicht, drücken unsere Haltung gegenüber anderen durch unzählige winzige Kommunikationsakte aus – seien sie nun herabsetzend oder anerkennend. Die herabsetzenden sind wie Sandkörner im Schuh – kleinste Begebenheiten, von denen jeder sagen würde, sie seien doch nicht wichtig, die aber dennoch schmerzen, vor allem, wenn sie wieder und wieder auftreten (→ KASTEN „Mikro-Herabsetzung und Mikro-Bestätigung“).

Mikro-Herabsetzung

- Obwohl im Gespräch mit einer Person, checken Sie Ihre E-Mails oder schicken eine Textmessage.
- Sie sprechen den Namen einer Person immer wieder falsch aus.
- Sie unterbrechen eine Person mitten im Satz.
- Sie seufzen laut; Sie rollen die Augen.
- Sie erheben die Stimme, obwohl die andere Person Sie gut hören kann.
- In einer Besprechung erwähnen Sie die Leistung einiger Personen; den Beitrag anderer, der ebenso wichtig ist, jedoch nicht.
- Sie machen sexistische Witze oder lachen mit.
- Sie loben jemanden für die Idee, die Sie gerade bei einer anderen Person ignoriert haben (der Klassiker!).
- Sie übergehen mehrfach jemanden, der sich in einer Diskussion zu Wort meldet.
- Sie hören einer Präsentation zu und schauen dabei wiederholt auf die Uhr.
- Im Gespräch mit einer Person wenden Sie den Blick ab.
- Sie übersehen eine Person, begrüßen andere.

Mikro-Bestätigung

- Sie sprechen die Person mit ihrem Namen an.
- Sie hören konzentriert zu.
- Sie fragen eine Person um ihre Meinung.
- Nach einem erfolgreichen Meeting bedanken Sie sich bei der Person.
- Sie beziehen sich positiv auf den Beitrag einer Person.
- Sie loben die Person, auch vor anderen.

Die meisten Führungsfrauen spüren diese Sandkörner im Schuh. Beiläufig, durchaus nicht jammernd, erwähnen die Frauen der Fokusgruppe solche Ereignisse. Sie werden als die Sekretärin ihres Mitarbeiters angesprochen; im Hotel bekommt der Kollege das bessere Zimmer; bei Einladungen werden sie schon mal übergangen, bei Meetings werden sie übersehen, sie werden nicht einbezogen, ihre Beiträge werden nicht aufgenommen; alltäglich erleben Führungsfrauen diese kleinen Ungerechtigkeiten, die anderen – oft unbemerkt – unterlaufen. Immer wieder müssen sie entscheiden: Protestiere ich, oder sehe ich darüber hinweg? Beides hat seinen Preis. Protestieren sie, leugnen die Kollegen die Abwertung, finden sie humorlos, kleinlich oder überempfindlich. Sehen sie darüber hinweg, müssen sie Wege finden, ihre Zuversicht und ihr Selbstvertrauen zurückzugewinnen. Humor ist dabei eine große Hilfe. Aber irgendwann ist der Humor aufgebraucht. Die tägliche kleine Abwertung wirkt kumulativ. Manchmal berichten Frauen, dass sie im Laufe der Jahre immer empfindlicher geworden sind. Das Sandkörnchen im Schuh ist zunächst unangenehm, dann störend, und schließlich schmerzt es.

Stattdessen: Mikro-Bestätigungen

Vorgesetzte tragen zu dem Problem bei. Immer wieder erwähnen Führungsfrauen mangelnde Wertschätzung und beiläufige Abwertung durch ihre Chefs. Sie schildern, wie diese sie entmutigen und ihnen Führungskompetenz absprechen. Sie berichten, dass die Chefs sich auf Kosten der Mitarbeiterinnen profilieren, dass Frauen übergangen oder ignoriert werden, dass sie um Qualifizierungsmöglichkeiten kämpfen müssen.

Vorgesetzte, denen die berufliche Entwicklung von Mitarbeiterinnen wichtig ist, können bewusst Mikro-Bestätigungen einsetzen – kleine kommunikative Akte, die die Mitarbeiterin wissen lassen: Sie wird gesehen, sie wird ernst genommen, ihre Leistung wird anerkannt, ihre Ideen sind willkommen.

Die Vorzüge solcher Mikro-Bestätigungen sind:
- Wer jemand anderen bestätigt, kann ihn (in diesem Fall: sie) nicht gleichzeitig herabsetzen.
- Die Bestätigung – genau wie die Herabsetzung – wirkt modellbildend.
- Sie ermutigt Führungsfrauen und entlastet sie.

Was tun?

➲ Gehen Sie mit gutem Beispiel voran und rügen Sie beiläufige Herabsetzungen von Frauen, wenn diese Ihren obersten Führungskräften unterlaufen.

➲ Üben Sie Ihre Selbstwahrnehmung. Lernen Sie zu merken, wann und wie Sie jemanden herabsetzen.

➲ Prüfen Sie, ob es hierzulande – wie in den USA – Trainings gibt, die die Sensibilität für Mikro-Herabsetzungen und Mikro-Bestätigungen erhöhen.[2]

2
„Die Frauen wollen ja nicht ..."

„Die Frauen wollen ja nicht" – diesen Einwand hört man immer wieder in Debatten darüber, warum in einer Firma vergleichsweise wenige Frauen in Führungspositionen tätig sind. Diese Einschätzung geht aber an der Wirklichkeit vorbei.

Nicht jeder Mann will Führungskraft werden

Zunächst muss man zur Kenntnis nehmen, dass auch nicht alle Männer jederzeit und um jeden Preis befördert werden wollen. Wissenschaftliche Forschungen weisen auf einen Trend hin, den die amerikanischen Autoren der Wharton-Universität „Plateauing"[3] nennen: Immer weniger Frauen und Männer aller Generationen möchten weiter aufsteigen. 1992 waren es in den USA noch 57%, 2006 nur noch 36%. Sie koppeln sich von dem beständigen „onward and upward" ab. Die Bereitschaft, Führungsaufgaben zu übernehmen und Karriere zu machen, ist manchmal bei Männern und Frauen gleich hoch – je nach beruflicher Entwicklungsphase, Arbeitsumfeld und Generationenzugehörigkeit kommen aber auch Unterschiede vor.[4]

Studenten sind karriereorientierter als Studentinnen, sie erwarten mehr Gehalt und einen rascheren Aufstieg, streben eher eine Führungsposition an, möchten mehr Verantwortung übernehmen. Den Studentinnen sind Gehalt und Prestige der Firma weniger wichtig, höher bewerten sie eine interessante Arbeit und ein gutes Betriebsklima.[5]

Fragt man aber berufstätige junge Leute unter 30, dann zeigt sich, dass sich Männer und Frauen in ihrem Wunsch nach mehr Verantwortung nicht mehr sonderlich unterscheiden. Frauen entdecken ihre Karrierewünsche vielfach erst, wenn sie in den Beruf eingestiegen sind.[6] In der nachrückenden Generation scheint sich zudem der Unterschied in den

Karrierewünschen zu verringern (→ KASTEN „Befragung des Families and Work Institute"). In stark männlich dominierten Arbeitsfeldern aber besteht der Unterschied in der Aufstiegsorientierung von jungen Männern und Frauen offenbar nach wie vor: Die Fraunhofer-Gesellschaft stellte 2012 für Berufsstarter der Generation Y in den Feldern Naturwissenschaften oder Ingenieurswesen (→ Kapitel 6 in Band 4) fest, dass 51 % der befragten Männer eine Führungsposition mit Leitungsaufgaben zum Karriereziel hatten, während das nur auf 32 % der befragten Frauen zutraf.[7]

Ergebnisse einer Befragung des Families and Work Institute, N.Y., von 2008:

- 2008 sagten Männer und Frauen unter 29 zu gleichen Anteilen, dass sie gern eine **verantwortungsvollere Aufgabe** hätten.
- Der Wunsch war bei jungen Frauen mit Kindern sogar noch ausgeprägter.
- Das Thema Work-Life-Konflikt bzw. **Work-Life-Balance** stand für die jungen Frauen ganz obenan.
- Der **Work-Life-Konflikt unter Vätern** hat zugenommen, da diese seit der letzten Umfrage mehr Familienaufgaben übernommen haben.

Seit Beginn der Befragung 1992 ist es das erste Mal, dass kaum Unterschiede zwischen den Wünschen der jungen Frauen und Männer bestehen. Es ist zu hoffen, dass sich dieser Trend fortsetzt.

Times are Changing. Gender and Generation at Work and at Home. Families and Work Institute (FWI), 2008; zitiert nach Cornelia Edding, *Was wünschen sich Frauen von ihrer Arbeit?* Eine Literaturrecherche, Gütersloh 2014, S. 13

| BertelsmannStiftung

Aufstieg ist am Anfang keine Frage

Die Frauen der Fokusgruppe haben mehrheitlich berichtet, dass sie zu Anfang ihres sehr erfolgreichen beruflichen Weges kaum konkrete Karrierevorstellungen hatten. Sie waren damit beschäftigt, immer wieder neu ihre fachliche Kompetenz unter Beweis zu stellen und auszubauen. „Führungskraft werden" war kein Thema für die meisten, bevor ihr Chef sie darauf ansprach.

Also bei mir war das sicherlich auch so: Meine allerersten Schritte in Richtung Führung – da wäre ich wohl alleine nicht so schnell draufgekommen, sondern da ist mein Chef zu mir gekommen und sagte: Mensch, wäre das nicht was für dich?

Fragt man erfolgreiche Frauen, die heute bereits in hohen Führungspositionen sind, nach ihrer beruflichen Entwicklung, zeigt sich, dass viele von ihnen zu Beginn ihrer Ausbildung nicht hätten sagen können, welches Berufsziel sie verfolgen.[8]

Das Engagement des Chefs lohnt sich

Die beruflichen Karrieren der Fokus-Frauen zeigen, dass viele junge Frauen leicht für eine Position als Führungskraft zu gewinnen sind. Die meisten haben „den Appetit erst beim Essen bekommen" – die Lust auf Karriere ist bei ihnen erst in der ersten Führungsposition entstanden. Mit zunehmender Vertrautheit ihrer Rolle und der Gewissheit, dass sie von ihrem Chef unterstützt werden, haben sie schnell an Selbstbewusstsein gewonnen.

Mein Vorgesetzter hat damals gesagt, das ist eine Supersache, mach das, ich unterstütze dich auch dabei, ich traue dir das zu, und du wirst sehen, dass es klappt. Und das hat es glücklicherweise am Ende auch.

Trotz aller Zurückhaltung junger Frauen lohnt es sich also, wenn Vorgesetzte sie frühzeitig auf mögliche Perspektiven als Führungskraft ansprechen. Selbst wenn sie zunächst skeptisch reagieren, kommt auf diese Weise doch ein Prozess des Abwägens in Gang. Das zeigen vielfältige Erfahrungen aus Coaching-Prozessen, und erfolgreiche Managerinnen bestätigen im Rückblick auf ihre Karriere, dass vorrangig Männer Wegbereiter für ihre berufliche Entwicklung waren: Kollegen, Chefs, Vorstände, Ehemänner.[9]

Top-Management: Leben an der gläsernen Decke

Anders sieht es für Positionen im Top-Management aus: Sozialwissenschaftlerinnen gehen davon aus, dass immer mehr qualifizierte Frauen in eine Karrierelaufbahn einsteigen und diese dann aber wieder verlassen.[10] Es ist zu vermuten, dass dieser „Drehtüreffekt"[11] dadurch zustande kommt, dass aufstiegsorientierte Frauen im Laufe ihrer Karrieren mehr Entmutigung als ihre männlichen Kollegen erleben.

Und der Führungsstil, den die Führungskräfte an den Tag legen, ist eine Katastrophe, so dass die Frauen dort auch überhaupt keine Lust haben!

Der Weg durchs mittlere Management nimmt vielen karrierebewussten Frauen jegliche Illusion: Die Gefahr der Ausgrenzung ist auf jeder Hierarchieebene spürbar. Extensive Arbeitszeiten, der Umgang mit Sexualisierungen am Arbeitsplatz und permanente Kämpfe um gleichwertige Chancen und Entgelte sind alltäglich. Der Druck von oben ist groß und die Familienfreundlichkeit vielfach gering. Genug Gründe, dass talentierte weibliche Führungskräfte eher zurückhaltend reagieren, wenn es darum geht, eine Führungsposition im Top-Management einzunehmen. Hier sind die Ausgrenzungsmechanismen der „gläsernen Decke" besonders stark wirksam (→ Kapitel 10 in diesem Band).

Männer bekommen direkte Karrierehilfen, Frauen Aufmerksamkeit

Wie unterschiedlich die Qualität der Arbeitsbeziehungen von Männern und Frauen z. B. an amerikanischen Wirtschaftsfakultäten ist, zeigten im Jahr 2000 die Ergebnisse einer Studie von Gersick et al.[12]: Im Vergleich zu den befragten Männern erlebten gerade statushohe Frauen offenbar besonders häufig Situationen, in denen sie ausgegrenzt oder zurückgewiesen wurden. Vielfach wurden ihnen Ressourcen verweigert, die anderen zugestanden wurden. Männer berichteten zudem deutlich häufiger als Frauen von Situationen, in denen sie praktische, ganz direkte Karrierehilfe bekamen, während Frauen lediglich freundliche Aufmerksamkeit erhielten. Aufmerksamkeit mag gut sein, direkte Karrierehilfe aber ist nützlicher.

Untersuchungen zur Zufriedenheit von Führungskräften zeigen, dass Männer mit steigendem beruflichen Status immer zufriedener werden, während die Zufriedenheit von Frauen keineswegs zunimmt.[13] Das Deutsche Institut für Wirtschaftsforschung (DIW) geht davon aus, dass ein größeres Interesse von Frauen an Leitungspositionen nicht zu erwarten ist, solange junge Frauen sehen, dass ältere erfolgreiche Frauen auch nicht zufriedener sind als sie selbst.

Was können Vorgesetzte tun, um junge Frauen zu Führungskräften aufzubauen?

- Geben Sie regelmäßiges Feedback und wecken Sie Aufmerksamkeit für Strategien der Imagepflege.
- Verhelfen Sie jungen Frauen zu einer Bühne in Entscheider-Gremien. Sorgen Sie für öffentliche Auftritte und Erfolge – auch außerhalb der Firma auf Tagungen und Konferenzen.
- Erklären Sie die Bedeutung von Netzwerken und „Hausmacht". Gewähren Sie Einblick in vorhandene Netzwerke und informelle Strukturen.
- Nominieren Sie junge Frauen ebenso häufig für Potenzial-Assessments und sorgen Sie für ihre regelmäßige Qualifizierung.
- Empfehlen Sie einen Mentor in der eigenen oder einer fremden Firma.

Was kann ein Unternehmen tun?

- Schaffen Sie im Vorstand und auf der ersten Führungsebene Bewusstsein dafür, welche Systemkräfte die „gläserne Decke“ und die tendenzielle Ausgrenzung von Frauen aus dem Management perpetuieren, und ergreifen Sie Gegenmaßnahmen.
- Machen Sie den Nutzen einer verstärkten Beteiligung von weiblichen Führungskräften bekannt.
- Sorgen Sie dafür, dass im Management in möglichst kurzer Zeit mehrere Positionen mit weiblichen Führungskräften besetzt werden.
- Definieren Sie interne Quoten oder Zielvorgaben gebunden an erfolgsabhängige Gehaltsanteile.
- Schaffen Sie ein externes und internes Mentorennetz.

ZUM WEITERLESEN

Sheryl Sandberg, *Lean in – Frauen und der Wille zum Erfolg*. Berlin 2013. Die Autorin ist COO von Facebook, verheiratet und hat zwei Kinder. Sie beschreibt äußere und innere Barrieren, die Frauen am Aufstieg hindern.

Hildegard Matthies, „Männerkultur bremst weibliche Karrieren“. *Aus Politik und Zeitgeschichte*, Heft 7/2007, S. 32–38.

ZUM WEITERHÖREN

Zum Thema gendersensible Führung:
Jochen Geppert und Cornelia Edding, *(Ver-)Führung zur Chancengleichheit. Ein Wegweiser für Führungskräfte*. Bertelsmann Stiftung (Hrsg.), Gütersloh 2013
Hörproben unter www.creating-corporate-cultures.org/chancengleichheit

3 Das Sichtbarkeitsdilemma

Männer und Frauen, die Karriere machen möchten, wollen gesehen werden. Sie wollen zeigen, wie kompetent sie sind, und sich für den weiteren Aufstieg empfehlen.

Auch Führungsfrauen brauchen diese Sichtbarkeit. Im Ringen darum kämpfen sie im Unterschied zu den Männern mit zwei Problemen:

- Vereinzelte Frauen in männerdominierten Bereichen sind niemals unsichtbar. Sie werden immer gesehen und beobachtet – als Frau, nicht in ihrer fachlichen Leistung. Fachlich sichtbar zu werden ist für Führungsfrauen notwendig, aber schwierig.
- Wenn sie sich aktiv profilieren, droht das berüchtigte Geschlechtsrollenklischee: Sie werden von Kollegen und Vorgesetzten als „zu männlich" angesehen, und das schadet ihren Möglichkeiten.[14]

Die Führungsfrau als „seltenes Ereignis"

Seltene Ereignisse ziehen die Aufmerksamkeit der Umwelt auf sich. Führungsfrauen sind in männlich dominierten Unternehmen ein seltenes Ereignis – sie werden gemustert, beobachtet, ja belauert. Gesicht, Figur und Kleidung, ja selbst Stimmlage und Bewegungen werden kommentiert.

Eine Teilnehmerin der Fokusgruppe beschreibt diesen Unterschied folgendermaßen:

> *Männer sehen immer nur das Gesicht anderer Männer – wie es unterhalb des Kinns aussieht, nimmt niemand wahr, oder es spielt keine Rolle. Wir Frauen dagegen werden immer vom Scheitel bis zur Sohle betrachtet und begutachtet.* ”

Auch wenn in Konferenzen ihre Beiträge ignoriert werden, so wird doch ihr Verhalten überwacht und bewertet. Ihre Irrtümer werden stets bemerkt (→ Kapitel 11 in diesem Band). Ihre Bemerkungen werden auf die Goldwaage gelegt. Und dies vor allem dann, wenn nur eine oder zwei Frauen in einer Männerrunde bestehen müssen. Die einzelne Frau in der Männerrunde ist unter dem Stichwort „Token“ – im Deutschen meist als „Alibifrau“ bezeichnet – bekannt geworden.[15] Das Token wird immer gesehen und auch immer als Vertreterin einer Kategorie wahrgenommen und angesprochen: „Was sagen Sie als Frau denn dazu?“

Die Frau wird zudem in einem Prozess, den Kulturanthropologen „Status Leveling“ nennen,[16] herabgestuft. Es wird ihr erst einmal ein niedrigerer Status unterstellt.

Als ich mit meinem zweiten Kind schwanger war, komme ich in ein Meeting und gehe davon aus, dass die neuen Kollegen sich mir vorstellen, weil ich diejenige mit der mächtigsten Position war in der ganzen Runde. Denkste! Die Herren haben meinen externen Mitarbeiter mit einem Handschlag begrüßt und mich ignoriert.

Dieses Herabstufen bringt die Frau jedes Mal in eine schwierige Situation. Protestiert sie, übergeht sie es? Revanchiert sie sich bei passender Gelegenheit?

„Ein zu krasses Auftreten macht denen Superangst!“ [17]

Führungsfrauen bewegen sich ständig auf einem Präsentierteller, aber die Aufmerksamkeit gilt nicht ihren fachlichen Leistungen. Wenn sie sich fachlich und als Individuum profilieren wollen, müssen sie sich etwas einfallen lassen. Viele Ratgeberbücher empfehlen bessere Selbstdarstellung, besseres Selbst-Marketing, mikropolitisches Agieren zu üben, weniger Bescheidenheit. Leider hat dieses „Erfolgsrezept“ einen Haken.

Entschlossenere Selbstdarstellung kann der Führungsfrau leicht zum Nachteil geraten. Wenn sie mit den Kollegen um fachliche Profilierung konkurriert, gelten für sie nicht die gleichen Regeln wie für die Männer. Von ihr wird erwartet, dass sie sich „nicht wie ein Mannweib“ aufführt, dass sie sich nicht „unweiblich“ verhält, dass sie aber auch nicht „unfair“ konkurriert, indem sie „die Waffen einer Frau“ einsetzt.

Was tun zur Steigerung der fachlichen Sichtbarkeit?

- Stellen Sie sicher, dass das Controlling es erlaubt, Anzahl, Ort und Entwicklung der Frauen mit Führungsverantwortung im Unternehmen zu verfolgen.
- Etablieren Sie Mentoring-Programme, die zwischen Führungsfrauen und höheren Managern eine Beziehung fördern.
- Ermuntern Sie Ihre Führungskräfte, dass sie Frauen wichtige Projekte anvertrauen und ihnen zugestehen, die Ergebnisse auch selbst zu präsentieren.
- Ermöglichen Sie die Teilnahme an Förderprogrammen.
- Sorgen Sie dafür, dass vielversprechende Frauen externe Auftritte bekommen.

ZUM WEITERLESEN

Hier wird das Sichtbarkeitsdilemma ausgeleuchtet – gründlich, belesen und unterhaltend:
Gertraude Krell, „Vertrackte Verhältnisse: (Un-)Sichtbarkeiten und ‚Frauenkarrieren‘“. Denis Hänzi, Hildegard Matthies und Dagmar Simon, *Erfolg. Konstellationen und Paradoxien einer gesellschaftlichen Leitorientierung*, S. 194–211. Leviathan, Jg. 42, Sonderband 29. Baden-Baden 2014

4

Extreme Minderheiten und extreme Mehrheiten

Teams und Gremien, die aus einer extremen Minderheit und einer überwältigenden Mehrheit bestehen, sind oft nicht optimal arbeitsfähig. Sie sind zudem für diejenigen, die sich dauerhaft in einer extremen Minderheitsposition befinden, schädigend. Wie lässt sich das ändern?

Extreme Minderheiten haben es schwer

Mal angenommen, ein Norddeutscher säße in Portugal als einziger Deutscher in einem Management-Meeting, das von einem Portugiesen geleitet wird. Aufgrund seiner Nationalität und seines kulturellen Hintergrundes befindet er sich in einer Minderheitsposition, die man extrem nennen kann (→ GRAFIK „Mehrheiten und Minderheiten", S. 25). Extreme Minderheiten und dominante Mehrheiten sind zwei Seiten einer Medaille, stehen jedoch in einem starken Spannungsverhältnis, ja, bisweilen in akutem Konflikt. Wer sich längere Zeit in der Position einer extremen Minderheit befindet, ist besonders stark von Isolierung und Ausgrenzung bedroht (→ KASTEN „Dilemmata extremer Minderheiten", S. 26) und fühlt sich unter enormen Leistungs- und Anpassungsdruck gesetzt.[18] Diese Konstellation stellt für alle Beteiligten, selbst wenn sie guten Willens sind, eine große Herausforderung dar.

> *Also, ich glaube, da muss man sehr aufpassen. Ist man nur die Vorzeigeperson, stehen natürlich alle beim ersten Fehler parat und sagen: Ach, wir haben es ja gewusst. Das ist schon eine Gratwanderung.*

Von der Mehrheit werden extreme Minderheiten fast immer als eine Störung wahrgenommen: Eine einzige Frau im Kreis von neun Männern wird leicht als Außenseiterin oder gar als „schwarzes Schaf" gesehen. Es herrscht

Mehrheiten und Minderheiten

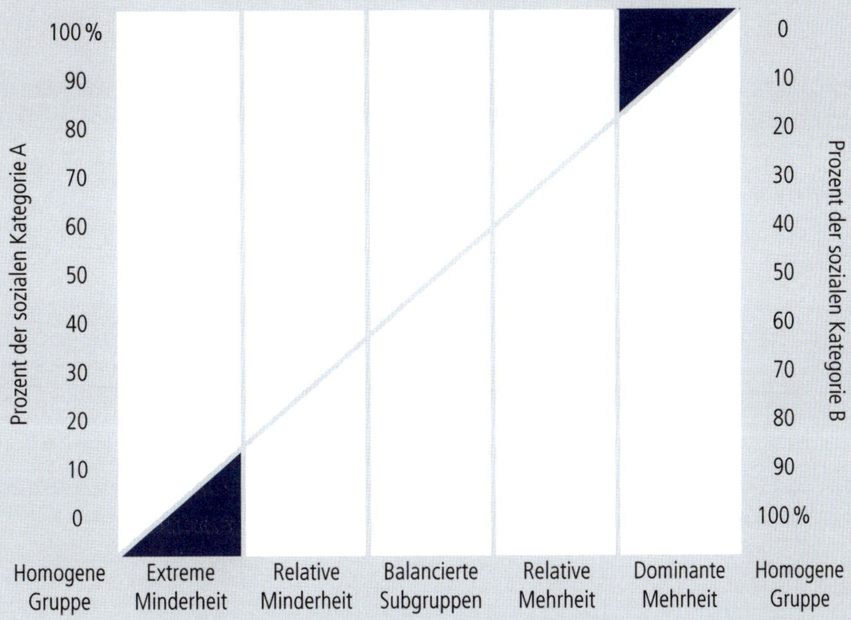

Nach: Rosabeth Moss Kanter, *Men and Women of the Corporation.* New York 1977 | BertelsmannStiftung

stillschweigende Übereinkunft: Die überwältigende Mehrheit hat recht. Das gilt für kleine Unstimmigkeiten in der alltäglichen Kommunikation ebenso wie für handfeste Meinungsverschiedenheiten. Die Mehrheit dominiert – auch wenn das niemand bewusst anstrebt. Sie bestimmt die Regeln der Zusammenarbeit und zwingt zur Anpassung. Es liegt nicht an den beteiligten Personen, sondern an der Konstellation, dass Mehrheit und Minderheit mit ihrer gegenseitigen Wahrnehmung in einem schwierigen Machtverhältnis gefangen sind.

Relative Minderheiten haben es leichter

Schon die Anwesenheit von drei oder vier Frauen in einem Kreis von zehn Männern schafft eine ganz andere machtpolitische Situation für beide Seiten: Die Frauen könnten der Mehrheit als Gruppe begegnen und wären damit eine ernstzunehmende Minderheit. Diese hat Gewicht gewonnen und kann nicht mehr so leicht ausgegrenzt werden. Auch wenn die vier Frauen sich nicht solidarisieren, ist diese Konstellation entspannter für sie. Allein durch ihre Präsenz demonstrieren sie die Verschiedenartigkeit von Frauen und verhindern so unangenehme Stereotypisierungen durch die dominante Mehrheit.

Dilemmata extremer Minderheiten

- Extreme Minderheiten werden als Repräsentanten ihrer Gruppe oder als extreme Raritäten behandelt: Bei Misserfolgen sind sie Symbol für die ganze Spezies, und bei Erfolgen gelten sie als ungewöhnliche Ausnahmen.
- Ihre Andersartigkeit im Vergleich zur dominanten Mehrheit ist immer präsent. Damit steht ihre Zugehörigkeit latent infrage. Zugleich sollen aber Unterschiede ohne Bedeutung sein.
- Sie sind Performer mit höchster Sichtbarkeit. Von den Hinterbühnen, auf denen Inszenierungen für Erfolge konzipiert werden, werden sie ferngehalten.
- Überleben als extreme „Individualistinnen": Zu ihrer Peergroup gehören sie nicht mehr. Stereotype Rollenzuschreibungen verdecken ihre Individualität („Ist sie noch eine Frau?").
- Situationen, in denen die dominante Mehrheit sich entspannen kann (z. B. After-Work-Partys), sind für extreme Minderheiten spannungsreich, weil der Schutz der professionellen Rolle außer Kraft ist. Sie fühlen sich am entspanntesten im offiziellen Teil des Alltagsgeschäfts.
- Soziale Distanz zu Vertreterinnen ihrer Gruppe ist vorteilhaft: Bündnisse mit anderen Frauen sind bezüglich Image und Machtstellung meist ein zweischneidiges Schwert. Doch die Distanz verstärkt die Einsamkeit.
- Extreme Minderheiten werden von der Mehrheit z. T. als unnütze Ablenkung von den „eigentlichen Aufgaben" und als Energieverschwendung angesehen. Dies führt zur Ausgrenzung.
- Bei starker Rivalität und Konkurrenz sind sexualisierte persönliche Abwertungen probates Kampfmittel. Diese Waffen treffen auch Männer, die sich zu deutlich solidarisieren.

Nach: Rosabeth Moss Kanter, *Men and Women of the Corporation.* New York 1977 | BertelsmannStiftung

Anpassung oder Ausgrenzung?

Im günstigen Fall bemühen sich Mitglieder der Mehrheit, eine Person, die eine extreme Minderheitsposition vertritt, zu integrieren, um so die Störung zu beheben. Bei Menschen mit anderer Nationalität, Kultur oder Geschlechtszugehörigkeit ist eine solche Integration nicht so leicht möglich. Diese Eigenschaften lassen sich nicht durch Überzeugung verändern oder durch Anpassung zum Verschwinden bringen.

Im ungünstigen Fall werden diese Personen ausgegrenzt, von der Kommunikation isoliert und aus dem Wahrnehmungshorizont der Mehrheit ausgeblendet. Sie haben dann kaum noch eine Chance, sich mit ihren Beiträgen Gehör zu verschaffen.

Die meisten Gremien verfügen im Umgang mit extremen Minderheiten über relativ unauffällige Techniken der Ausgrenzung: Man diskutiert zum Beispiel so, als sei der Fremde nicht da. Meldet er sich zu Wort, wartet man ab, bis er zu Ende geredet hat, und nimmt anschließend die eigene Diskussion wieder auf. Menschen in einer extremen Minderheitsposition verlieren so jegliche Resonanz. Das ist für sie irritierend und kränkend. Für beide Seiten ist dieser Umgang mit dem Konflikt auf Dauer unbefriedigend, wird aber häufig von den Beteiligten als das kleinere Übel hingenommen.

Die Störung bleibt

Im Falle des portugiesischen Management-Meetings wären sich alle Portugiesen im Klaren darüber, dass sie nicht „unter sich“ sind. Vermutlich würden sie zunächst einmal höflich den Dingen ihren Lauf lassen. Oder sie würden so tun, als ob „der Deutsche“ nicht anwesend oder als ob er Portugiese wäre. Alle drei Varianten der Situationsbewältigung sind nicht lange aufrechtzuerhalten, denn sie zwingen die Beteiligten, so zu tun „als ob“. Das ist anstrengend und stört die Arbeitsfähigkeit der Gruppe. Die Fragen, die unbeantwortet im Raum stehen, lauten:

- Welche Rolle kommt dem Deutschen zu? Ist er nur Gast, der für die Zusammensetzung des Gremiums auf Dauer gar nicht von Bedeutung ist? Oder ist er in Zukunft regelmäßig da? Entpuppt er sich womöglich als dauerhafte Störung?
- Wird er die Balance im Macht- und Beziehungsgefüge durcheinanderbringen? Muss man ihm jenseits höflicher Umgangsformen einen wichtigen Platz im Kreis zugestehen? Von wem im Kreis wird er unterstützt? Sind neue Platzkämpfe nötig?

Natürlich würde sich auch die Frage stellen, welches inhaltliche Know-how der Deutsche in den Kreis einbringt. Aber bevor die Rolle des Fremden nicht geklärt ist und solange Statusfragen unklar sind, bleiben alle Aspekte der konkreten Zusammenarbeit ungewiss. Fachthemen dienen dann in erster Linie der verdeckten Klärung der Verhältnisse.

Die notwendige Rollen- und Positionsklärung ist nur durch kommunikativen Austausch und Selbstdarstellung zu erreichen. Um Konflikte zu vermeiden, müsste also der Deutsche durch sein Verhalten möglichst schnell demonstrieren, dass er die stillschweigend geltenden Konventionen und Regeln der Mehrheitsgruppe versteht, respektiert und dass er bereit ist, sich anzupassen.

Überträgt man die Situation des Deutschen im Kreise von Portugiesen auf weibliche Führungskräfte, die Mitglied in einem bisher ausschließlich von Männern besetzten Gremium werden, so zeigt sich, dass Frauen eine ungleich schwierigere Situation meistern müssen: Sie können sich nicht ohne weiteres an die vorherrschenden Konventionen anpassen, denn das würde sie dem Risiko aussetzen, ihre Weiblichkeit zu verleugnen und als unauthentisch zu gelten. In der Wahrnehmung der dominanten männlichen Mehrheit bleibt eine Störung.

Erhöhte Sichtbarkeit und Abwertung

Ob sie wollen oder nicht – mit ihrer störenden Besonderheit als Frau bleiben weibliche Führungskräfte, solange sie in einer extremen Minderheit sind, immer besonders sichtbar (→ Kapitel 3 in diesem Band). An dem portugiesischen Entscheidungsgremium ließe sich das gut beobachten:

Der Deutsche mag inzwischen Freunde und Unterstützer in dem Kreis der Mehrheit gefunden haben. Vielleicht sagt sogar jemand eines Tages zu ihm: „Du bist eigentlich gar nicht wie ein Deutscher, du bist fast wie einer von uns!" Welch eine Anerkennung für jemanden, der aus einem anderen Kulturkreis kommt! Es wäre ihm also gelungen, dem Stereotyp des störenden Deutschen zu entgehen. Aber ein Deutscher bleibt er natürlich – auch und gerade in den Augen der Portugiesen: Immer, wenn er eine ungewöhnliche oder abweichende Meinung äußert, werden sich die Portugiesen erst einmal fragen, ob das jetzt einfach typisch deutsch oder ein inhaltlich ernstzunehmender Beitrag ist.

Dieser kleine innere Sortiervorgang findet natürlich auch in Entscheiderrunden statt, in denen ein oder zwei Frauen sitzen. Unbequeme Beiträge als typisch weiblich abzutun ist allzu leicht. Ebenso die Bewertung der Kollegin als Nutznießerin einer Quotenregelung. Was soll die Betroffene dagegen tun, wenn diese Bewertung zwar von allen gedacht, aber nicht ausgesprochen wird? Kollektives Verhalten ist auch dann wirksam, wenn es nicht in Worte gefasst wird und wenn es niemand mit Absicht initiiert hat.

Was tun?

- Vermeiden Sie extreme weibliche Minderheiten in Teams, Gremien und Abteilungen. Schreiben Sie dies als Firmenpolitik in entsprechenden Leitlinien fest.
- Ist eine solche Konstellation in einem Gremium nicht zu vermeiden, sollte auf jeden Fall die nächste frei werdende Position ebenfalls mit einer qualifizierten Frau besetzt werden. Sorgen Sie für mehrere potente Unterstützer aus dem Kreis der dominanten Mehrheit. Ein einzelner Unterstützer läuft Gefahr, selbst in die Lage der extremen Minderheit zu geraten und als „Frauenversteher" oder als „latenter Liebhaber" diskreditiert zu werden.
- Sorgen Sie für den Aufbau einer Kultur der Zusammenarbeit, in der diese ungleiche Konstellation aufgehoben ist.

ZUM WEITERLESEN

Rosabeth Moss Kanter, *Men and Women of the Corporation*, New York 1977.
In diesem Buch hat die Autorin schon 1977 fast alle grundlegenden Mechanismen in Unternehmen beschrieben, die Frauen schlechtere Chancen zuordnen und mit denen Unternehmen auch heute noch kämpfen. Es ist ein Grundlagenwerk, das gut und interessant zu lesen ist. Rosabeth Moss Kanter ist Professor of Business Administration an der Harvard Business School. Sie hat sich in ihren weiteren Veröffentlichungen bis heute intensiv mit der Frage beschäftigt, wie man Veränderung und Innovation in Unternehmen sicherstellen kann.

5 Führen Frauen wirklich anders?

Ja, das tun sie, sagen viele Ratgeberbücher. Nein, so kann man das nicht sagen, meint die Wissenschaft. Für das Unternehmen wäre es praktisch, wenn Frauen tatsächlich anders führten, denn dann könnte man sie gezielt für Aufgaben einsetzen, die zu ihrer anderen Art zu führen passen und bei deren Bewältigung die angenommenen weiblichen Eigenschaften nützlich sind. Was stimmt denn nun? Die Sache ist nicht ganz einfach.

Die Annahme von Unterschieden entlastet

Die Diversity-Forscherin Gertraude Krell spricht von gegebenen Unterschieden und gemachten Unterscheidungen.[19]

Wer davon überzeugt ist, dass Männer und Frauen – qua Geschlechtszugehörigkeit – verschiedene Eigenschaften haben, der denkt an gegebene Unterschiede. Die Überzeugung, dass es solche Unterschiede gebe, sitzt sehr fest, die Beweislage ist eher dürftig. Alle Tests, die Eigenschaften messen, finden zwar durchaus Unterschiede zwischen Männern und Frauen, aber die Differenzen innerhalb der Frauen- bzw. der Männergruppe sind viel größer als die zwischen den Geschlechtern.

Was wir als „gegebene Unterschiede“ ansehen, sind oft „gemachte Unterscheidungen“. Wir unterstellen bestimmte Eigenschaften und erwarten entsprechendes Verhalten. Zur Klischeevorstellung werden diese gemachten Unterscheidungen dann, wenn sie sich auf Gruppen oder Kategorien von Menschen beziehen: Alle Kreter lügen, alle Zigeuner stehlen, Männern fehlt es meist an Einfühlungsvermögen, und Frauen sorgen gern für andere. Diese Klischees erfüllen eine wichtige Funktion, denn sie entlasten davon, sich immer wieder auf den Einzelfall einzulassen. Sie schaffen rasch Ordnung und ersparen viel Informationsaufnahme und -verarbeitung. Wir wissen ja bereits, wie die anderen sind.

Klischeevorstellungen über das Wesen von Männern und Frauen, auch „Geschlechterstereotype" genannt, sind keine Angelegenheit der Männer. Auch Frauen teilen sie.

Wie sagt mein Chef: Du bist eine Frau, ich glaube, du hast ein besseres Händchen dafür, ein Team zusammenzubringen. Was ihm bis jetzt noch nicht gelungen ist. ... Ist vielleicht ja auch was dran, dass eine Frau in der Führung eher teamorientiert ist und eine andere Kommunikation wählt als eine männliche Führungskraft.

Natürlich wäre es praktisch, wenn Frauen sich generell durch besondere Eigenschaften auszeichneten. Das würde Personalauswahl und Personaleinsatz vereinfachen. Dann setzt man zu streitenden Mitarbeitern eine Frau, die ausgleichend wirkt und die Harmonie wiederherstellt. Geht es um Kooperation, käme dem Unternehmen die Teamorientierung von Frauen zugute. Und weil Frauen angeblich über ein größeres Einfühlungsvermögen verfügen, wären schwierige Kollegen bei ihnen gut aufgehoben.

„Think manager, think male!"

In den Köpfen existiert nicht nur ein Geschlechterstereotyp, sondern auch das Bild eines typischen Managers, eines Prototyps. Dieser hat männliche Züge – so fand Virginia Schein in ihrer Studie aus dem Jahr 1973 heraus,[20] und das gilt bis heute. Eine Untersuchung der Fraunhofer-Gesellschaft aus dem Jahr 2012 bestätigt: Die Vorzüge der Frauen bestehen vor allem in Empathie, Teamfähigkeit, Sozialkompetenz, Integrationsfähigkeit, Kommunikation, die der Männer in Durchsetzungsstärke, Selbst-Marketing, Netzwerken, Entscheidungsfreude. Welche sind nun karriererelevant? 220 befragte Führungskräfte aus neun großen Unternehmen können nicht irren![21] (→ TAG CLOUDS, S. 32)

Das Geschlechterstereotyp hat sich in vielen Jahren kaum gewandelt. Die Folgen für Führungsfrauen: Wenn sie versuchen, dem männlichen Prototyp zu entsprechen, dann riskieren sie es, als unweiblich abgelehnt zu werden. Verzichten sie darauf, laufen sie Gefahr, als zu wenig durchsetzungsfähig und damit als nicht führungsgeeignet zu gelten (→ Kapitel 12 in diesem Band).

Eine Ermutigungsstrategie mit zwiespältigen Folgen

Nicht zuletzt als Reaktion auf dieses Dilemma setzte die Ratgeberliteratur schon vor 20 Jahren die Vorstellung in die Welt, dass Frauen aufgrund ihrer besonderen weiblichen Eigenschaften anders führten als Männer. Das Ziel war, Frauen zu ermutigen. Nicht nur anders, sondern besser würden Frauen führen – so die implizite, manchmal auch explizite Aussage.

Stärken weiblicher Führungskräfte

Stärken männlicher Führungskräfte

Nach: Simone Kaiser, Katharina Hochfeld, Elena Gertje, Martina Schraudner, *Unternehmenskulturen verändern – Karierrebrüche vermeiden*. Stuttgart 2012

| Bertelsmann**Stiftung**

Die besonderen Eigenschaften der Frau würden diese zu besserem Risikomanagement, stärkerer Sachorientierung, besserer Kommunikation und weiteren wünschenswerten Verhaltensweisen befähigen. Darüber hinaus schwingt in diesen Texten die Vorstellung mit, Frauen in Führung würden die Arbeitswelt zu einer besseren machen.

Diese Sichtweise schafft jedoch neue Belastungen. Die Vorstellung, nicht schlechter, sondern anders, ja, vielleicht sogar manchmal besser zu führen, mag Frauen ermutigt haben. Es bringt sie aber auch in eine doppelt schwierige Lage. Es reicht nun nicht mehr aus, dass eine Frau ihrem Potenzial entsprechend gefördert wird und auf der jeweiligen Position einen guten Job macht. Nein, nun muss sie ihn auch noch besser machen als die Kollegen und muss darüber hinaus noch die Arbeitswelt verändern. Und was tun all die Frauen, die diesem Frauenbild nicht entsprechen? Was tun die, die genauso teamorientiert sind wie der Kollege, nicht mehr, nicht weniger, oder die, denen die Empathie abgeht? Die sind dann eine Enttäuschung.

Manchmal führen sie tatsächlich anders

Wissenschaftliche Arbeiten, die auf Unterschiede im Führungsverhalten von Männern und Frauen hinweisen, sind gar nicht so selten[22] (→ KASTEN, S. 34). Und auch der tägliche Augenschein spricht oft dafür. Wie kommt das? Sehr häufig basieren diese Studien auf Selbst- oder Fremdeinschätzung. Beides sind nicht sehr zuverlässige Forschungsinstrumente. Dennoch werden die Ergebnisse als „Beweise“ herangezogen. Auch die Frage, ob es wirtschaftlich vorteilhaft sei, mehr Frauen in der Führung zu haben (→ Kapitel 3 in Band 2), lässt sich nicht abschließend klar beantworten.[23]

Diversity-Forscherin Krell sagt dazu: „Gesicherte Erkenntnisse über ‚weibliche Führung‘ und ‚männliche Führung‘ kann es gar nicht geben, weil weibliche Führungskräfte als Minoritäten erstens in einer anderen Situation (inter)agieren ... und zweitens auch anders wahrgenommen und bewertet werden als männliche.“[24]

Und dennoch scheint der Führungsalltag die Vorstellung, dass Frauen anders führen, oft zu bestätigen. Und es ist ja auch anzunehmen, dass eine Frau manchmal mit einer Situation anders umgeht oder zu einem Ereignis eine andere Haltung einnimmt als ihr männlicher Kollege. Wie sollte sie nicht? Die Erziehung von Frauen, die Lebensaufgaben, die ihnen gestellt werden, und die Erwartungen, in deren Schatten sie aufwachsen, sind anders. Sie sind geprägt von gesellschaftlichen Vorstellungen von Weiblichkeit, von doppelten Lebensplänen, von Familienaufgaben. Warum sollte sich dieses andere Leben nicht auch auf ihre Arbeit als Führungskraft auswirken?

Dennoch gilt: Den Personalverantwortlichen bleibt das genaue Hinschauen auf den Einzelfall nicht erspart. Die weibliche Führungskraft verhält sich nicht „als Frau“, sondern als Individuum.

763 Führungskräfte (weltweit) zu Führungsstilen von Frauen und Männern und deren Relevanz in und nach der Krise

Frauen besser:	Personalentwicklung/-förderung
	Erwartungen definieren und Belohnungen anbieten
	Rollenmodell
Leicht besser:	Inspiration
	Partizipative Entscheidungsfindung
Gleich:	Intellektuelle Stimulierung
	Effiziente Kommunikation
Männer besser:	Allein entscheiden
	Kontrollieren und korrigieren

Zwei der „weiblichen Stärken" (Erwartungen definieren und Belohnungen anbieten sowie Inspiration) werden als besonders wichtig angesehen, um erfolgreich durch die Krise und die Zeit danach zu führen.

Selbsteinschätzungen zu Führungseigenschaften („Big Five") von 1330 Führungskräften (Deutschland; davon 315 Frauen)

„Insgesamt ‚punkten' bei drei der fünf Merkmale, durch die sich Führungskräfte von Nichtführungskräften unterscheiden, die weiblichen Führungskräfte (höhere Werte bei Extraversion, Offenheit und Gewissenhaftigkeit) und bei zweien die männlichen (niedrigere Werte bei Neurotizismus und Verträglichkeit)."

Erfahrungen von 369 Führungskräften (Deutschland; davon 183 Frauen) mit weiblichen Vorgesetzten im Vergleich zu männlichen

„Genauso":	84 % der Männer und 59 % der Frauen
„Besser":	3 % der Männer und 18 % der Frauen
„Schlechter":	13 % der Männer und 23 % der Frauen

(detaillierter zu den wahrgenommenen Stärken und Schwächen vgl. S. 200f.)

Selbstbeschreibungen des Führungsverhaltens

„Grundsätzlich kooperativ":	39 % der Männer und 35 % der Frauen
„Situationsabhängig autoritär":	58 % der Männer und 64 % der Frauen
„Grundsätzlich autoritär":	2 % der Männer und 0 % der Frauen

Nach: Andrea Jochmann-Döll, Karin Tondorf, „Leistungsabhängige Entgeltdifferenzierung auf dem gleichstellungspolitischen Prüfstand". Gertraude Krell, Renate Ortlieb und Barbara Sieben (Hrsg.), *Chancengleichheit durch Personalpolitik. Gleichstellung von Frauen und Männern in Unternehmen und Verwaltungen*. 6. Auflage, Wiesbaden 2011

| BertelsmannStiftung

Was tun?

- Diskutieren Sie mit Ihren Führungskräften über diese Frage und weisen Sie sie auf Klischeevorstellungen hin.
- Schauen Sie genau auf die Stärken und Schwächen der Führungsfrauen in Ihrem Zuständigkeitsbereich und prüfen Sie, worin sie sich von ihren männlichen Mitarbeitern unterscheiden, aber auch, worin sie ihnen ähnlich sind.

ZUM WEITERLESEN

So sieht es der Spiegel:
Frauen in Führung – Betriebskita sticht Dienstwagen.
Spiegel online: 27.12.2013
www.spiegel.de/karriere/berufsleben/fuehren-frauen-anders-als-maenner-a-893175.html

Und so sieht es McKinsey:
McKinsey & Company: *Women Matter 2. Female Leadership – a Competitive Edge for the Future.* 2008.
Zum Download auf www.creating-corporate-cultures.org/fuehrungsfrauen

6

Mixed Teams

Mixed Teams sind ein zweischneidiges Schwert: Trainiert und gut gemanagt, sind gemischte den homogenen Teams an Problemlösungskompetenz und Kreativität deutlich überlegen. Untrainiert und nicht gemanagt sind sie jedoch deutlich unterlegen. Gerade heterogene Teams sind wichtige Akteure im Diversity-Management, denn sie können die Unternehmenskultur in ihrer alltäglichen Zusammenarbeit verändern.

In Mixed Teams arbeiten Männer und Frauen verschiedener Altersgruppen zusammen, häufig mit unterschiedlichen kulturellen Hintergründen. Wenn solche Teams erfolgreich ihre Vielfalt nutzen wollen, benötigen sie Regeln der Zusammenarbeit, die jedem Mitglied mit seinen besonderen Fähigkeiten genügend Raum zur professionellen Entwicklung bieten. Sie benötigen zudem Arbeitsformen, die die ganze Palette der vorhandenen Kompetenzen zur Geltung bringen. Und sie benötigen Führungskräfte, die vielfältige Teams leiten und entwickeln können (→ KASTEN „Was macht heterogene Teams erfolgreich?“, S. 37).

Welches Team für welche Aufgaben?

Teamarbeit ist dann besonders erfolgreich, wenn die Mitglieder entweder weitgehend übereinstimmende Denk-, Bewertungs- und Handlungsschemata haben (homogene Teams). Oder wenn die Mitglieder erfahren haben, dass unterschiedliche Meinungen und Ideen zwar phasenweise anstrengend und zeitraubend sein können, am Ende aber für ihren Arbeitserfolg nützlich und lohnend sind (heterogene Teams). Je komplexer die Aufgaben eines Teams sind, umso mehr profitiert es in seiner Arbeit von einer Kultur der Vielfalt.

Ob eher homogene oder heterogene Teams benötigt werden, hängt davon ab, in welchen Geschäftsfeldern ein Unternehmen tätig ist: Ein

Was macht heterogene Teams erfolgreich?

1. eine sinnvolle Aufgabe
2. ein klar definiertes Arbeitsergebnis
3. Einvernehmen über interkulturelle Kommunikation, Problemlösung und Konflikte
4. gemeinsame Werte
5. Kultivierung verschiedener Standpunkte
6. Bereitschaft, Verantwortung zu übernehmen, individuell und kollektiv
7. Loyalität und Hingabe für die Teamerfahrung
8. Wunsch nach individueller und kollektiver Entwicklung
9. Offenheit für neue Erfahrungen und Prozesse
10. Spaß und Humor

Nach: Lee Gardenswartz, Anita Rowe, „Ten Characteristics of an Effective Pluralistic Team". Dies., *Diverse Teams at Work. Capitalizing on the Power of Diversity*. Alexandria/Virginia 2003, S. 23

| BertelsmannStiftung

Logistikunternehmen, das viele hochstandardisierte Arbeiten zu bewältigen hat, wird auf homogene Teams setzen, während ein Forschungsinstitut mit einem hohen innovativen Anspruch eher auf heterogene Teams setzt. Auch intern ist Unterschiedliches gefordert: So bestehen z. B. Marketingabteilungen meist aus bunteren Teams als Finanzabteilungen.

Jedes Team reproduziert und schützt seine eigene Kultur

Wenn ein neues Mitglied ins Team kommt, sorgt es erst einmal für „Sand im Getriebe“: Rollen und Rangfolgen geraten infrage und sind neu auszuhandeln, die veränderte personelle Zusammensetzung aktiviert Rivalitäten zwischen Teammitgliedern, die Machtspiele in formellen und informellen Besprechungen ändern sich. Selbst in der Kaffeepause herrscht zu Anfang Verunsicherung: Können die Wortführer oder die Spaßvögel der Runde auch weiterhin mit Akzeptanz und Applaus rechnen?

Verunsicherungen des Zusammenspiels kosten Zeit und Nerven. So kommt der oder die „Neue“ unter Anpassungsdruck. Um die Akzeptanz des Teams möglichst schnell zu gewinnen, versuchen neue Teammitglieder normalerweise, sich einzufügen. Gelingt das nicht, droht Vereinzelung oder Ausgrenzung. Die ungewohnten Perspektiven und Erfahrungen, die ein neues Teammitglied mitbringt, werden durch den auf beiden Seiten herrschenden Anpassungsdruck dann schnell verblassen: ein toxischer

Mechanismus für die Entwicklung von Diversität – so der amerikanische Unternehmensberater Taylor Cox jr.[25] –, denn der doppelte Anpassungsdruck legt jede Entwicklung in Richtung größerer Diversity lahm.

Eine allgemeine Regel besagt, dass sich Menschen an die Kultur ihrer neuen Umgebung anpassen, wenn sie einzeln versetzt werden.[26] Die Chance, dass ein Team eine Kultur der Vielfalt entwickelt, besteht erst, wenn mehrere Personen in relativ kurzer Zeit neu dazukommen.

Die Unternehmensführung schafft den Rahmen

Teams, die schon längere Zeit existieren, verändern die gewohnte Form ihrer Zusammenarbeit nur ungern. Will eine Teamleitung den vielfältigen Kompetenzen und Ideen ihrer Teammitglieder mehr Raum verschaffen, braucht sie gute Argumente: Entweder erfordert zum Beispiel die Arbeit viel Kreativität, oder die Firma will den Fachkräftemangel bekämpfen, indem sie vermehrt hochqualifizierte Frauen einstellt (→ KASTEN „Gute Argumente“). Gender-Themen sind nicht sehr beliebt und stehen in den meisten Teams erst dann zur Debatte, wenn dies von der Unternehmensleitung gewollt ist. Allein durch Einsicht sind die meist unbewussten Konventionen nur schwer zu beeinflussen. Sie sind kollektiv abgesichert – wer sie stört, zieht sich den Unmut aller Beteiligten zu.

Gute Argumente

- Wir brauchen für unsere Aufgaben Leute mit sehr guten Fähigkeiten in den Bereichen Problemlösung und Kreativität. Außerdem ist hohe Flexibilität in den Abläufen einer unserer Erfolgsfaktoren.
- Wir sind eine Gesellschaft von Wissensarbeitern mit komplexen Aufgaben. Da ist relativ große Diversität der Mitarbeiterinnen und Mitarbeiter ein Gewinn.
- Wir wollen die besten Frauen und die besten Männer als Mitarbeiter gewinnen und binden. Wir wissen, dass Familienfreundlichkeit dafür nötig ist und sich auszahlt.
- Wir begegnen dem Fachkräftemangel mit zunehmender Diversität unserer Belegschaft. Wir können es uns nicht mehr leisten, einen großen Teil hochqualifizierter Leute – Frauen, Migrantinnen und Migranten oder ältere Menschen – auszuschließen.
- Wir haben viele weibliche Auftraggeber und Kooperationspartner. Darum sollen in Zukunft mehr qualifizierte Frauen als Ansprechpartnerinnen verfügbar sein. Viele unserer Auftraggeber achten inzwischen darauf, ob wir Diversity und Familienfreundlichkeit in unserem Unternehmen vorantreiben.
- Wir leben von kurzfristigen Innovationszyklen. Dafür benötigen wir agile Projektgruppen. Mit größerer Diversität wächst auch die Agilität von solchen Gruppen.

Eine neue Teamkultur entwickeln

Soll mit der Einstellung neuer Teammitglieder – also z. B. fachkundiger Frauen – auch eine neue Teamkultur entstehen, ist von Seiten der Führungskraft nachhaltige Gegensteuerung gegen den normalen Anpassungsdruck nötig. Anders ist der Mechanismus der „Eingemeindung“ in vorhandene Konventionen kaum außer Kraft zu setzen.

Gerade zu Anfang eines solchen Entwicklungsprozesses hängt es stark von der Führungskraft ab, ob „störende“ oder ungewohnte Themen von Zeit zu Zeit auf die Tagesordnung kommen und ihre Veränderungskraft entfalten können: Welche ungewöhnlichen Ideen oder Arbeitsformen haben sich als nützlich erwiesen? Können wir die besonderen Fähigkeiten jedes einzelnen Teammitglieds noch besser für unsere Projekte nutzen? Welche Gewohnheiten und stereotypen Vorstellungen sind hinderlich für unsere Zusammenarbeit?

Antworten auf diese Fragen zu geben ist zunächst zwar mühsam, aber nur so kann zunehmend Aufmerksamkeit für zu starke Anpassung und für die Ausblendung von ungewöhnlichen Ideen und Verhaltensweisen entstehen. Die Mühe lohnt sich: High-Performing-Teams zeichnen sich dadurch aus, dass sie die spezifischen Stärken ihrer Mitglieder wertschätzen und optimal für die gemeinsame Arbeit nutzen können.

Mixed Teams brauchen besondere Formen der Führung

Nicht die Anzahl der Frauen und Männer oder die Anzahl der Teammitglieder mit Migrationshintergrund macht aus einem homogenen Team ein Mixed Team. Entscheidend ist, ob alle Beteiligten und insbesondere die Führungskraft dafür sorgen, dass eine Kultur gepflegt wird, die die tatsächlichen Unterschiede und Ähnlichkeiten der Geschlechter akzeptiert und fördert.

Wenn Menschen mit sehr verschiedenen beruflichen und kulturellen Kompetenzen erfolgreich zusammenarbeiten sollen, müssen sie als gemeinsames Handwerkszeug spezielle Fähigkeiten entwickeln:

- Sie müssen ihre sprachlichen und sozialen Kompetenzen ausbauen, um sich über die Vielfalt verständigen zu können.
- Sie benötigen Gender-Sensibilität, damit sie erkennen können, wann stereotype Vorstellungen das Zusammenspiel der Geschlechter im Team beeinträchtigen.
- Sie benötigen gut entwickelte Selbststeuerungskompetenzen: Jeder im Team sollte sich für die gemeinsame Arbeitsfähigkeit verantwortlich fühlen und ein genaues Bild von den eigenen Stärken und denen der anderen Teammitglieder haben.
- Sie benötigen sehr gute Kompetenzen im Konfliktmanagement.

- Differenzierte Besprechungsstrukturen sind nützlich: z. B. kurze Arbeitstreffen für Alltagsabsprachen und Workshops oder Klausuren, um grundsätzliche Fragen zu diskutieren.

Damit Gender-Diversity zu dem erhofften Nutzen führt, sollten Führungskräfte diese Fähigkeiten ihrem Team vermitteln können. Allerdings beherrschen in vielen Firmen nur wenige Naturtalente die Fähigkeit, Selbststeuerungskräfte im Team zu wecken und die kulturelle Vielfalt des Personals produktiv zu nutzen. Tatsächlich kann man das aber lernen.

Was tun?

- Veranstalten Sie Workshops, in denen bereichsübergreifend diskutiert wird, was sich angesichts größerer Diversität verändert: Wie und wann ist die Vielfalt der Meinungen, Denk- und Handlungsmuster besonders fruchtbar für Sie?
- Prämieren Sie positive Beispiele von Mixed Teams.
- Installieren Sie einen firmeninternen Team-Check: Teams bewerben sich und erhalten Auskunft über ihre ungenutzten Potenziale.
- Teamentwicklung: Qualifizieren Sie interne Diversity-Berater, die aufzeigen, wie man über heiße Eisen sprechen kann.

ZUM WEITERLESEN

Lee Gardenswartz und Anita Rowe, *Diverse Teams at Work. Capitalizing on the Power of Diversity*. Alexandria/Virginia 2003.
Dieses Buch gibt umfassend und fachkundig Einblick in die zum Teil unbewussten kollektiven Handlungsmuster von Gruppen und Teams mit vielfältigen Mitgliedern. Außerdem bieten die Autorinnen ein breites Repertoire an diagnostischen Methoden und praktischen Handlungsmöglichkeiten zur Entwicklung eines hoch leistungsfähigen Teams.

7
Ein guter Chef bindet

Turnover ist teuer. Daher möchten Unternehmen und Betriebe ihr qualifiziertes Personal halten. Nicht selten hat die Firma erheblich in die Entwicklung dieser Mitarbeiter investiert. Zudem verschärft sich die personelle Ressourcenknappheit in Deutschland gerade – nicht in allen, aber in vielen Branchen. Es wird schwieriger, rasch gleichwertigen Ersatz zu bekommen. Damit gerät die Entwicklung und Bindung hochqualifizierter Frauen zum Business Case – und die erfolgreiche Bewältigung dieser Aufgabe zur Herausforderung für Vorgesetzte.

Eigentlich binden sie sich gern

Führungsfrauen, meist seit Jahren im Unternehmen, fühlen sich ihrer Firma, ihrer Aufgabe, ihren Mitarbeitern und Vorgesetzten sehr verbunden. Sie haben hart gearbeitet, um ihre jetzige Position zu erreichen, die Anerkennung ihrer Kollegen zu bekommen und sich mit den jeweiligen Vorgesetzten einzurichten. Sie kennen sich in ihrem Unternehmen aus, sie haben sich ein Netzwerk aufgebaut, in das sie investiert haben und das sie pflegen. Das alles bindet. Und obwohl ein Wechsel des Unternehmens als gut für die Karriere gilt, möchten sie nicht wechseln. Diese hohe Identifikation qualifizierter Frauen mit ihrer Arbeit und ihrer Firma ist für das Unternehmen unbezahlbar. Wenn sie gehen, spielt der Vorgesetzte bei dieser Entscheidung eine wichtige Rolle. Dies hat sich im Gallup Engagement Index 2012, einer Umfrage zur Mitarbeiterbindung in Deutschland, noch einmal bestätigt[27] (→ GRAFIK „Engagement Index Deutschland – Die Lage in deutschen Büros und Fabrikhallen“, S. 42).

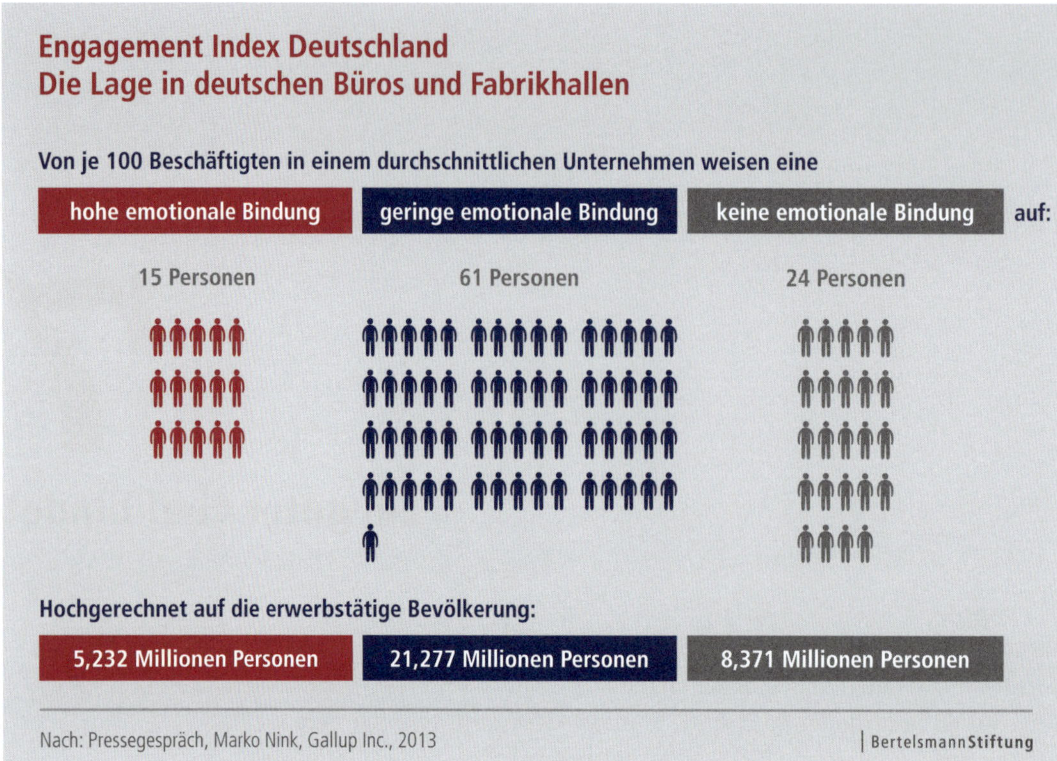

Bindung schaffen und festigen

Unternehmen kennen verschiedene Instrumente der Personalbindung. Der HR-Report 2013 des Recruiting-Experten Hays[28] befragte 550 Entscheider aus Deutschland, Österreich und der Schweiz zu zentralen Themen der Personalpolitik. Sie nennen die folgenden: (→ Grafik „Instrumente Mitarbeiterbindung")

Hier zeigen sich große Diskrepanzen zwischen dem, was für wichtig gehalten, und dem, was im Unternehmen umgesetzt wird. Zudem verdeutlichen diese Aussagen die zentrale Rolle des Vorgesetzten, der zwar nirgends genannt wird, von dessen Verhalten es aber abhängt, ob diese Instrumente ihre bindende Wirkung entwickeln können.

Die Frauen aus der Fokusgruppe – meist auf mittlerer Führungsebene – richten ihre Erwartungen in erster Linie an ihre Vorgesetzten. Sie erwarten Unterstützung bei ihrer beruflichen Entwicklung, und sie wollen herausfordernde Aufgaben.

Im Einzelnen fühlen sie sich unterstützt durch:

- **Rückmeldung:** Genaues Hinschauen auf die Leistung und dann offenes Feedback, auch wenn es kritisch ist. Der Vorgesetzte macht sich ein Bild von den Stärken und Schwächen der Führungsfrau und spricht mit ihr darüber, so dass sie die Chance bekommt, an sich zu arbeiten.

Wichtig ist, dass man Feedback bekommt – von einem Mann! Wie nimmt er gewisse Reaktionen an mir wahr? Was würde er mir empfehlen? Gerade weil ich mich häufig in Männerrunden bewege. „

Aus der Forschung ist bekannt, dass Führungskräfte kritisches Feedback an ihre weiblichen Mitarbeiter scheuen, weil sie deren Tränen fürchten.[29] Damit sinken die Chancen von Frauen, sich mit schwierigen Themen auseinanderzusetzen. Die Vorgesetzten sollten wissen, dass Frauen offenes Feedback wünschen und zu schätzen wissen, auch wenn es zunächst weh tut.

- **Aufstiegstipps:** Frauen setzen oft zu sehr darauf, dass Tüchtigkeit sie voranbringen wird. Es fehlt ihnen, so eine neuere Untersuchung, möglicherweise die notwendige Aufstiegskompetenz.[30] Ein unterstützender Vorgesetzter sagt seiner Mitarbeiterin, worauf es außerdem ankommt.
- **Die Chance zur Profilierung:** Leistung muss nach oben sichtbar werden. Führungsfrauen erwarten, dass der Vorgesetzte sich nicht mit den Erfolgen seiner Mitarbeiterinnen schmückt, sondern sie auffordert, ihre Ergebnisse auf höherer Ebene zu präsentieren.
- **Qualifizierung:** Der Vorgesetzte sollte sie ermutigen (nicht entmutigen!), Möglichkeiten der Qualifizierung zu nutzen, wenn sie sich bieten.

Die Frauen fühlen sich herausgefordert, wenn

- der Vorgesetzte ihnen die Freiheit gibt, selbstverantwortlich zu arbeiten,
- der Vorgesetzte klare Entscheidungsräume definiert und sich daran hält,
- der Vorgesetzte ihnen Aufgaben übergibt, die sie sich selbst nicht zugetraut hätten, und ihnen Entwicklungsschritte vorschlägt, die ihnen selbst nicht eingefallen wären.

Wenn ein Vorgesetzter der Mitarbeiterin außerdem den Freiraum lässt, „sie selbst zu sein“ – sie also vor zu viel Anpassungsleistung schützt –, dann weiß sie das besonders zu schätzen:

> *Die Leistung ist ja selbstverständlich, aber das Persönliche, das ist das i-Tüpfelchen, das macht es aus.*

Sind Männer anders?

Die Frauen aus der Fokusgruppe vermuten, dass Männern Geld und Status wichtiger seien und dass sie eher das Unternehmen verlassen würden, wenn das eine oder beides in ihren Augen nicht stimme. Manches spricht dafür.

Der Unterschied könnte mit den Mehrheitsverhältnissen auf höheren hierarchischen Ebenen zusammenhängen. Der Mann arbeitet unter anderen Männern und fühlt sich selbstverständlich zugehörig. Für ihn ist es wichtig, innerhalb der Gruppe, der er angehört, mächtiger zu werden und aufzusteigen.[31] Beides, mehr Geld und eine höhere Position, ist dazu dienlich.

Die vereinzelten Frauen dagegen gehören der Kollegengruppe nicht selbstverständlich an, sondern sie müssen sich Anerkennung und Zugehörigkeit mühsam erarbeiten. Sie setzen dabei vor allem auf fachliche Leistung; eine anspruchsvolle Aufgabe gut zu meistern ist unter den schwierigen Verhältnissen auch eine Quelle des Stolzes und der Zufriedenheit. Daher, so kann man annehmen, ist den Frauen die Arbeitsaufgabe so besonders wichtig. Sie spielt außerdem, wie kürzlich nachgewiesen, eine entscheidende Rolle für den Aufstieg (→ Kapitel 3 in Band 3).

Auf der anderen Seite gibt es genauso viele Frauen wie Männer, die den Arbeitsmarkt genau beobachten und eine interessante Option nutzen, wenn sie sich bietet (→ Kapitel 2 in Band 3).

Und es gibt Umfrageergebnisse, nach denen Frauen häufiger als Männer ein Unternehmen verlassen.[32] Sollten sie damit die Vorstellung von mehr Geld oder mehr Macht verbinden, so könnten sie sich täuschen: Männer steigen auf, indem sie das Unternehmen wechseln, d. h., sie werden für das, was sie zu leisten versprechen, bezahlt. Frauen kommen am besten weiter, wenn sie im Unternehmen bleiben. Sie werden bezahlt dafür, dass sie sich wieder und wieder bewährt haben.[33]

Was tun?

- Sorgen Sie für Zahlenmaterial, das über Verweildauer und Turnover von Frauen in Ihrem Unternehmen Auskunft gibt.
- Informieren Sie Ihre Führungskräfte über die Bedeutung der Mitarbeiterbindung.
- Prüfen Sie, ob es in Ihrem Unternehmen ein professionelles Retention-Management gibt.
- Sorgen Sie für eine Qualifizierung Ihrer Führungskräfte, die diese in die Lage versetzt, mit ihren Führungsfrauen über deren Erwartungen und Enttäuschungen ins Gespräch zu kommen. Dazu brauchen sie Gesprächstrainings und Gender-Kompetenz.

ZUM WEITERLESEN

Kurz und voller praktischer Ratschläge ist:
Turnover and Retention. Quick Take. Catalyst Knowledge Center, März 2013.
Zum Download auf www.creating-corporate-cultures.org/fuehrungsfrauen

Ein Grundlagenwerk zum Thema, gründlich und umfassend:
Gunter Wolf, *Mitarbeiterbindung*. Freiburg i. Br. 2013

8

Gender Pay Gap – bitte schließen!

In deutschen Unternehmen werden Frauen nicht selten schlechter bezahlt als Männer, auch wenn sie gleiche oder vergleichbare Arbeit tun und wenn sie gleich oder vergleichbar qualifiziert sind. Das kommt in Ihrem Unternehmen nicht vor? Sind Sie sicher? Prüfen Sie doch einmal die Gehälter aller Führungskräfte, schauen Sie, wie viele Männer und wie viele Frauen sich in welchem Gehaltsband befinden und an welcher Position sich die Männer und die Frauen befinden, wenn sie im gleichen Band sind. So bekommen Sie einen ersten Eindruck.

Frauen verdienen weniger

Vergleicht man die Löhne und Gehälter von Männern und Frauen, so erhalten Frauen in Deutschland 22,2 % weniger Geld als Männer. Ein großer Unterschied – größer als in vielen anderen europäischen Ländern (→ EUROPAKARTE, S. 48/49).

Verschiedene Faktoren – wie Teilzeitarbeit und geschlechtstypische Berufswahl – tragen zu dem Unterschied bei.[34] Berücksichtigt man diese, lag im Jahr 2010 der so bereinigte Gender Pay Gap bundesweit immer noch bei 7 %.[35]

Ein Vergleich nur der Gehälter von Männern und Frauen in deutschen Führungspositionen für den Untersuchungszeitraum 2001–2010 zeigt: Auch in den Führungsetagen existiert der Gender Pay Gap. Vollzeitbeschäftigte Frauen in Führungspositionen der Privatwirtschaft erreichen lediglich 72 %, in männerdominierten Feldern 80 % des Gehaltes ihrer männlichen Kollegen[36] (→ GRAFIK „Vollzeiterwerbstätige Führungskräfte", S. 47).

Die Einkommensunterschiede von männlichen und weiblichen Berufsanfängern machen sich laut einer Langzeituntersuchung aus Österreich ab

Vollzeiterwerbstätige Führungskräfte

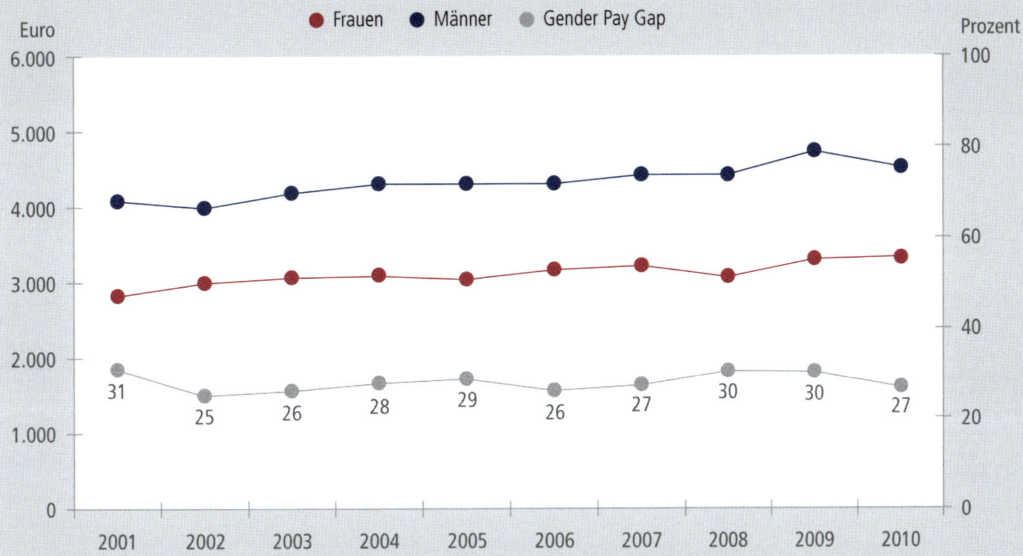

Elke Holst, Anne Busch und Lea Kröger, *Führungskräfte-Monitor 2012*, Update 2001–2010, DIW Berlin, Berlin 2012 (Politikberatung kompakt 65)

| BertelsmannStiftung

dem dritten Berufsjahr bemerkbar.[37] Zu diesem Zeitpunkt waren die Einkommen der Männer deutlich höher. Dieser Unterschied nahm im Laufe der zehn Jahre, die die Studie umfasste, stetig zu und betrug am Ende des zehnten Berufsjahres durchschnittlich 18.000 Euro jährlich. Frauen sind – oder waren es bisher – mit weniger Geld durchaus zufrieden. In der o.g. Studie aus Österreich waren sie genauso zufrieden wie die Männer, obwohl sie weniger verdienten. Umfragen kommen zu dem gleichen Ergebnis, und auch die Frauen unserer Fokusgruppe äußern sich ähnlich:

Das Geld alleine genügt nicht, um mich an meinem Arbeitsplatz zu halten. Gewisse Freiheiten zu haben, das ist tausendmal wichtiger. Wenn das Gehalt stimmt, dann ist man vielleicht ein bisschen weniger motiviert, die Stelle zu wechseln ... Aber ich denke, im Endeffekt bindet es einen nicht an die Firma. »

Wenn Männer mit ihrem Gehalt nicht zufrieden sind und vergeblich verhandelt haben, gehen sie nicht selten. Frauen in vergleichbaren Positionen wechseln auch, aber nicht aus finanziellen Gründen, sondern eher, weil es Konflikte mit dem Vorgesetzten gibt (→ Kapitel 9 in diesem Band). In der Regel haben sie sich fest gebunden; sie schätzen ihre Arbeit, fühlen sich in der Pflicht gegenüber ihren Mitarbeitern und bleiben, trotz geringerer Bezahlung. Damit verhalten sie sich – was die Gehaltsentwicklung angeht – sinnvoll, ohne es zu wissen. Denn, so eine amerikanische Untersuchung aus dem Jahr 2012, Männer steigern ihr Gehalt, indem sie wechseln, Frauen,

Karte der geschlechtsspezifischen Gehaltslücke in der Europäischen Union (EU-27)

Über die gesamte EU-Wirtschaft hinweg verdienen Frauen im Durchschnitt etwa 16 % weniger als Männer.

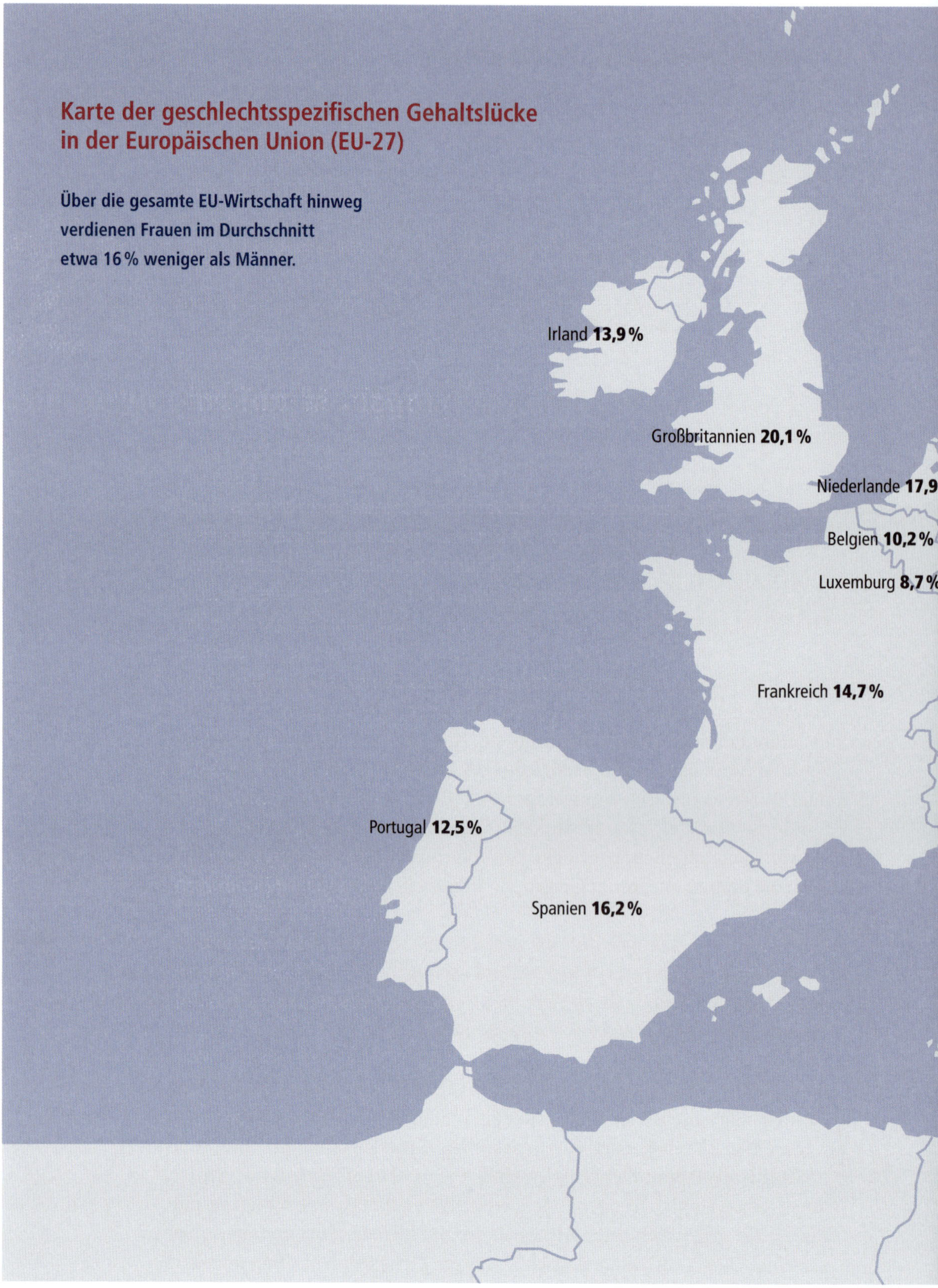

Nach: European Commission, *Tackling the gender pay gap in the European Union*. Luxemburg 2013

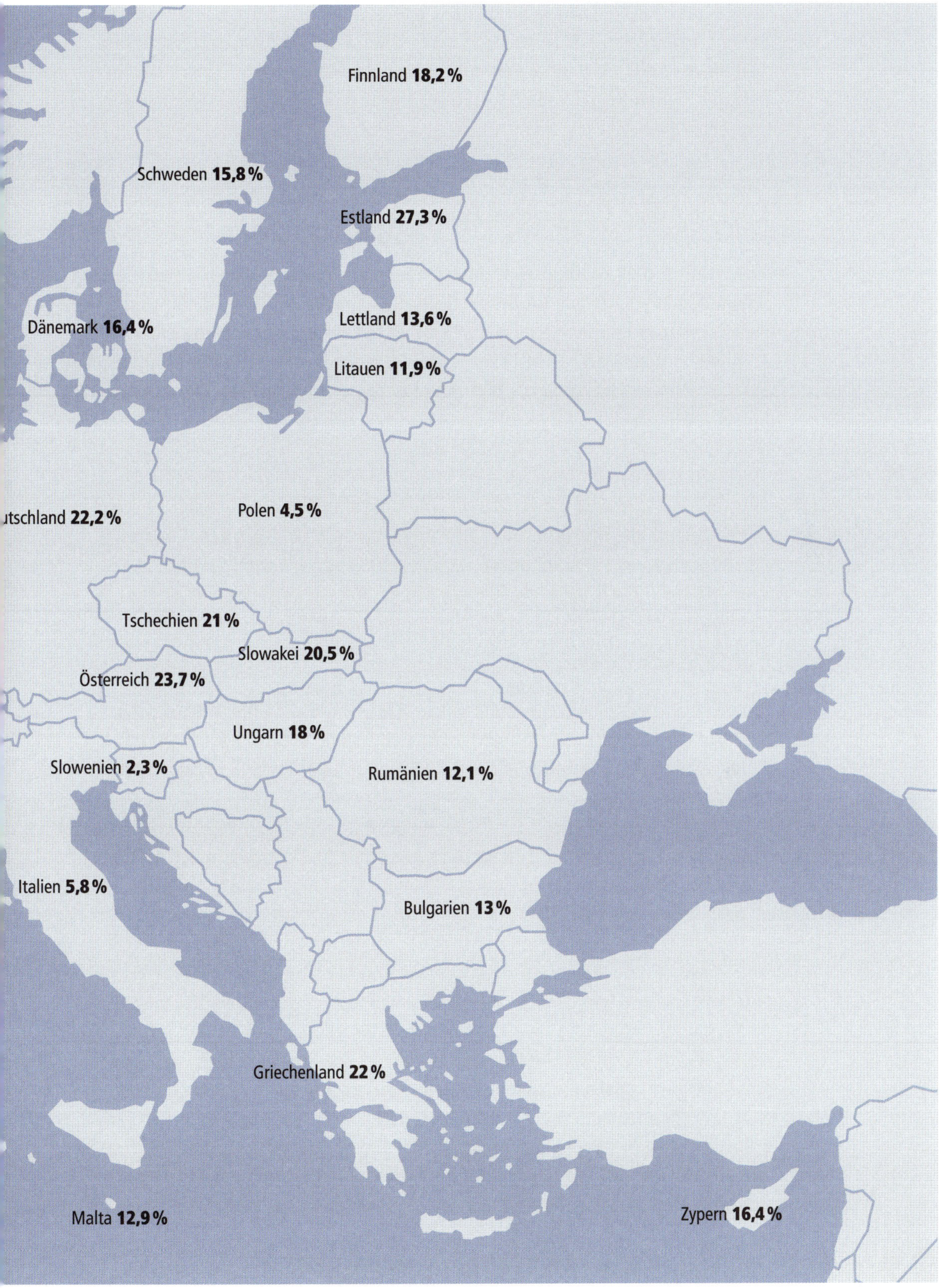
Finnland 18,2 %
Schweden 15,8 %
Estland 27,3 %
Dänemark 16,4 %
Lettland 13,6 %
Litauen 11,9 %
utschland 22,2 %
Polen 4,5 %
Tschechien 21 %
Slowakei 20,5 %
Österreich 23,7 %
Ungarn 18 %
Slowenien 2,3 %
Rumänien 12,1 %
Italien 5,8 %
Bulgarien 13 %
Griechenland 22 %
Malta 12,9 %
Zypern 16,4 %

indem sie bleiben. Männer verkaufen erfolgreich ihr Potenzial – bei einem neuen Arbeitgeber bekommen sie mehr Geld. Frauen dagegen steigern ihr Gehalt (wenn auch deutlich geringfügiger als die Männer), indem sie bei ein und demselben Unternehmen ihre Kompetenz immer wieder unter Beweis stellen.[38]

Gleiche Arbeit – ungleicher Lohn

Die Frauen der Fokusgruppe bezeichnen das angemessene Gehalt als „Hygienefaktor" – eine „Rahmenbedingung", die die Zufriedenheit mit der Arbeit nicht steigert, die aber wichtig wird, wenn sie nicht stimmt. Obwohl Vergleiche des Gehaltes in den meisten Unternehmen tabu sind, gibt es immer wieder Situationen, in denen Frauen erfahren, dass der Kollege mehr verdient:

Bei uns gibt es Gehaltsklassen und Bänder, aber ob sich einer am unteren, am mittleren oder oberen Ende bewegt, das weiß man nicht. Ich habe zufällig erfahren, was der Kollege verdient, und habe gesagt, na, das kann's definitiv nicht sein. Ich habe meinem Chef gesagt: Ich bin jetzt schon so und so lange dabei, und diese Leistungen kann ich vorweisen, wie sieht es denn mit mehr Geld aus? Ich war echt sauer. Und ich habe dann auch das bekommen, was ich wollte. Man muss es wirklich einfordern. Ich glaube, Männer sind da weniger zurückhaltend.

Manchmal sorgt der Vorgesetzte dafür, dass sich das Gehalt seiner Mitarbeiterin mit ihren Aufgaben mitentwickelt. Aber in der Regel lassen die Chefs es darauf ankommen, dass die Frauen ein höheres Gehalt fordern – und das fällt vielen nicht leicht.

Das sind Momente, wo ich wirklich wütend auf mich selber bin. Warum fordere ich nicht? Da ist nicht viel Risiko dabei, außer Nein zu sagen können sie nichts machen. Ich habe das Nein vorweggenommen und gar nicht erst nach mehr Geld gefragt.

Die Wissenschaftlerinnen Andrea Ruppert und Martina Voigt haben in einer kürzlich erschienenen Arbeit belegt, dass weibliche Führungskräfte tatsächlich weniger erfolgreich für sich verhandeln als männliche. Sie bekommen seltener eine Gehaltserhöhung als Männer und seltener mehr Gehalt und eine höhere Position gleichzeitig. Sie werden auch seltener als die Männer von ihren Vorgesetzten auf ihr Gehalt angesprochen. Selbst wenn sie erfolgreich verhandeln, haben sie am Ende eine geringere Gehaltserhöhung als die Männer. Die Kollegen finden Gehaltsverhandlungen deutlich reizvoller. Viele Frauen verhandeln gar nicht gern, schon gar nicht über Geld.

Allein schon die Frage, wie gehe ich das Thema an – damit hab ich schlaflose Nächte verbracht. Wie sprichst du an, dass du mehr Geld möchtest? Das ist ein ganz schwieriges Thema.

Dennoch initiieren sie Gespräche über Gehaltsfragen nicht seltener als ihre Kollegen. Wenn Frauen jedoch keinen Erfolg haben, nehmen sie diesen Ausgang sehr viel häufiger persönlich. Männer haben eher eine sportliche Haltung dazu.[39]

Wie sind die Unterschiede zu erklären?

Vorgesetzte, die sich nicht kümmern, oder Frauen, die nicht erfolgreich verhandeln oder denen andere Rahmenbedingungen wichtiger sind als das Gehalt, tragen sicher zu den Einkommensunterschieden bei. Aber diese Gründe reichen nicht aus, um eine so große Differenz zu erklären. Es kommen zwei weitere Faktoren hinzu: die Bewertung des jeweiligen Arbeitsplatzes durch das Unternehmen und die Geschlechterstereotype der Entscheider.

Typische Frauenarbeitsplätze werden in der Regel schlechter bewertet und finanziell niedriger eingestuft als Männerarbeitsplätze oder solche, auf denen sowohl Männer als auch Frauen zu finden sind (Mischarbeitsplätze). Typische Frauenarbeitsplätze gibt es auch im Bereich der Führungspositionen, zum Beispiel im Bereich Personal oder im Bereich Weiterbildung. Das ist eine Ursache des Pay Gap.

Wenn eine Frau auf einem typischen Männerarbeitsplatz, zum Beispiel im Bereich Finanzen oder IT, weniger angeboten bekommt als ihr Kollege, dann sind Geschlechterstereotype wirksam. Diese spielen hierzulande eine größere Rolle als bei unseren europäischen Nachbarn – vielleicht unbemerkt und unbewusst, aber wirksam. Wer daran zweifelt, sollte die Untersuchung des Sozialwissenschaftlers Carsten Wippermann lesen, der die Haltung deutscher Führungskräfte zu Frauen erfragt hat (→ Kapitel 1 in Band 2). Nicht zufällig nennt er sie „die Hüter der gläsernen Decke".[40] Die verschiedenen Facetten solcher Stereotype lassen sich, bezogen auf das Gehalt, in einem Satz zusammenfassen: Frauen sind aus Sicht des Unternehmens aus verschiedenen Gründen weniger wertvoll als Männer und können daher auch geringer bezahlt werden.

Warum daran etwas ändern?

Auf den ersten Blick profitiert das Unternehmen: Führungsfrauen arbeiten für weniger Geld (und nicht selten engagierter als Männer) und bleiben trotz schlechterer Bezahlung. Dies ist jedoch zu kurzfristig gedacht.

Unternehmen werden ihrer Reputation schaden, wenn sie die Praxis ungerechter Bezahlung fortführen. Die öffentliche Debatte über mangelnde Aufstiegsmöglichkeiten von Frauen in Deutschland und ihre im europäischen Vergleich auffällige finanzielle Ungleichbehandlung macht die Entgeltpraxis von Unternehmen bekannt und hält vielversprechende Talente von einer Bewerbung ab.

Auch unternehmensintern zahlen die Arbeitgeber für finanzielle Ungleichbehandlung langfristig einen hohen Preis. Durch die Untersuchung der Soziologin Christiane Funken für das Bundesministerium für Familie, Senioren, Frauen und Jugend im Jahr 2010[41] sind erstmals ältere Managerinnen ins Blickfeld des Interesses gerückt. Das Ausmaß ihrer Resignation und ihrer Verbitterung ist erschreckend. Die jungen Frauen aus unserer Fokusgruppe, Mitte 30, gehen eher mit sich selbst ins Gericht, wenn sie herausfinden, dass sie schlechter bezahlt werden als ihre Kollegen. Aber wie lange werden diese klugen und kompetenten Frauen die Schuld bei sich selbst suchen, wenn sie merken, dass die Kollegen aufsteigen und auch finanziell an ihnen vorbeiziehen? Es wäre geschäftsschädigend, die hohe Identifikation der Frauen mit dem Unternehmen, ihr Engagement und ihre Arbeitsfreude durch ungerechte Bezahlung aufs Spiel zu setzen.

Was tun?

- Setzen Sie sich dafür ein, dass der Vorstand sich auf gerechte Bezahlung für Männer und Frauen festlegt.
- Prüfen Sie die Möglichkeit, in Ihrem Unternehmen ein Entgelt-Screening durchzuführen.
- Sorgen Sie dafür, dass das Controlling nicht nur den Ist-Zustand der Bezahlung, sondern auch seine Veränderung sichtbar machen kann.
- Falls in Ihrem Unternehmen die Entwicklung von Frauenpotenzial zu den festgeschriebenen Aufgaben der Führungskräfte gehört, sollte im Personalgespräch auch die Gehaltsentwicklung der Frauen besprochen werden.

ZUM WEITERLESEN

Wer sich über diese komplexe Thematik gründlicher informieren will, kann dies hier tun:
Astrid Ziegler, Hermann Gartner und Karin Tondorf, „Entgeltdifferenzen und Vergütungspraxis". Projektgruppe GiB (Hrsg.), *Geschlechterungleichheiten im Betrieb*. Hans-Böckler-Stiftung, Berlin 2010, S. 271–346

9
Vermeidbare Verluste

Es ist beeindruckend, wie sehr sich Führungsfrauen mit ihrem Unternehmen und ihrer Arbeit identifizieren. Dennoch kann man sie vertreiben.

Das ist menschlich bedauerlich, und es ist auch kostspielig. Wenn es sich herumspricht, schadet es der Reputation des Arbeitgebers und macht diesen möglicherweise unattraktiv für qualifizierte, ehrgeizige Frauen (→ GRAFIK „Folgenreiche Fluktuation“).

Folgenreiche Fluktuation

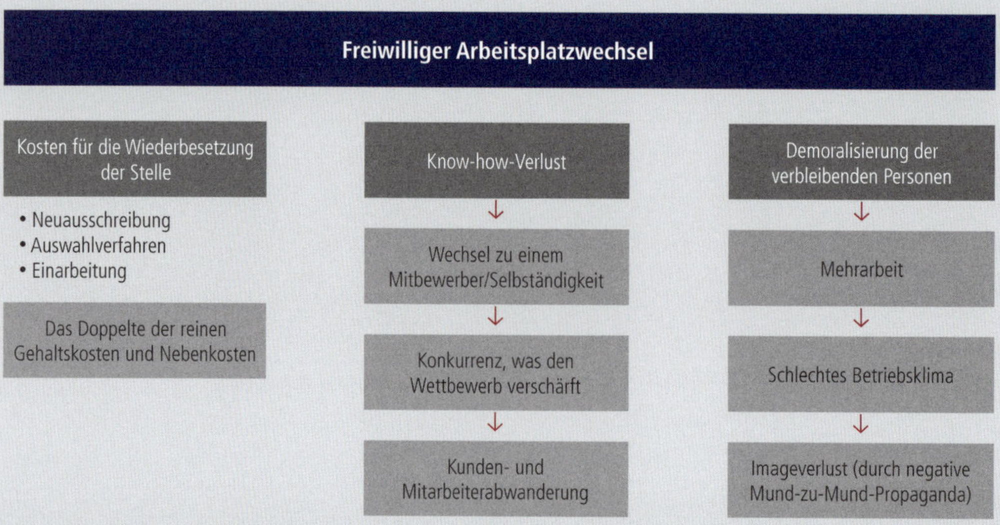

Pressegespräch, Marko Nink, Gallup Inc., 2013

| BertelsmannStiftung

Es ist nicht die Familie

In den USA ist die Frage „Warum verlassen hochqualifizierte Frauen ihre Firma, und wie lässt sich das verhindern?“ recht gründlich untersucht.[42] In Deutschland weiß man eher wenig darüber. Man weiß, dass Ingenieurinnen im Laufe ihres Berufslebens immer unzufriedener werden, während es bei den Ingenieuren umgekehrt ist. Man weiß auch, dass Managerinnen in mittleren Jahren oft verbittert sind und sich beruflich nicht mehr wirklich engagieren mögen.[43] Und man weiß, dass der Mangel an Bindung, allgemein gesprochen, vor allem auf Führungsfehler zurückzuführen ist.[44]

Den amerikanischen Untersuchungen zufolge lassen sich zwei Gruppen von Frauen unterscheiden: Da sind diejenigen, die ihren Arbeitsplatz aufgeben, weil die Arbeitsbedingungen es ihnen nicht erlauben, ihren Familienpflichten zu genügen. Und da sind zum anderen Frauen, die in männlich dominierten Bereichen arbeiten, vor allem im MINT-Sektor, im Finanzsektor und/oder auf einer Ebene der betrieblichen Hierarchie, auf der es nur wenige Frauen gibt. Diese Frauen verlassen häufiger als Männer ihre Arbeitsstelle, widmen sich aber dann keineswegs Familienaufgaben, wie man zunächst annahm, sondern suchen sich eine neue Tätigkeit, meist in einer Branche mit weniger frauenfeindlichem Klima[45] (→ KASTEN „Eine (amerikanische) Befragung von 3700 Ingenieurinnen“).

Eine (amerikanische) Befragung von 3700 Ingenieurinnen ergab:

Frauen bleiben im Feld,

- wenn wichtige Personen in der Firma (Vorgesetzte und Kollegen) sie unterstützen,
- wenn die Firma in ihre professionelle Entwicklung investiert,
- wenn sie zuversichtlich sind, mit dem Klima in ihrer Organisation zurechtzukommen, und sich in der Lage sehen, multiple Rollen (Arbeit und Familie) auszubalancieren.

Sie gehen,

- wenn sie herablassend behandelt werden,
- wenn ihre Stellung durch ihren Vorgesetzten unterminiert wird,
- wenn sie keine Entwicklungsmöglichkeiten sehen,
- wenn sie viel Verantwortung tragen, aber dafür nicht angemessen bezahlt werden.

Von denen, die gegangen sind, sagten über 50 %, dass die Arbeitsbedingungen und das Arbeitsklima ihnen nicht gepasst hätten.

Nach: Nadya A. Fouad und Romila Singh, *Stemming the Tide – Why Women Leave Engineering*, Report, University of Wisconsin-Milwaukee, Milwaukee 2011 | BertelsmannStiftung

Die mächtigsten Vertreiber

Bei aller Treue zum Unternehmen (→ Kapitel 7 in diesem Band) gibt es Erfahrungen, die so kränkend und frustrierend sind, dass Führungsfrauen kündigen, sei es innerlich oder auch äußerlich.

Behindernde Vorgesetzte
Manche Chefs behindern ihre Mitarbeiterinnen aktiv. Die Frauen der Fokusgruppe nennen einige Beispiele:

- Der Chef weigert sich, sie für ein Assessment-Center zu empfehlen.
- Der Chef behauptet, die Frau sei für weiteren Aufstieg nicht geeignet, obwohl sie über längere Zeit eine Abteilung erfolgreich kommissarisch geleitet hat.
- Der Chef hindert die Mitarbeiterin daran, nach oben sichtbar zu werden, indem er die von ihr geleistete Arbeit als die eigene ausgibt.

Es ist gar nicht sicher, dass diese Chefs der Mitarbeiterin schaden wollen. Möglicherweise sind sie etwas kurzsichtig und möchten nur sich selbst nützen – sie wollen eine tüchtige Frau nicht durch Aufstieg verlieren.

Enttäuschende Vorgesetzte
Manche Chefs verhalten sich so, dass die Frauen den Respekt verlieren, dass sie ihnen misstrauen, sie sogar verachten.

> *Der Führungsstil, den die Führungskräfte an den Tag legen, ist so eine Katastrophe, dass die Frauen überhaupt keine Lust haben, für sie zu arbeiten.*

> *Sie erwarten Dinge von ihren Leuten, die sie selbst nicht vorleben. Sie preisen Erfolge nach oben als ihre eigenen an, auch wenn das gar nicht stimmt. Sie spielen Mitarbeiter gegeneinander aus. Sie haben kein bisschen Feingefühl – da musst du schon heulend am Schreibtisch sitzen, damit sie merken, dir geht's nicht gut.*

> *Ich finde es ätzend, als Frau benutzt zu werden, um auf der Beziehungsebene in einem Team irgendwas zu richten, weil der Chef gern Konfliktsituationen vermeidet und dafür lieber die Frau vorschickt. Er steht dann gut da, aber sie ist diejenige mit dem Problem ... Ich fördere damit seine Karriere, aber nicht er die meine.*

Solche Verhaltensweisen sind nicht selten. Gründe dafür können Unachtsamkeit oder Unwissenheit sein; möglicherweise ist es auch die mächtige Position, die manchen Vorgesetzten nicht bekommt. Die Forschung befasst sich schon seit vielen Jahren mit der Frage, ob Macht eigentlich bekömmlich ist, und hat herausgefunden: Nein, sie ist es nicht.[46] Mächtige neigen dazu, das, was sie von anderen erwarten, selbst nicht zu tun; ihr Interesse, sich mit den Schwierigkeiten anderer zu befassen, ist gering; sie sind wenig empathisch und eher rücksichtslos als rücksichtsvoll. All dies, weil sie es sich leisten können.

Offensichtliche Ungerechtigkeit

Führungsfrauen beschließen den Wechsel in ein anderes Unternehmen, wenn sie ungerecht behandelt werden, vor allem in Gehaltsfragen. Zwar betonen sie immer wieder, das Geld sei für sie nicht entscheidend. Aber wenn Führungsfrauen – meist zufällig – herausfinden, dass der Kollege für die gleiche Arbeit deutlich besser bezahlt wird, sind sie gekränkt. Scheitern ihre Versuche, die Situation zu verändern, schauen sie sich nach einer anderen Stelle um (→ Kapitel 8 in diesem Band).

Missachtung und Mangel an Wertschätzung

Wertschätzung durch Kollegen und Vorgesetzte steht bei Männern und Frauen hoch im Kurs. Bei einer internationalen Befragung von Führungskräften findet sich der Wunsch nach Anerkennung bei Männern und Frauen unter den Erwartungen an ihre Arbeit, die ihnen besonders wichtig sind. Geht es allerdings nicht um die Wünsche, sondern um die Wirklichkeit, sind die Männer, gerade in diesem Punkt, viel zufriedener als die Frauen.

In ihrer Situation als Frau unter Männern (→ Kapitel 4 in diesem Band) machen sie die Erfahrung, dass sie in vielen Situationen unsichtbar und/oder einflusslos sind: Sie kommen oft in Sitzungen nicht zu Wort. Das, was sie sagen, bleibt ohne Wirkung, denn niemand geht darauf ein. Sie stehen bei Meetings am Rand, als seien sie gar nicht da. Sie arbeiten hart, ohne je zu erfahren, ob Kollegen und Vorgesetzte diese Arbeit bemerken und schätzen. Das ist für jeden Menschen schwer zu ertragen.

Auch Führungsfrauen tolerieren dies nur begrenzte Zeit. Dann werden sie bitter, verlieren ihr Engagement oder gehen (→ Kapitel 1 in diesem Band).

Was tun?

- Lassen Sie sich Zahlen über die Verweildauer der Frauen in den Bereichen Ihrer Mitarbeiter geben und fragen Sie nach, wenn Sie sehen, dass bei bestimmten Vorgesetzten die Frauen nicht weiterkommen.
- Sorgen Sie durch Anordnung und Weiterbildung dafür, dass die durchgeführten Exit-Interviews ihren Namen verdienen, dass sie ausgewertet werden und Konsequenzen haben.
- Sorgen Sie dafür, dass jede Mitarbeiterin gerecht bezahlt wird, und kümmern Sie sich auch um Gehaltserhöhungen.
- Ziehen Sie bei geselligen Zusammenkünften Ihre Mitarbeiterin ins Gespräch. Fragen Sie sie bei Meetings nach ihrer Meinung, schaffen Sie ihr Rederaum und beziehen Sie sich im weiteren Verlauf auf ihren Beitrag.

ZUM WEITERLESEN

Eine einfalls- und ergebnisreiche Untersuchung über Wertschätzung im Betrieb haben diese drei Berater durchgeführt:
Mirko Zwack, Audris Muraitis und Jochen Schweitzer-Rothers, „Wozu keine Wertschätzung?“ *Organisationsberatung, Supervision, Coaching,* 18. Jg., Heft 4, 2011, S. 429–443

10
Die gläserne Decke

Mit dem Begriff „gläserne Decke“ bezeichnen Sozialwissenschaftlerinnen die mit nüchternen Zahlen belegte Tatsache, dass talentierte Frauen in Unternehmen trotz exzellenter fachlicher Eignung nur geringe Chancen haben, vom mittleren Management ins obere Management aufzusteigen (→ GRAFIK „Anteil von Frauen im Vorstand“, S. 60). Der Zugang zum höheren Management scheint ihnen wie durch eine unsichtbare Barriere fast vollständig verwehrt zu sein.

Die Führungskraft hat dann geantwortet: Frauen, ja, in der mittleren Ebene sind die ganz gut, da braucht man den Social Touch. Aber weiter oben: nein. Wo die wichtigen Sachen entschieden werden, da sind solche Fähigkeiten nicht gefragt. ”

Und da kommt dieses „Besitzstand wahren“ ins Spiel: Die gucken schon, dass sie ihre Positionen behalten. Das zieht sich durch: Da geht's von der Gruppenleiterebene bis zur Abteilungsleiterebene. Da will keiner eine Frau haben. ”

Die wenigen Vorstandsfrauen, die es in Deutschland gibt, bestätigen, „dass der letzte Karriereschritt in den Olymp häufig am schwierigsten war“ [47] (→ GRAFIK „Der letzte Karriereschritt“, S. 60). Sie nennen als Aufstiegshemmnis in erster Linie Vorurteile gegenüber Frauen und das Fehlen von Chancengleichheit. In der Regel ist ein ganzes Bündel sozialer Barrieren am Werk,[48] die den Beteiligten nicht oder nur zum Teil bewusst sind.

Unsichtbare Hindernisse

Die Mechanismen der „gläsernen Decke“ wurden schon in den 1980er Jahren beschrieben,[49] und sie existieren immer noch. Hauptverantwortlich für diese Barrieren sind in erster Linie nicht persönliche Wesensmerkmale

Anteil Frauen im Vorstand von DAX-, MDAX-, SDAX-, TecDAX-Unternehmen

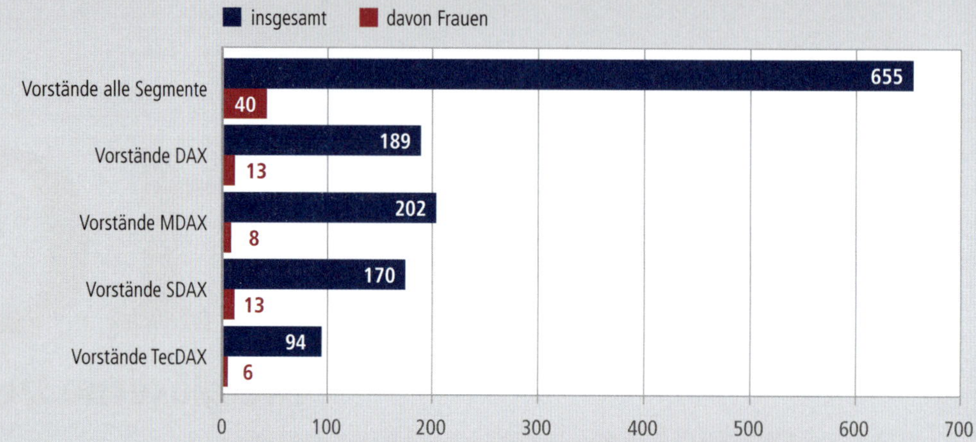

Frauenanteile	09/2013	01/2013	01/2012	01/2011
insgesamt	**6,11 %**	**4,71 %**	**3,37 %**	**3,01 %**
DAX	6,88 %	7,69 %	4,26 %	2,15 %
MDAX	3,96 %	2,94 %	3,37 %	1,87 %
SDAX	7,65 %	7,50 %	3,18 %	4,46 %
TecDAX	6,38 %	5,05 %	2,00 %	4,67 %

Nach: Women-on-board-Index 2013, S. 20, 2013, FidAR – Frauen in die Aufsichtsräte e.V. www.fidar.de/webmedia/documents/wob-index/130331_Studie_WoB-Index_XI_end.pdf | BertelsmannStiftung

Der letzte Karriereschritt

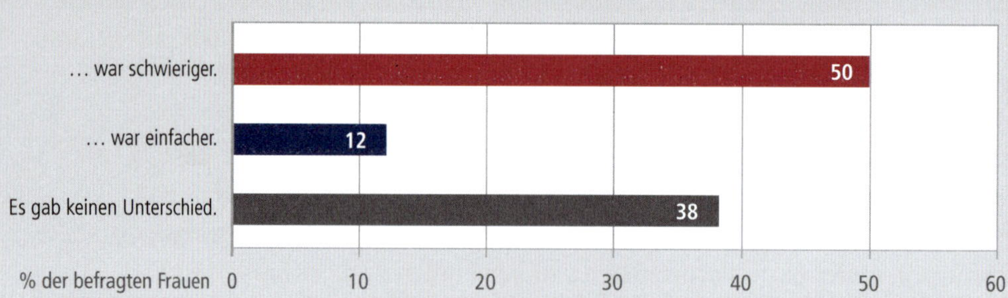

Gabriele Stahl, Nicole Mühling, *Deutschlands Chefinnen.* Frankfurt/Main 2010 | BertelsmannStiftung

von Frauen. Die Karrieresperren sind vielmehr Bestandteil der Kultur eines Unternehmens,[50] also der Strukturen, Konventionen und Regeln. Weibliche Führungskräfte nannten in einer wissenschaftlichen Befragung im Jahre 2007 die folgenden fünf Karrierehemmnisse:[51]

1. Dominanz männlicher Netzwerke: 70 % der Befragten nannten diese als besonders wichtigen Faktor,
2. Besorgnis der Vorgesetzten hinsichtlich familienbedingter Auszeiten und eingeschränkter Verfügbarkeit der Frauen (63 %)
3. Ausgeprägte Ellenbogenmentalität männlicher Kollegen (54 %)
4. Vorbehalte der Geschäftsleitungen und Inhaber gegen Frauen in Top-Führungspositionen (33 %)
5. Mangel an Ehrgeiz bei Frauen (22 %)

Unconscious Bias

Neben der „gläsernen Decke" ist in der Diversity-Literatur auch häufig von „unconscious bias" die Rede, also der verzerrten Wahrnehmung von Leistungen aufgrund unbewusster Vorurteile. Die Forschung hat in den letzten Jahrzehnten eine ganze Reihe weiterer Ausgrenzungsmechanismen entdeckt und in ihrer Wirkung untersucht:

- **Homosoziale Reproduktion** oder „Similar-to-me-Effekt": Jede Personalauswahl wird davon beeinflusst, wie sehr ein Bewerber dem Entscheider ähnelt. Solange das Management überwiegend aus Männern besteht, haben Frauen schlechte Karten (→ Kapitel 6 in Band 3).
- **Think manager, think male:** Als erfolgreiche Führungskraft gilt meist, wer Verhaltensweisen zeigt, die als typisch männlich anerkannt sind. Solche Stereotype beeinflussen Personalentscheidungen häufig zu Ungunsten von Frauen (→ Kapitel 5 in diesem Band).
- **Männerbündisches Verhalten:** Zum Beispiel studentische Verbindungen, Sportvereine oder Rotary- und Lions-Clubs sind traditionell Orte zur Entwicklung von Seilschaften, die der Karriereentwicklung von Männern dienen und zumindest latent, wenn nicht offen, Frauen ausschließen.
- **Durchsetzungsfähigkeit bei Frauen:** Durchsetzungsfähigen Frauen wird leicht jegliche Weiblichkeit abgesprochen. Sie werden als zu männlich abqualifiziert.
- **Ideal „Familienernährer":** Zu diesem Ideal gehört die Vermutung, dass Männer das Geld verdienen und Frauen aufhören zu arbeiten, sobald sie ein Kind bekommen. Zum Teil wird diese Vermutung noch biologistisch abgesichert – das Muttersein liege eben in der Natur der Frau, und darum sei sie für hohe Führungspositionen nicht geeignet (→ Kapitel 7 in Band 4).
- **Kontinuität der Berufsbiographie:** Frauen weisen prozentual häufiger Unterbrechungen ihrer Berufsbiographie auf als Männer. Das gilt als Hindernis für eine Position im oberen Management. Tatsächlich unterbrechen aber auch viele erfolgreiche Männer ihre berufliche Tätigkeit.[52]
- **Beruf und Familie:** Verantwortlichkeit für Kinder oder Verwandte wird von Vorgesetzten automatisch mit geringerer Belastbarkeit verbunden. Im Einzelfall mag es so sein. Wird aber daraus eine Zuschreibung für alle Frauen, dann nimmt die oft unbemerkte Diskriminierung ihren Lauf.

- **Arbeitszeitreduzierung:** Der Wunsch nach Teilzeitarbeit wird von Vorgesetzten häufig mit vermindertem Engagement assoziiert. Teilzeitkräfte werden deshalb generell ungünstiger beurteilt. Teilzeitpositionen sind häufig Dead-end-Positionen.

In der Praxis sind viele dieser Mechanismen gleichzeitig wirksam und verstärken sich gegenseitig.

Die Hüter der gläsernen Decke und ihre Mentalitätsmuster

Der Soziologe Carsten Wippermann hat die Einstellung männlicher Führungskräfte gegenüber Frauen in Führungspositionen untersucht und dabei drei Mentalitätsmuster herausgearbeitet, mit denen männliche Führungskräfte in die Rolle des Hüters der gläsernen Decke kommen.[53]

1. **Konservative Exklusion**
Dieses Mentalitätsmuster beschreibt konservativ eingestellte Männer, die Frauen in Führungspositionen aus Prinzip nicht akzeptieren, weil sie aus ihrer Sicht die eingespielten Zirkel und Netzwerke der Männer stören. Die Welt der Wirtschaft sei nun mal konservativ. Und eine Führungsperson brauche ein stabiles Fundament in der Familie.

2. **Emanzipierte Grundhaltung**
Diesem Muster entsprechen Männer, die Frauen in Führungspositionen gegenüber aufgeschlossen sind. Sie sind überzeugt, dass im mittleren Management Frauen und Männer gleich stark vertreten sein müssen. Für das Top-Management aber gelten ihrer Meinung nach andere Regeln: Frauen trauen sie die unerlässliche Härte zwar zu, diese widerspreche aber dem in unserer Gesellschaft herrschenden Frauenbild. Was bei einem Mann als natürlich gelte, werde bei einer Frau als unpassend, unweiblich oder zwanghaft männlich etc. eingeschätzt. In dieser Rolle wäre eine Frau kein positiver Repräsentant des Unternehmens und würde möglicherweise dem Image und der Marke Schaden zufügen.

3. **Individualistische Grundhaltung**
Die Männer dieser Kategorie sind der Meinung, es spiele heute überhaupt keine Rolle mehr, ob der Kandidat für den Posten eines Aufsichtsrats, Vorstands, Bereichsleiters etc. eine Frau oder ein Mann sei. Es komme allein auf die Persönlichkeit, die fachliche Qualifikation und die Kontinuität der Berufsbiographie an. Es herrsche aber ein Mangel an authentischen und flexiblen Frauen mit der nötigen Kontinuität in der Berufsbiographie. Diese Männer übersehen oder verleugnen die Wirksamkeit der „gläsernen Decke“ mit ihren speziellen Barrieren für Frauen, anstatt sie zu bekämpfen und aktiv außer Kraft zu setzen. Ohne es zu wollen, sorgen sie dafür, dass die Barrieren ungehindert fortbestehen.

Was tun?

- Nur der Zusammenschluss einflussreicher männlicher Führungskräfte kann erste Schritte hin zur Veränderung in der Organisation auf den Weg bringen. Voraussetzung ist: Sie sind sich im Klaren darüber, wie kraftvoll die unbewussten Ausgrenzungsmechanismen im Unternehmen wirken.
- Stiften Sie Unruhe und Aufmerksamkeit für das Thema! Dies ist gerade bei den weitgehend unbewussten Ausgrenzungsmechanismen kein leichtes Unterfangen: Mächtige Promotoren mit langem Atem sind notwendig, um die strukturellen und kulturellen Faktoren in der Organisation zu beeinflussen (→ Kapitel 13 in diesem Band).
- Ein ganzes Bündel von Maßnahmen ist nötig: Sorgen Sie für die Flexibilisierung der Arbeitszeiten und sorgsames Talent-Management, befreien Sie Auswahlverfahren von diskriminierenden Mechanismen, untersuchen Sie Beurteilungsverfahren auf diskriminierende Tendenzen, beseitigen Sie den Gender Pay Gap.

ZUM WEITERLESEN

Women-on-Board-Index (WoB-Index): Aktuelle Dokumentation zum Anteil von Frauen im Aufsichtsrat und Vorstand der im DAX, MDAX, SDAX und TecDAX notierten Unternehmen.
Zum Download auf www.creating-corporate-cultures.org/fuehrungsfrauen

FidAR – Frauen in die Aufsichtsräte e. V. hat mit dem WoB-Index ein Ranking erstellt, das einen schnellen Überblick über die Besetzung der Aufsichtsräte und Vorstände aller DAX-, MDAX-, SDAX- und TecDAX-Unternehmen ermöglicht. FidAR ist eine überparteiliche und überregionale Initiative, die im Jahr 2006 von Frauen in Führungspositionen in Wirtschaft, Wissenschaft und Politik als Verein gegründet wurde. Er wird gefördert durch das Bundesministerium für Familie, Senioren, Frauen und Jugend.

11

Der Sprung ins Top-Management

Der Weg vom mittleren Management ins Top-Management bedeutet einen Wechsel in eine andere Logik, der Frauen in vielen Unternehmen nicht zugetraut wird. Dabei haben Führungsfrauen, die an der Schwelle zur Spitze stehen, bewiesen, dass sie höchsten Anforderungen genügen können. Trotzdem gilt in vielen Unternehmen nach wie vor: Je höher die Führungsposition, desto stärker die Effekte der gläsernen Decke (→ Kapitel 10 in diesem Band), das zeigen auch die Zahlen von deutschen Unternehmen[54] (→ TABELLE „Fallzahlen Führungskräfte“).

Fallzahlen Führungskräfte

	2001	2002	2003	2004	2005	2006	2007	2008	2009	2010
Führungskräfte insgesamt	1.142	1.692	1.369	1.370	1.239	1.330	1.290	1.235	1.339	1.181
davon Frauen:										
insgesamt	251	387	312	303	273	315	323	314	358	319
mit umfassenden Führungsaufgaben	21	37	33	35	27	30	29	32	41	36

Nach: Elke Holst, Anne Busch und Lea Kröger, *Führungskräfte-Monitor 2012*, Update 2001–2010, DIW Berlin. Berlin 2012, S. 17 (Politikberatung kompakt 65)
www.diw.de/documents/publikationen/73/diw_01.c.407592.de/diwkompakt_2012-065.pdf

| BertelsmannStiftung

Das kulturelle Kapital der Frauen

Frauen, die heute an der Schwelle zum Top-Management stehen, haben im Laufe ihrer Karriere andere soziale Fähigkeiten entwickelt als Männer: Sie haben bewiesen, dass ein echter Hürdenlauf sie nicht schreckt. Im Gegenteil, sie lieben die Herausforderung und haben dem Gegenwind, der ihnen auf ihrem beruflichen Weg vermutlich entgegengeschlagen ist, erfolgreich widerstanden. Sie haben Karriere gemacht, obgleich sie zu vielen informellen Männerrunden keinen Zutritt hatten. Sie haben die Besonderheiten ihrer Minderheitsposition mit den beständigen Ausgrenzungsgefahren erfolgreich bewältigt und Privat- und Berufsleben in eine für sie befriedigende Balance gebracht. Häufig haben sie gezeigt, dass sie trotz Familie verlässlich und präsent sind.

Langer Atem, großes Stehvermögen, hohe fachliche, soziale und mikropolitische Kompetenz und ein sehr gutes Augenmaß für die Kultur des Unternehmens sind Kennzeichen eines besonderen kulturellen Kapitals, das Frauen für Top-Positionen mitbringen. Die meisten Unternehmen nutzen diesen spezifischen Mehrwert zu wenig oder übersehen ihn sogar ganz.

Der Rollenwechsel ins obere Management

„Das ist eine andere Sportart", zitiert Wippermann einen seiner Gesprächspartner, der damit deutlich machen will, dass Frauen für hohe Positionen schlecht geeignet sind.[55] Tatsächlich ist aber der Weg ins Top-Management mehr als ein Wechsel der Sportart: Mit zunehmender Verantwortung findet ein komplexer Lernprozess statt. Der sieht für Frauen anders aus als für Männer.

Männer lernen Management mit Mentoren, die sich als väterliche Freunde zur Verfügung stellen, und in Netzwerken, die bereits von ihren Vorgängern gegründet wurden. Viele erhalten wichtige Voraussetzungen für eine spätere Managementtätigkeit schon als kleine Jungen, lange bevor sie in die Schule kommen, weil bereits ihre Väter oder die Männer aus dem Freundes- und Verwandtenkreis entsprechende Positionen hatten. Herkunft ist für den Aufstieg ausschlaggebend, nicht Leistung, sagt Eliteforscher Michael Hartmann dazu.[56]

Weibliche Führungskräfte sind in einer ganz anderen Situation: Ihre Mütter können nur in Ausnahmefällen als Modell dienen oder fachkundigen Rat geben, die wenigsten haben hohe Positionen inne. Die Männer aus Familie und Freundeskreis könnten wichtige Unterstützer sein. Sie wünschen aber den jungen Frauen häufig eher eine weibliche „Normalbiographie" und sind daher zurückhaltend oder doppeldeutig mit ihrer Unterstützung.

Für die Führungsfrauen unserer Fokusgruppe, die eine Position im Top-Management einnehmen wollen, war es ganz klar: Mit dem Schritt ins Top-Management verändern sich die Aufgaben. Der Vorstand und die nächste Führungsebene sind verantwortlich für den Erfolg des Unternehmens. Es müssen Weichen gestellt und Entscheidungen vorbereitet werden. Für operatives Geschäft ist da kein Platz. Sie fanden es normal, dass man in diesen Positionen unter extremem Erfolgsdruck steht. Dabei bewegten sie folgende Fragen:

- Wie ist die Führungsrolle zu gestalten, wenn man fachlich den Geführten nicht mehr viel voraus hat? Wie werde ich sichtbar, wenn andere die Fachkunde haben? Wie kann ich mich positionieren?
- Wie gehe ich mit Grabenkämpfen innerhalb und außerhalb des eigenen Bereiches um? Agiert man mit den Kolleginnen und Kollegen als Team? Oder verhält man sich wie in einer Versammlung von Rivalen und Gebietsfürsten?
- Wie gewinne ich in Meetings und Konferenzen Sitz und Stimme?
- Bei welchen Themen engagiere ich mich? Bei welchen Themen halte ich mich zurück?
- Welche Netzwerke sind nötig?

Für viele dieser Fragen müssen Frauen andere Antworten finden als Männer.

Ich war früher auch mal der Meinung, um Gottes willen keine Quote, ich möchte keine Quotenfrau sein. Das hat sich einfach verändert, ich sehe ja wirklich gute Frauen weiter oben. Die wären in der Lage dazu, das Unternehmen zu führen. Warum zum Henker kommen die nicht in diese Position? Wir haben die Frauen!

Wie lernt man Top-Management?

Das Management ist in den meisten Unternehmen heute noch überwiegend männlich. Die Frage, ob berufserfahrene und fachkundige Top-Manager grundsätzlich bereit sind, eine Frau als Chefin zu akzeptieren, ist vielerorts noch unklar. Mikropolitik ist gefragt: Noch immer gibt es starke Gruppierungen, die sich dagegen wenden, hochqualifizierte Frauen ins Top-Management zu holen. So schrieb z. B. die Wirtschaftswoche 2013 unter dem Titel „Die entzauberten Top-Managerinnen" einen recht einseitig kritischen Artikel. Die Frauen der Initiative „Women & Work" setzten sich mit einer Liste von 1000 erfolgreichen Managerinnen zur Wehr[57] (→ KASTEN „Es muss auch anders gehen", S. 67).

Die Veränderung des Selbstverständnisses, die für den Rollenwechsel ins Top-Management notwendig ist, ist kein plötzliches Ereignis. Sie findet in kleinen Schritten statt und beginnt lange bevor es um eine konkrete Position geht. Man kann diesen Wechsel im Rollen- und Selbstverständnis niemandem mit gängigen schulischen Lernformen beibringen. Selbst angesehene Management-Ausbildungen sind da nur von sehr begrenztem Wert. Darauf macht Henry Mintzberg, Professor an der Harvard University, in seinem Buch „Manager statt MBAs" aufmerksam: Er weist nach, dass die meisten Manager, die als besonders erfolgreiche Absolventen Harvards gal-

Die Initiative Women & Work wendet sich gegen den Artikel „Die entzauberten Top-Managerinnen" der Wirtschaftswoche, der am 27. 4. 2013 auf wiwo online erschien. www.womenandwork.de/champions/

Es muss auch anders gehen

Wir sind überzeugt, dass es kontraproduktiv ist, Artikel zu verfassen, die das Missmanagement von Frauen in einer solchen Form und Sprache thematisieren, und zwar aus folgenden Gründen:

1. Es fehlen – nur um der Gerechtigkeit willen – die entsprechenden Slide-Shows über Männer, die im Top-Management versagen.
2. Männer haben im Vergleich zu Frauen einen jahrzehntelangen Vorsprung, was die Besetzung von Top-Management-Positionen angeht. Sie haben das entsprechende Netzwerk, das sie stützt – und im Zweifel Fehler kaschiert. Frauen haben das nicht. Die meisten Frauen, die diese Top-Positionen erreicht haben, sind an der Spitze allein und werden (das zumindest wurde im Artikel richtig erkannt) oft von Männern ausgebremst. Das macht in den Karriereverläufen von Frauen im Vergleich zu denen der Männer einen deutlichen Unterschied!
3. Werden Frauen, die den Mut hatten, in Männerdomänen vorzustoßen, weiter in dieser öffentlichen Form seziert, wenn sie Fehler machen, dann wird die Bereitschaft derer, die geeignet sind, diesen Top-Frauen in die Top-Positionen zu folgen, deutlich sinken. Und das kann im Zeichen der Zukunftsfähigkeit von Deutschland, des demographischen Wandels und des Fachkräftemangels nicht ernsthaft eine Option sein.
4. Solche Artikel setzen ein deutlich falsches Zeichen nach außen. Es geht uns nicht darum, Management-Fehler nicht zu thematisieren. Im Gegenteil! Wir halten es für wichtig und richtig, dass Fehler im Management aufgedeckt und Konsequenzen gezogen werden. Es muss aber gleiches Recht für alle gelten. Fliegen Frauen, weil sie es nicht können, müssen diese Konsequenzen im gleichen Maße auch für Männer gelten. Und das sehen wir zurzeit nicht.

ten, im Laufe ihrer Tätigkeit als CEO ihren Unternehmen erkennbaren Schaden zugefügt haben. So waren 14 der besten 19 Harvard-Absolventen des Jahres 1990 zwölf Jahre später eindeutig gescheitert, oder ihr unternehmerischer Erfolg war zumindest fragwürdig. „Einige dieser 14 CEOs bauten eigenständig Unternehmen auf oder führten mithilfe dramatischer Maßnahmen einen viel beachteten Turnaround durch, nur um anschließend den ebenso dramatischen Verfall oder Zusammenbruch ihrer Firmen zu erleben", schreibt Mintzberg[58] (→ KASTEN „Beispiele gescheiterter Harvard-Absolventen des Jahrgangs 1990", S. 68).

Management lernt man wie Fahrradfahren: Man muss es tun. Fortbildung, Beratung, Coaching können dabei flankierend weiterhelfen, doch die wichtigsten Lernmodi heißen „Versuch und Irrtum" und „Lernen am Modell". Pädagogen nennen es auch „Erfahrungslernen" oder „Experimentelles Lernen". Um aus Erfahrungen lernen zu können, braucht man mächtige Unterstützer und Berater, die diese Erfahrungen ermöglichen.

Beispiele gescheiterter Harvard-Absolventen des Jahrgangs 1990

Name	Unternehmen	Leistung
William Agee	Morrison Knudsen	nahm nach schweren Verlusten des Unternehmens seinen Hut; kurz darauf meldete das Unternehmen Konkurs an.
Robert Cizik	Copper Industries	gab nach Schwierigkeiten bei einer größeren Fusion seinen Posten als CEO auf, trat bald darauf als Vorsitzender zurück und schied aus dem Unternehmen aus.
Marshall Cogan	Knoll International Holdings, danach Foamex	wurde 1999 zum Rücktritt gezwungen; kurz darauf meldete das Unternehmen Konkurs an; Gerichtsverfahren wegen angeblicher „Ausplünderung".
Robert Haas	Levi Strauss	trat vom Posten des CEO zurück, als das Unternehmen in wirtschaftliche Schwierigkeiten geriet.
Frank Lorenzo	Eastern Airlines, Texas Air, Continental Airlines	verursachte schwere Misserfolge bei allen drei Fluggesellschaften; eine wurde verkauft, zwei meldeten Konkurs an; schwere Konflikte mit der Belegschaft.

Nach: Henry Mintzberg, *Manager statt MBAs*. Frankfurt/Main 2005, S. 138 (Auswahl) | BertelsmannStiftung

Die Frauen, die es heute ins Top-Management schaffen, sind eine hochselektierte Gruppe. Sie haben im Privatleben und im Beruf verlässliche Berater und Unterstützerinnen gefunden. Vermutlich haben sie auch Zugang zu relevanten internen Netzwerken. Viele haben Kinder und Karriere unter einen Hut gebracht. Es ist anzunehmen, dass in vielen Unternehmen sehr viel mehr Führungsfrauen den Sprung ins Top-Management machen könnten. Voraussetzung ist, dass sich Unternehmen für mehr Diversity im Vorstand und in der ersten Führungsebene engagieren und potenzielle Kandidatinnen im Unternehmen aktiv suchen. Sie sind nicht immer leicht zu finden, denn sie sind hochgeschätzte Mitarbeiterinnen ihrer Chefs, und diese möchten sie nicht gern verlieren.

Was kann das Unternehmen tun?

- Für mehr Diversity im Top-Management ist es sinnvoll, dass in möglichst kurzer Zeit mindestens zwei bis drei hochkompetente Frauen im Vorstand oder auf der nächsten Ebene sitzen. Das schützt vor den Misslichkeiten extremer Minderheiten und Mehrheiten. Eine „Quotenfrau“ allein verändert nichts.
- Zur Vorbereitung und Unterstützung der Frauen sollten ihnen imageträchtige Projekte mit entsprechenden Budgets und mit entsprechender Sichtbarkeit im Top-Management übertragen werden.
- Je höher die Position, umso wichtiger sind mächtige männliche Unterstützer. Das Unternehmen sollte dafür sorgen, dass potenzielle Kandidatinnen potente Berater als Mentoren finden, die mit ihnen Erfahrungen diskutieren und ihnen Türen öffnen.
- Die Aktivitäten zur Unterstützung von Kandidatinnen für das Top-Management sollten in eine allgemeine Strategie des Diversity-Managements eingebettet sein.

ZUM WEITERLESEN

Carsten Wippermann, *Frauen in Führungspositionen. Barrieren und Brücken*, Bundesministerium für Familie, Senioren, Frauen und Jugend. Heidelberg 2010
Der Autor beschreibt eindrücklich das diffizile Zusammenspiel von Männern – als bestimmende Mehrheit – und Frauen im oberen Management. Zum Download auf www.creating-corporate-cultures.org/fuehrungsfrauen

Elke Holst, Anne Busch und Lea Kröger, *Führungskräfte-Monitor 2012*. Update 2001–2010, DIW Berlin, Berlin 2012 (Politikberatung kompakt 65). Zum Download auf www.creating-corporate-cultures.org/fuehrungsfrauen
Elke Holst ist Forschungsdirektorin am Deutschen Institut für Wirtschaftsforschung (DIW) und verantwortet den Vorstandsbereich „DIW Gender Studies“. Der Forschungsbereich hat das Ziel, die soziale Bedeutung des Geschlechts systematisch in wirtschafts- und sozialwissenschaftliche Analysen zu integrieren. Dafür hat das DIW in den letzten Jahren sehr informative Analysen zur aktuellen Gender-Balance von Führungskräften in Wirtschaftsbetrieben herausgegeben.

12

Vorsichtig in der Führungsrolle

Führungskräfte müssen in ihre Führungsrollen und in das jeweilige Unternehmen passen. Dabei gibt es Spielräume und Grenzen. Wenn geklärt ist, dass Bewerberinnen und Bewerber alle fachlichen Voraussetzungen erfüllen und die richtigen Erfahrungen mitbringen, stellt sich noch die Frage der persönlichen und der kulturellen Passung.[59] Im persönlichen Verhältnis geht es um „die Chemie". Und wenn jemand von außen dazukommt, will das Entscheidungsgremium sicher sein, dass er oder sie auch „zu uns passt", also mit den Werten, den Normen und den informellen Regeln des Unternehmens zurechtkommt. Diese subjektive Passung ist für männliche Führungskräfte einfacher zu leisten. Für Frauen ist sie komplizierter, und das macht sie vorsichtig.

Erwartungen definieren den Gestaltungsraum

Bei der Entscheidung über Einstellung oder Beförderung werden Fragen der objektiven Passung – Qualifikation, Erfahrungen, Kompetenzen – auf der „Vorderbühne" besprochen. Subjektive Erwartungen werden meist nicht offiziell vorgetragen, aber sie wirken hinter den Kulissen. Sie definieren Handlungs- und Verhaltensspielräume: Was kann sich eine Führungskraft leisten, ohne aus dem Rahmen zu fallen? Wie muss sie sich verhalten, um mit dem Chef zurechtzukommen und von den Kollegen und Mitarbeitern akzeptiert zu werden? Jede neu eingestellte oder gerade beförderte Person steht vor der Aufgabe, die neue Rolle so zu füllen, dass sie in die benannten und die nicht benannten Spielräume passt. Dazu bedarf es eines Kanons von Verhaltensweisen und einer Haltung, die es einerseits erlauben, die neuen Aufgaben zu erfüllen, eigene Stärken zu zeigen, und andererseits, den ungenannten Erwartungen des Unternehmens gerecht zu werden. Diese Aufgabe stellt sich mit jeder Beförderung neu.

Können sich die Männer mehr erlauben?

In den Augen der Frauen aus der Fokusgruppe – meist auf einer mittleren Führungsebene – haben es ihre Kollegen bei der Rollengestaltung leichter, sie dürfen mehr: Sie können autoritär führen oder ihre Mitarbeiter einbeziehen, sie können unkooperativ sein oder sich um gute Beziehungen bemühen, sie können die Lorbeeren ihrer Mitarbeiter einheimsen oder sie mit ihnen teilen, sie können Frauen fördern oder behindern, sie können Leute anschreien oder alles durchgehen lassen – nichts scheint ihre Passung zu gefährden. Das Spektrum einer Rollengestaltung, die von den Vorgesetzten akzeptiert und als erfolgreich angesehen wird, erscheint den Frauen für Männer ungleich größer. Selbst wenn sich Männer in einer Weise verhalten, die die Frauen als äußerst problematisch erleben, werden sie nicht nur akzeptiert, sondern haben auch noch Erfolg. Die Frauen staunen und fragen sich: Wie ist das möglich? Das könnten wir uns nie erlauben!

Führungsfrauen brauchen noch eine weitere Passung

Jede Frau auf der Karriereleiter steht bei jeder Beförderung vor der Aufgabe, die neue Führungsposition erfolgreich zu füllen. Sie muss die richtigen Qualifikationen mitbringen, und sie muss von ihrem Vorgesetzten, ihren Kollegen und Mitarbeitern akzeptiert werden. Das gilt auch für Männer. Frauen bekommen es aber noch mit einem weiteren Passungsproblem zu tun. Die Gesellschaft hält für Männer und Frauen einen Handlungsrahmen „passender" Verhaltensweisen bereit, in den alle Mitglieder dieser Gesellschaft hineinsozialisiert werden. Frauen sollen sich wie Frauen verhalten und Männer wie Männer. Da gibt es Spielräume, aber es gibt auch Grenzen.

Wenn weibliche Führungskräfte sich darum bemühen, ihre neue Rolle erfolgreich zu füllen, dann gibt es in ihrer Vorstellung eine Zone, in der Erwartungen an Führung mit den Verhaltenserwartungen an eine Frau kollidieren. Sie wissen aber nicht genau, wie diese Zone aussieht, wie groß sie ist, wo ihre Grenzen sind. Das macht die Frauen vorsichtig. Sie wandeln auf einem schmalen Grat und schenken daher allen Themen, bei denen es möglicherweise zu einer Kollision mit den Erwartungen ihrer Umwelt an sie „als Frau" kommen könnte, viel Aufmerksamkeit. Das sind Fragen des „richtigen" Auftretens, der „richtigen" äußeren Erscheinung, des noch akzeptablen Verhaltens in vielen sozialen Situationen. Sie muss es nicht nur als Führungskraft, sondern auch als Frau „recht machen".

Unser Unternehmen ist insgesamt konservativ. Die meisten unserer Top-Leute kennen Frauen nur als Ehefrauen, als Sekretärinnen, vielleicht noch als Geliebte. Da darf man die nicht allzu sehr schockieren, muss ihnen Zeit geben. ”

Ein Forschungsprojekt über Spitzenpersonal in deutschen Unternehmen, das im Wissenschaftszentrum Berlin gerade abgeschlossen wurde, weist – bei vielen Gemeinsamkeiten zwischen Männern und Frauen an der Spitze – auf einen gravierenden Unterschied hin: Die befragten Frauen waren sich immer bewusst, dass sie ihre Führungsrolle als Frau zu füllen hatten und füllten. Männer dagegen machten sich über ihr Geschlecht im Kontext ihrer Führungsaufgaben überhaupt keine Gedanken.[60] Verhaltensweisen, die von Männern erwartet werden, sind dem idealen Führungskräfteverhalten sehr ähnlich (→ Kapitel 5 in diesem Band). Daher existiert diese Zone möglicher Kollisionen in ihrer Vorstellung nicht.

Verluste für das Unternehmen

Unternehmen verlieren durch die Vorsicht der weiblichen Führungskräfte Potenzial und büßen Entwicklungschancen ein. Zum einen behindert sie Führungsfrauen in der Entfaltung ihrer Möglichkeiten. Fähige Frauen könnten so entmutigt werden, sich für verantwortungsvollere Positionen zu bewerben. Sie befürchten womöglich, keinen Erfolg zu haben – nicht etwa, weil sie sich durch die Aufgaben überfordert fühlen, sondern weil sie daran zweifeln, als Führungskraft und als Frau akzeptiert zu werden.

Zum andern wird auf diese Weise ein Status quo fortgeschrieben, der keine Zukunft hat. Denn obwohl man meinen könnte, jemand passt oder eben nicht, ist Passung ein Prozess. Der Mensch wächst in eine Rolle hinein, die ihn zunächst gedrückt hat oder ihm zu groß war. Und auch das, was als passend angesehen wird, verändert sich. Mal haben diese, mal jene Führungsstile Konjunktur;[61] die akzeptablen Lebensformen werden vielfältiger, und selbst das, was als akzeptables männliches oder weibliches Verhalten gilt, verändert sich (langsam). Wenn dieser Wandel durch Führungsfrauen unterstützt wird, die kalkulierte Kollisionen wagen und dabei von ihrem Chef ermutigt werden, dann verändern sich allmählich auch die Sichtweisen zu Passung, und das Unternehmen bleibt attraktiv für viele verschiedene Menschen – nicht zuletzt auch für Männer mit anderen als den bisher gängigen Lebensentwürfen.

Was kann das Unternehmen tun?

- Schaffen Sie den Führungsfrauen geschützte Räume für einen Austausch mit anderen Managerinnen (→ Kapitel 11 in diesem Band), in denen sie sich ihrer Identität als Führungsfrau versichern können.
- Erwarten Sie von den Frauen nicht nur den Anspruch zu führen, sondern bestärken Sie sie darin, indem Sie sie in dieser Rolle ansprechen und fordern.
- Wenn Ihre Mitarbeiterin Ihnen vorsichtig erscheint, prüfen Sie mit ihr, ob sie nicht in einer konkreten Situation mehr riskieren könnte.

ZUM WEITERLESEN

Die Führungsrolle muss ergriffen werden – und sie muss auch zugemutet und eingefordert werden („You have to claim it and you have to grant it“). Was können Vorgesetzte tun, damit Frauen in sie hineinwachsen?
Mehr bei:
Herminia Ibarra, Robin Ely und Deborah Kolb, „Women Rising: The Unseen Barrier“. *Harvard Business Review*, Jg. 91, Heft 9 September 2013, S. 60–66

13

Der Nonkonformist – ein Wunschbild

Der Nonkonformist[62] ist eine Führungskraft, die mit der Förderung von Frauen Ernst macht. Damit verstößt er gegen informelle Normen seines Unternehmens und outet sich als Abweichler. Er zeigt aber auch, wie ein Engagement für Gender-Diversity aussehen kann, wenn es Teil des normalen Führungsalltags wird.[63] Je nach Sichtweise wird der Nonkonformist zum Helden oder zum Verräter – ein Risiko, das sich für alle lohnt.

Verstöße gegen geltende Konventionen

Der Nonkonformist engagiert sich in seinem Zuständigkeitsbereich auf vielerlei Weise für die Förderung von Frauen.

Regelungen zur Vereinbarkeit

Immer wieder erzählen Frauen, dass sie auf Absprachen zur Vereinbarkeit nicht bestehen mögen, denn der Vorgesetzte sieht dadurch den Arbeitsablauf behindert oder stellt gar ihre Karriere infrage. Der Nonkonformist besteht darauf, Verabredungen zu Teilzeitarbeit oder zu Sitzungszeiten einzuhalten. Er sucht sogar nach unkonventionellen Lösungen, falls die bestehenden Regelungen und die Lebenssituation einer Mitarbeiterin nicht zusammenpassen. Zum Beispiel berücksichtigt er bei wichtigen Besprechungen die Öffnungszeiten der Kita. Oder er überträgt einer Teilzeitmitarbeiterin die Verantwortung für ein wichtiges Projekt, das sich angeblich nicht für Teilzeitkräfte eignet. Er gibt Frauen das Gefühl, dass Familie sein darf und Karriere möglich ist.

Familiengründung

Diese kooperative Haltung zeigt sich auch dann, wenn eine Mitarbeiterin schwanger wird. Der Nonkonformist befragt sie zu ihren Plänen und bespricht mit ihr, wie ihr Ausstieg und ihr Wiedereinstieg gestaltet werden können. Wenn die Schwangere in Elternzeit geht, weiß sie, wie ihre Aufgaben in der Zwischenzeit verteilt werden und wie ihre Rückkehr ins Unternehmen aussehen könnte. Sie hat auch mit ihrem Vorgesetzten besprochen, wie sie während dieser Zeit Kontakt halten werden.

Frauenförderung zum Thema machen
Der Nonkonformist bricht ein Tabu: Er spricht mit seinen Leuten über das Ziel Gender-Diversity und seine Bedeutung für das Unternehmen – und das nicht nur im Allgemeinen. Ganz konkret sucht er bei Beförderungen und der Vergabe wichtiger Projekte die Auseinandersetzung mit den Männern seines Bereichs. Er vertritt seine Position, wenn er unter Druck gerät, und zeigt, dass er es mit der Frauenförderung ernst meint. Er verbittet sich frauenfeindliche Bemerkungen und sexistische Witze. Und er erwartet, dass es bei Gemeinschaftsunternehmungen nicht nur um Wettkampf und Körperkraft geht, sondern auch um Kreativität und Zusammenarbeit. Dann fühlen sich auch die Frauen zugehörig.[64]

Teamleitung
Bei Sitzungen fragt der Nonkonformist Frauen nach ihrer Meinung und sorgt für Redezeit. Er bezieht sich auf ihre Ideen und Vorschläge und passt auf, dass sie nicht untergehen oder übergangen werden. Wenn ein Mitarbeiter die Sitzung leitet, weiß er, von ihm wird dasselbe erwartet. Und nicht zuletzt gibt der Nonkonformist dem Team regelmäßig Gelegenheit, die Entwicklung der Zusammenarbeit zu reflektieren, um sie zu verbessern.

Talente suchen und fördern
Der Nonkonformist kennt jeden Mann und jede Frau in seinem Zuständigkeitsbereich. Zu den Entwicklungsmöglichkeiten jedes und jeder Einzelnen bildet er sich eine Meinung. Aber nicht nur das: Er geht auf Frauen zu, die er für förderungswürdig hält, und fragt sie nach ihren Plänen. Er ermuntert sie, einen Aufstieg ins Auge zu fassen. Wenn sie interessiert sind, lädt er sie ein, sich für wichtige Projekte zu bewerben, und schlägt sie für Qualifizierungsmaßnahmen vor. Er ermöglicht ihnen Präsentationen in wichtigen Gremien. Er erwartet aber auch ihr ernsthaftes Engagement. Bei Personalgesprächen fordert und kritisiert er sie ohne die Vorsicht, die andere Kollegen gegenüber Frauen oft zeigen.

Informelle Vernetzung
Der Nonkonformist weiß, wie wichtig gute Kontakte auch außerhalb des Unternehmens sind. Er fordert daher seine Mitarbeiterin auf, Vorträge auf Tagungen zu halten und an Podiumsdiskussionen teilzunehmen. Und nicht nur das – er sorgt dafür, dass sie zu solchen Veranstaltungen auch eingeladen wird. Solche Auftritte und die Verbindungen, die dort entstehen, sind in ihrer Bedeutung für die Karriere nicht zu unterschätzen.

Die Folgen – positiv

Es spricht sich unter Frauen, die an einer Karriere interessiert sind, rasch herum, dass sich im Zuständigkeitsbereich des Nonkonformisten gute Entwicklungsmöglichkeiten bieten, auch wenn sie Familie haben. Qualifizierte Frauen legen es darauf an, in diesen Bereich zu wechseln, weil sie dort einen Chef vorfinden, der sich für ihre Pläne interessiert und bereit ist, sie zu fördern.

Es bewahrheitet sich, dass die Förderung talentierter Frauen auch die Arbeitsqualität der männlichen Mitarbeiter steigert.[65]

Der Bereich verliert die Leistungsschwächeren, denn sie fürchten, dass ihre Chancen schwinden, wenn weibliches Potenzial gezielt gefördert wird. Die qualifizierten Männer dagegen fühlen sich herausgefordert und legen sich ins Zeug.

So entsteht um den Nonkonformisten herum nach einiger Zeit eine „Insel“ mit einer anderen Kultur als der allgemein im Unternehmen herrschenden. Das wiederum ist auch attraktiv für Männer, die beruflich engagiert sind und vorwärtskommen wollen, die aber auch im Privaten nach einer Lebensform suchen, die ihnen genügend Raum für Partnerschaft und Familienleben lässt, einer Form, in der sich beide Partner entwickeln und auch Kinder gedeihen können.

So wird der Nonkonformist zum Manager eines Bereichs, dessen Leistungs- und Innovationsfähigkeit Aufsehen erregt. Die Mitarbeiter sind motiviert und engagiert; sie gehen neue Wege und haben keine Angst vor Experimenten. Auch die Unternehmensspitze kann zufrieden sein und überlegt, wie sich andere Bereiche mit dem Nonkonformisten-Virus infizieren ließen.

Ohne Unterstützung von oben geht es nicht

Wer Konventionen bricht, kann zum Helden und Vorbild werden oder zum Außenseiter, dessen Stellung in der Gemeinschaft prekär ist und dessen Macht sinkt.

Erst einmal wird dem Nonkonformisten der Wind des Widerstands kräftig ins Gesicht blasen. Seine Kollegen auf gleicher Ebene werden sich möglicherweise bedroht fühlen. Sie werden seinem Ruf schaden und seinen Status beschädigen, indem sie ihn heimlich oder sogar offen als Frauenversteher verspotten. Sie werden ihn für seine Personalpolitik kritisieren und ihm persönliche Schwierigkeiten oder fehlgeleiteten Ehrgeiz unterstellen. Möglicherweise werden sie behaupten, die Zusammenarbeit mit seinem Bereich sei schwieriger und seine Arbeitsleistung sei geringer geworden. Sie werden andeuten, dass sein Verhalten Unruhe schaffe und so dem Unternehmen schade.

Hier ist die Unternehmensspitze gefragt. Damit der Nonkonformist zum Vorbild wird, muss sie auf alle nur denkbare Weise deutlich machen, dass sein Verhalten und die Veränderung gewollt sind. Alle Beteiligten müssen erfahren: Der Nonkonformist wird gelobt und belohnt, denn das oberste Management ist überzeugt: Dieser Wandel dient dem Wohle des Unternehmens.

ZUM WEITERHÖREN

Jochen Geppert und Cornelia Edding, *(Ver-)Führung zur Chancengleichheit. Ein Wegweiser für Führungskräfte*, Bertelsmann Stiftung (Hrsg.), Gütersloh 2013
Hörproben unter www.creating-corporate-cultures.org/chancengleichheit

Quellenverzeichnis

1 Rowe, Mary P., „Barriers to Equality: the Power of Subtle Discrimination to Maintain Unequal Opportunity". *Employee Responsibilities and Rights Journal.* Vol. 3, No. 2, 1990, S. 153.

2 In einigen Unternehmen und Behörden gehört ein entsprechendes Trainingsprogramm zu den Standardmaßnahmen im Rahmen ihrer Diversity-Projekte, z. B. Campbell Soup, Yahoo, NASA, Boeing.
Ein in den USA verbreitetes Trainingsprogramm ist: *Micro Inequities: the Power of Small,* www.insighteducationsystems.com/products.htm (letzter Zugriff 27.12.2013).

3 Knowledge@Wharton, *Plateauing – Redefining Success at Work.* Wharton School, University of Pennsylvania 2006.
http://knowledge.wharton.upenn.edu/article.cfm?articleid=1564
(letzter Zugriff 08.12.2013).

4 Edding, Cornelia, *Was wünschen sich Frauen von ihrer Arbeit?* Eine Literaturrecherche, Band 5 in diesem Schuber, Gütersloh 2014, S. 8 f., S. 14 f.

5 Ebd., S. 9.

6 Flath, Susanne, „Biografische Wege von Frauen in Führungspositionen". Marlies W. Fröse und Astrid Szebel-Habig (Hrsg.), *Mixed Leadership: Mit Frauen in die Führung!.* Bern, Stuttgart, Wien 2009, S. 183–194.

7 Kaiser, Simone, Katharina Hochfeld, Elena Gertje und Martina Schraudner, *Unternehmenskulturen verändern – Karrierebrüche vermeiden.* Stuttgart 2012, S. 10.

8 Flath, Susanne, *Biografische Wege,* a. a. O., S. 188.

9 Ebd.

10 Cornils, Doris, und Daniela Rastetter, „... und schon gar nicht Tränen einsetzen". Gertraude Krell, Daniela Rastetter und Karin Reichel (Hrsg.), *Analysen zur Chancengleichheit in Fach- und Führungspositionen. Geschlecht Macht Karriere in Organisationen.* Berlin 2012, S. 175.

11 Jacobs, Jerry A., *Revolving Doors. Sex Segregation and Women's Careers.* Stanford, CA 1989, zitiert nach: Anne Busch und Elke Holst, „Berufliche Geschlechtersegregation und Verdienste in Führungspositionen". Gertraude Krell, Karin Reichel und Daniela Rastetter (Hrsg.), *Geschlecht Macht Karriere,* a. a. O., S. 81.

12 Gersick, Connie J. G., Jean M. Bartunek und Jane E. Dutton, „Learning from Academia: The Importance of Relationships in Professional Life". *Academy of Management Journal* (43) 6 2000, S. 1026–1044.
http://homepages.uwp.edu/crooker/745-Resile/articles/Gersick-etal-2000.pdf
(letzter Zugriff 08.12.2013), zitiert nach: Edding, Cornelia, *Was wünschen sich Frauen,* a. a. O., S. 16.

[13] Trzcinski, Ellen, und Elke Holst, „Gender Differences in Subjective Well-Being In and Out of Management Positions". *Social Indicators Research,* DOI 10.1007/s11205-011-9857-y. Detroit und Berlin 2011. www.springerlink.com/content/3p5k6lo62j4pn466/fulltext.html (letzter Zugriff 27.12.2013), zitiert nach: Edding, Cornelia, *Was wünschen sich Frauen,* a. a. O., S. 9.

[14] Eine facettenreiche Darstellung und ausführliche Diskussion dieses Themas bei: Krell, Gertraude, „Vertrackte Verhältnisse: (Un-)Sichtbarkeiten und ‚Frauenkarrieren'". Denis Hänzi, Hildegard Matthies und Dagmar Simon (Hrsg.), *Erfolg. Konstellationen und Paradoxien einer gesellschaftlichen Leitorientierung.* Leviathan, Jg. 42, Sonderband 29, Baden-Baden 2014, S. 194–211.

[15] Kanter, Rosabeth Moss, *Men and Women of the Corporation.* New York 1977.

[16] In der Kulturanthropologie bezeichnet „Status leveling" die Herabsetzung oder Demütigung einer Gruppe mit dem Ziel, den eigenen sozialen Status oder die eigene soziale Überlegenheit zu sichern. Kanter überträgt dieses Konzept auf die Situation einer extremen Minderheit in der modernen Arbeitsorganisation (ebd., S. 232 ff.).

[17] Eine Aussage in der Fokusgruppe.

[18] Kanter, Rosabeth Moss, *Men and Women of the Corporation,* a. a. O.

[19] Krell, Gertraude, „Führungspositionen". Hans-Böckler-Stiftung, Projektgruppe GIB (Hrsg.), *Geschlechterungleichheiten im Betrieb.* Berlin 2010, S. 423–484.

[20] Schein, Virginia Ellen, „The Relationship Between Sex Role Stereotypes and Requisite Management Characteristics". *Journal of Applied Psychology,* Bd. 57, Heft 2, 1973, S. 95–100.

[21] Kaiser, Simone, Katharina Hochfeld, Elena Gertje und Martina Schraudner, *Unternehmenskulturen verändern,* a. a. O.

[22] Krell, Gertraude, „Geschlechterungleichheiten in Führungspositionen". Gertraude Krell, Renate Ortlieb und Barbara Sieben (Hrsg.), *Chancengleichheit durch Personalpolitik. Gleichstellung von Frauen und Männern in Unternehmen und Verwaltungen.* 6. Auflage, Wiesbaden 2011, S. 407. Dort finden sich auch die vollständigen Angaben zu den aufgeführten Untersuchungen.

[23] Zu diesem Schluss kommt eine Literaturübersicht vom Januar 2013, die im Auftrag des Department for Business, Innovation and Skills der britischen Regierung erstellt wurde: BIS Occasional Paper No. 4: „The Business Case for Equality and Diversity. A Survey of the Academic Literature". London 2013. www.gov.uk/government/uploads/system/uploads/attachment_data/file/49638/the_business_case_for_equality_and_diversity.pdf (letzter Zugriff 27.12.2013).

[24] Gertraude Krell, *Geschlechterungleichheiten,* a. a. O., S. 408.

[25] Cox Jr., Taylor, *Creating the Multicultural Organization: A Strategy for Capturing the Power of Diversity.* San Francisco, CA 2001, S. 13.

[26] Hofstede, Geert, und Gert Jan Hofstede, *Lokales Denken, globales Handeln. Interkulturelle Zusammenarbeit und globales Management.* 5. Auflage, München 2011, S. 410.

[27] Gallup Engagement Index 2012. www.gallup.com/strategicconsulting/158162/gallup-engagement-index.aspx (letzter Zugriff 27.12.2013).

[28] HR-Report Hays 2013. www.hays.de/aktuelles/arbeitsmarkt.cfm (letzter Zugriff 27.12.2013).

[29] Krell, Gertraude, *Führungspositionen,* a. a. O., S. 468 f.

[30] Henn, Monika, *Die Kunst des Aufstiegs.* 2., aktualisierte Auflage, Frankfurt/M. 2012.

[31] Gersick, Connie J. G., Jean M. Bartunek und Jane E. Dutton, *Learning from Academia,* a. a. O.

[32] Ng, Eddy S. W., Linda Schweitzer und Sean T. Lyons, „New Generation, Great Expectations: A Field Study of the Millennial Generation". *Journal of Business and Psychology* 25, 2010, S. 281–292.
Hunt, Jennifer, „Why do women leave science and engineering?". *Working Paper* 15853. Hrsg. National Bureau of Economic Research, Cambridge, MA 2010. www.nber.org/papers/w15853 (letzter Zugriff 27.12.2013).

[33] Carter, Nancy M., und Christine Silva, *The Myth of the Ideal Worker: Does Doing All the Right Things Really Get Women Ahead?* New York 2011. www.catalyst.org/knowledge/myth-ideal-worker-does-doing-all-right-things-really-get-women-ahead (letzter Zugriff 08.12.2013).

[34] Eine ausführliche Darstellung und Diskussion der Entgeltthematik findet sich bei Ziegler, Astrid, Hermann Gartner und Karin Tondorf, „Entgeltdifferenzen und Vergütungspraxis". Hans-Böckler-Stiftung, Projektgruppe GiB (Hrsg.), *Geschlechterungleichheiten im Betrieb.* Berlin 2010, S. 271–346.

[35] *Süddeutsche Zeitung* vom 20.3.2013.

[36] Holst, Elke, Anne Busch und Lea Kröger, *Führungskräftemonitor 2012,* Update 2001–2010. DIW Berlin, Berlin 2012 (Politikbeartung kompakt 65).

[37] Mayrhofer, Wolfgang, Michael Meyer und Johannes Steyrer, *Macht? Erfolg? Reich? Glücklich? Einflussfaktoren auf Karrieren.* Wien 2005.

[38] Carter, Nancy M., und Christine Silva, *Myth,* a. a. O.

[39] Ruppert, Andrea, und Martina Voigt, „Geschlechtsunterschiede in der Verhandlungsführung – Schlüssel für die Karriere?". Gertraude Krell, Daniela Rastetter und Karin Reichel (Hrsg.), *Geschlecht Macht Karriere in Organisationen. Analysen zur Chancengleichheit in Fach- und Führungspositionen.* Berlin 2012, S. 139–155.

[40] Wippermann, Carsten, *Frauen in Führungspositionen. Barrieren und Brücken.* Bundesministerium für Familie, Senioren, Frauen und Jugend. Heidelberg 2010.

41 Funken, Christiane, *Managerinnen 50plus. Karrierekorrekturen beruflich erfolgreicher Frauen in der Lebensmitte.* Bundesministerium für Familie, Senioren, Frauen und Jugend. Berlin 2011.

42 Siehe Edding, Cornelia, *Was wünschen sich Frauen*, a. a. O., S. 35–38.

43 Funken, Christiane, *Managerinnen*, a. a. O.

44 Gallup Engagement Index 2012, a. a. O.

45 Hewlett, Sylvia Ann, Carolyn Buck Luce, Lisa J. Servon, Laura Sherbin, Peggy Shiller, Eytan Sosnovich und Karen Sumberg, *The Athena Factor: Reversing the Brain Drain in Science, Engineering, and Technology.* Worcester, MA 2008. http://germaneconsulting.com/the-athena-factor-reversing-the-brain-drain-in-science-engineering-and-technology-overview/ (letzter Zugriff am 27.12.2013).

46 Die Entwicklung dieser Forschungsrichtung wird geschildert in:
Messick, David M., Roderick M. Kramer (Hrsg.), *The Psychology of Leadership. New Perspectives and Research.* Mahwah, New Jersey and London 2005, S. 278 ff.
Einen knappen Überblick gibt:
Bechtoldt, Myriam, „Epilog". Martin Wehrle, *Ich arbeite immer noch in einem Irrenhaus.* 3. Auflage, Berlin 2012, S. 299–303.

47 Stahl, Gabriele, und Nicole Mühling, *Deutschlands Chefinnen.* Frankfurt/M. 2010, S. 13.

48 Jüngling, Christiane, und Daniela Rastetter, „Machtpolitik oder Männerbund? Widerstände in Organisationen gegenüber Frauen in Führungspositionen". Marlies W. Fröse und Astrid Szebel-Habig, *Mixed Leadership: Mit Frauen in die Führung!*. Bern, Stuttgart, Wien 2009, S. 131–146.

49 Hymowitz, Carol, und Timothy D. Schellhardt, „The Glass Ceiling". Special Report on the Corporate Woman, *The Wall Street Journal*, 24.3.1986.

50 Eine Zusammenstellung der Faktoren findet sich bei: Krell, Gertraude, *Geschlechterungleichheiten*, a. a. O., S. 403–422.

51 Krell, Gertraude, ebd., S. 415.

52 Wippermann, Carsten, *Frauen in Führungspositionen*, a. a. O., S. 32.

53 Wippermann, Carsten, *Frauen in Führungspositionen*, a. a. O.

54 Holst, Elke, Anne Busch und Lea Kröger, *Führungskräfte-Monitor 2012*, a. a. O., S. 17.

55 Wippermann, Carsten, *Frauen in Führungspositionen*, a. a. O., S. 55.

56 Hartmann, Michael, *Der Mythos von den Leistungseliten. Spitzenkarrieren und soziale Herkunft in Wirtschaft, Politik, Justiz und Wissenschaft.* Frankfurt/M. 2002, S. 145 ff.

57 www.womenandwork.de/champions/ (letzter Zugriff 06.01.2014).

[58] Mintzberg, Henry, *Manager statt MBAs.* Frankfurt/M. 2005, S. 138.

[59] Eine kurze Einführung in das Passungs-Modell der Personalauswahl bei Sarges, Werner (Hrsg.), *Managementdiagnostik.* 4. Auflage, Göttingen 2013, S. 73–83.

[60] Mündliche Mitteilung von Dr. Hildegard Matthies, Wissenschaftszentrum Berlin, aus einem gerade abgeschlossenen Forschungsprojekt.

[61] Über Führungsstile, ihre Stärken und Schwächen und das Auf und Ab der Modetrends liest man am besten bei:
Neuberger, Oswald, *Führen und führen lassen.* 6. Auflage, Stuttgart 2002.

[62] Diese Sichtweise auf das Verhalten von Führungskräften verdanken wir dem Gleichstellungsfachmann Jochen Geppert, der sich in einer laufenden Forschungsarbeit damit auseinandersetzt.

[63] Praktische Handlungsmöglichkeiten für Führungskräfte, die Frauen in ihrem Zuständigkeitsbereich fördern möchten, finden sich im Hörbuch *(Ver-)Führung zur Chancengleichheit – ein Wegweiser für Führungskräfte* von Jochen Geppert und Cornelia Edding, Bertelsmann Stiftung (Hrsg.), Gütersloh 2013.

[64] Anregungen zu „genderneutralen Betriebsfeiern" finden sich bei: Ortlieb, Renate und Barbara Sieben, „River Rafting, Polonaise oder Bowling: Betriebsfeiern und ähnliche Events als Medien organisationskultureller (Re-)Produktion von Geschlechterverhältnissen". Gertraude Krell, Renate Ortlieb und Barbara Sieben (Hrsg.), *Chancengleichheit durch Personalpolitik. Gleichstellung von Frauen und Männern in Unternehmen und Verwaltungen.* 6. Auflage, Wiesbaden 2011, S. 445–454.

[65] Eine schwedische Studie hat dafür kürzlich noch einmal den Beweis erbracht: Ein Forscherteam hat die Wahllisten für schwedische Kommunalwahlen seit 1988 analysiert, mit der Frage, was sich durch die Einführung einer Frauenquote im Jahr 1993 veränderte. Es zeigte sich: Nicht Männer insgesamt hatten Nachteile, sondern nur die weniger kompetenten.
Besley, Timothy, Olle Folke, Torsten Persson und Johanna Rickne, *Gender quotas and the crisis of the mediocre man.* November 2012.
http://people.su.se/~tpers/papers/Paper_121126.pdf (letzter Zugriff 28.12.2013).

BAND 2
Das Unternehmen – Schrittmacher der Veränderung

Einleitung ... 6
1 Doing Gender – die Macht der Unternehmenskultur ... 8
2 Wie Mythen den Alltag prägen ... 17
3 Business Case Frauen ... 21
4 Quote als Chance ... 25
5 Gender-Controlling – erstaunliche Zahlen ... 33
6 Strategien gegen das Versanden ... 39
7 Starker Hebel Task-Force ... 43
8 Ohne Störung keine Neuerung ... 47
9 Welche Maßnahmen sind erfolgreich? ... 52
10 Förderprogramme – was sagen die Frauen? ... 58

BAND 3
Personalmanagement: Die Hüter der Verfahren

Einleitung ... 6
1 Der Anfang der Karriere ... 8
2 Mythos Aufstiegskompetenz ... 14
3 70/20/10 – den Unterschieden auf der Spur ... 18
4 Vernetzen – aber wie? ... 22
5 Alternativen zur Karriereleiter ... 26
6 Geschlossene Gesellschaft ... 32
7 Personalberater: Gatekeeper oder Türöffner? ... 37
8 Die Krux mit der Leistungsbeurteilung ... 41
9 Auswahl und Diskriminierung ... 48
10 Härtetest Assessment-Center ... 53
11 Gendersensible Fortbildung ... 58

BAND 4
Karriere und Privatleben – Es muss im Leben mehr als alles geben

Einleitung ... 6
1 Lebensphasen und Karriereentscheidungen ... 8
2 Familienfreundlichkeit – Return on investment ... 11
3 Der Gewinn der Zertifizierung ... 18
4 Wiedereinstieg: immer anders ... 23
5 Die Rabenmutter ... 31
6 Generation Y ... 36
7 Teilzeit pro und kontra ... 41
8 Die Unsichtbaren ... 48
9 Und die Männer: Was tut sich da? ... 51

Die Autorinnen

Dr. Cornelia Edding

Dr. Cornelia Edding arbeitet in freier Praxis als Beraterin und Coach für Profit- und Non-Profit-Organisationen. Sie beschäftigt sich seit vielen Jahren mit der Dynamik von Teams und Organisationen. Die berufliche Entwicklung von Frauen liegt ihr besonders am Herzen. Sie ist Psychologin, Trainerin für Gruppendynamik (DGGO), Supervisorin (DGSv) und Mitglied des Fortbildungsinstituts TOPS München-Berlin e.V. Sie lebt und arbeitet in Berlin und auf dem Hof zur Linde in der Uckermark.

In den letzten Jahren hat sie mehrere Buchprojekte zu Gruppendynamik und Teamarbeit abgeschlossen. In Zusammenarbeit mit der Bertelsmann Stiftung sind unter ihrer maßgeblichen Mitwirkung zwei Hörbücher im Themenkomplex Gender-Diversity entstanden:

- „Der Erfolg steht Ihnen gut" – Karrierestrategien für Frauen
- „(Ver-)Führung zur Chancengleichheit" – ein Wegweiser für Führungskräfte

Gisela Clausen

Gisela Clausen ist als diplomierte Psychologin und Gründerin von Clausen + Co seit 1982 als Trainerin, Coach und Organisationsberaterin tätig. Kleinere mittelständische Unternehmen, öffentliche Verwaltungen und Non-Profit-Organisationen sowie große Wirtschaftsbetriebe zählen zu ihren Klienten. Sie ist außerdem Ausbilderin für Gruppendynamik (DAGG) und Supervisorin (DGSv). Zusätzlich ist sie Dozentin für „Change" und „Konfliktmanagement" an der Westfälischen Wilhelms-Universität Münster. Ihr Lebensmittelpunkt ist Hamburg.

Zu ihren Veröffentlichungen zählen Aufsätze und Artikel in den Themenkreisen „Führung" und „Arbeitsfähigkeit von Gruppen und Gremien".

BAND 2

Das Unternehmen
Schrittmacher der Veränderung

Verlag BertelsmannStiftung

Bibliografische Information der Deutschen Nationalbibliothek

Die Deutsche Nationalbibliothek verzeichnet diese Publikation in der Deutschen Nationalbibliografie; detaillierte bibliografische Daten sind im Internet unter http://dnb.d-nb.de abrufbar.

MIX
Papier aus verantwortungsvollen Quellen
FSC® C022573
FSC www.fsc.org

Verantwortlich: Martina Schwenk
Lektorat: Viola Eigenberz, Hamburg
Herstellung: Sabine Reimann
Gestaltung: Visio Kommunikation GmbH, Bielefeld
Umschlagfoto: Katrin Biller, k.zwo, Bielefeld
Bildnachweis innen: Cartoons: Dirk Meissner, Köln;
Foto S. 68 oben: Frank Nürnberger, Berlin;
Foto S. 68 unten: Kristina Jentzsch, Halblech Berghof
Druck: Hans Kock Buch- und Offsetdruck GmbH, Bielefeld
ISBN 978-3-86793-514-2

www.bertelsmann-stiftung.de/verlag

Inhalt

Lese-Hinweise 4

Einleitung 6

1 Doing Gender – die Macht der Unternehmenskultur 8

2 Wie Mythen den Alltag prägen 17

3 Business Case Frauen 21

4 Quote als Chance 25

5 Gender-Controlling – erstaunliche Zahlen 33

6 Strategien gegen das Versanden 39

7 Starker Hebel Task-Force 43

8 Ohne Störung keine Neuerung 47

9 Welche Maßnahmen sind erfolgreich? 52

10 Förderprogramme – was sagen die Frauen? 58

Quellenverzeichnis 62

Inhaltsverzeichnisse Band 1, 3, 4 67

Die Autorinnen 68

Lese-Hinweise

- Sie finden in diesem Schuber fünf Bände. Die ersten vier nähern sich der Fragestellung „Führungsfrauen – wie man sie findet und wie man sie bindet“ jeweils im Fokus eines wichtigen Einflussbereichs an: die Führungskräfte der Frauen, das Unternehmen als Ganzes, das Personalmanagement sowie das Zusammenspiel von Karriere und Privatleben. Jeder Band steht für sich, sodass Sie sich je nach Interesse oder aktuellem Handlungsfeld einzelne Abschnitte heraussuchen können.

- Während der Vorbereitung dieser Texte haben wir uns für zwei Tage mit 15 Frauen der mittleren Führungsebene getroffen und mit ihnen über ihre Entwicklung, ihre Erfahrungen und ihre Vorhaben diskutiert. Immer wenn im folgenden Text von der „Fokusgruppe“ die Rede ist, sind diese Frauen gemeint. Ihnen verdanken wir nicht nur zwei anregende Tage, sondern auch viele Erkenntnisse und zahlreiche prägnante Aussagen. Die Zitate sind in den Bänden 1–4 gekennzeichnet durch ” zu finden.

- In der Regel finden Sie am Ende jeden Kapitels den Abschnitt **Was tun?**. Hier bekommen Sie knappe, handlungsorientierte Empfehlungen an die Hand, wie mehr Frauen dauerhaft in Führungspositionen kommen und bleiben. Abgerundet wird jedes Kapitel mit weiterführenden Lese- oder Hörtipps **ZUM WEITERLESEN**. Alle benannten Studienergebnisse oder Publikationen, die im Internet öffentlich zugänglich sind, finden Sie gesammelt unter www.creating-corporate-cultures.org/fuehrungsfrauen zum Download in der Rubrik „Literatur".

- Der fünfte Band ist eine Literaturrecherche zum Thema. Frau Dr. Edding hat sie 2012 im Auftrag der Bertelsmann Stiftung erstellt. Sie diente im ersten Schritt der Vorbereitung der hier vorliegenden Bände 1–4. Wer sie las, war begeistert und der Leserkreis wuchs an. Aufgrund der sehr positiven Resonanz haben wir uns entschlossen, sie hier als zusätzlichen, zitierfähigen Materialienband aufzunehmen.

EINLEITUNG

Das Unternehmen
Schrittmacher der Veränderung

Viele Unternehmen bemühen sich um Gender-Diversity, also darum, dass Frauen und Männer gleichermaßen auf allen Ebenen der Organisation tätig werden und Einfluss nehmen. Doch die Wirkung lässt oft noch zu wünschen übrig. Denn gelebte Diversity gehört zur Kultur einer Organisation – und die Veränderung dieser Kultur ist immer ein langfristiger, komplexer Prozess. Sie bedarf der Überzeugung und des echten Engagements mächtiger Promotoren, Leistungs- und Verantwortungsträger.

Mit diesem Band unterstützen wir genau diese dabei, eine eigene Position zum Thema Diversity und Cultural Change zu entwickeln und die träge Organisation in Gang zu setzen. Erste Ideen für Ansatzpunkte hier:

Jedes Unternehmen hat seine Kultur, bestehend aus Umgangsformen, Regeln, Konventionen. Es gibt offene Hochleistungskulturen, konservative Ausschlusskulturen – und vieles dazwischen. Speziell die Art und Weise, wie Männer und Frauen in Führungspositionen zusammenarbeiten, ist kulturell geprägt. Genau da muss ansetzen, wer etwas in Richtung erfolgreicher Vielfalt ändern will. Bloß wie?

→ Kapitel 1

Mythen sind falsche Vorstellungen, die in der Kultur eines Unternehmens und der Gesellschaft fest verankert sind. Da ist z. B. der „Mythos Normalbiographie“, hinter dem steckt: Es gibt einen männlichen Hauptverdiener und die Frau kümmert sich in erster Linie um die Kinder, ist weniger karrierebewusst und verdient dazu. Wie deckt man die destruktive Macht solcher Mythen auf?

→ Kapitel 2

Quoten zur Verbesserung der Gender-Balance sind nach wie vor umstritten. Weil Argumente wie „So wird ja Geschlecht statt Leistung zum Kriterium für die Besetzung einer Spitzenposition" den Diskurs prägen. Dabei gibt es nachweislich viele Unternehmen, die bessere Ergebnisse erzielen, weil ihre Führungsspitzen aus Frauen und Männern bestehen.

Es lohnt sich doch sehr, einmal differenziert auf das Pro und Contra von Genderquoten zu blicken:

→ Kapitel 4

Die Gefahr des Versandens besteht bei jedem kulturellen Veränderungsprojekt. Das ist bedauerlich und folgenreich. Ein Gender-Diversity-Projekt, das einmal stecken geblieben ist, wird sich nur schwer neu auflegen lassen. Gibt es Anti-Versandungs-Strategien?

→ Kapitel 6

Welche Maßnahmen zur Steigerung der Diversity im Management haben eigentlich Erfolg? Liegen wissenschaftlich fundierte Erkenntnisse vor? Was funktioniert, sind gezielte Rekrutierungs- und Mentoringprogramme sowie die ernst gemeinte Einrichtung einer Position: die des Diversity-Managers, der außerdem Teil einer bereichsübergreifenden Task-Force für das Thema ist. Das ist doch schon etwas.

→ Kapitel 9

Wir wünschen Ihnen Raum für eine intensive Lektüre und eine Extra-Portion Energie für Ihre wirkungsvollen Diversity-Projekte.

1

Doing Gender – die Macht der Unternehmenskultur

Jedes Unternehmen hat eine eigene Kultur. Sie besteht in bestimmten Umgangsformen, Werten, Regeln und Konventionen, deren man sich nur zum Teil bewusst ist. Dort bieten sich Ansatzpunkte für Veränderung. Aber nicht jede Veränderungsstrategie ist für jedes Unternehmen zielführend. Will man im Gender-Bereich nachhaltig eine Kultur größerer Diversität erreichen, sind sorgsame Diagnosen und kluge mikropolitische Strategien nötig.

Das Verhältnis zwischen den Geschlechtern ist zutiefst mit der Kultur verwoben und gestaltet sich in jeder Gesellschaft unterschiedlich. In den skandinavischen Ländern etwa ist das Verhältnis zwischen Männern und Frauen in der Arbeitswelt eher egalitär, während es z. B. in Deutschland stärker von männlicher Dominanz geprägt ist.[1] Dieses Verhältnis ist eine von fünf grundlegenden Dimensionen, mit denen Kulturwissenschaftler die spezifische Ausprägung von Kulturen beschreiben[2] (→ KASTEN „Fünf Grunddimensionen von Kultur“).

Fünf Grunddimensionen von Kultur

1. Machtdistanz: hoch – niedrig
2. Individualismus – Kollektiv
3. Maskulinität – Femininität
4. Unsicherheitsvermeidung: hoch – niedrig
5. Langfristige – kurzfristige Grundorientierungen

Geert Hofstede und Gert Jan Hofstede, *Lokales Denken, globales Handeln. Interkulturelle Zusammenarbeit und globales Management.* 5. Auflage, München 2011, S. 53

| BertelsmannStiftung

Typische Formen von Männlichkeit im Management:

1. **Autokratie:** Intoleranz gegenüber anderen Meinungen; wenig gesprächsbereit, diktatorisch, kontrollierend, aggressive Machtstrategien, verbreitet Angst, feindselig gegen „Versager". Lehnt Personen mit geringerem Status und weniger institutioneller Macht ab, so auch Frauen.

2. **Paternalismus:** Beschützend, freundlich, wohlwollend, betont die moralischen Grundlagen der Zusammenarbeit, fordert Vertrauen, Engagement, Gefolgschaft und hohe Identifikation mit dem Unternehmen. Betrachtet Frauen als schutzbedürftig und zu empfindsam für die harte Geschäftswelt. Solange Frauen sich bevatern lassen und „kleines Mädchen" spielen, klappt die Zusammenarbeit gut.

3. **Unternehmertum:** Profite, Performance, Marktdurchdringung und Wettbewerb sind wichtig; starke Rivalität gegenüber anderen Männern. Work hard, play hard! Hohe Mobilität und zeitliche Verfügbarkeit. Weibliche Lebensstile: unvereinbar mit dem Unternehmen! Häusliche Verpflichtungen sind tabu. Nur Frauen, die das Muster des männlichen Hauptverdieners bedienen, sind akzeptabel.

4. **Informalität:** Informelle Arbeitsbeziehungen sind entscheidend – Netzwerke auch über die Grenzen der Firma hinaus. Im „Inner Circle" schaffen Sport, Autos, Sex, Frauen und Alkoholgelage Verbundenheit. Aggressivität in der Arbeit z. T. mit sexueller Belästigung verbunden, Sexualität wird als Herrschaftsinstrument genutzt: Frauen werden ausgeschlossen oder für unwichtig erklärt.

5. **Karrierismus:** Hierarchischer Aufstieg ist das Wichtigste; rivalisierendes Verhalten, Impression-Management. Häusliche Pflichten sind unvereinbar mit der Karriere, Familienernährer, lange Arbeitszeiten, hohe Mobilität, sehr angepasst, Nutzung interner Trainings. Ehefrauen regeln alle familiären Angelegenheiten. Suchen in der Arbeit eine (männliche) Familie. Frauen: für ihren Aufstieg unwichtig.

Nach: David Collinson und Jeff Hearn, „Naming Men as Men: Implications for Work, Organization and Management". *Gender, Work and Organization*, Vol. 1, Nr. 1, 1994, S. 2–22 (übersetzt) | BertelsmannStiftung

Auch für Wirtschaftsunternehmen gilt: Die Art und Weise, wie Männer und Frauen in einer Firma üblicherweise zusammenarbeiten, ist kulturell geprägt. Dabei ist die zahlenmäßige Verteilung von Männern und Frauen in Führungspositionen nur ein Symptom. Das Kernproblem sind die Umgangsformen, die Regeln, die Verfahren und Werte – kurz: die Kultur. Sie wird in Führungskreisen von den herrschenden Bildern von Männlichkeit geprägt (→ KASTEN „Typische Formen von Männlichkeit im Management"). Solange die Kultur eines Unternehmens männlich dominiert und ausschließend ist, lassen sich qualifizierte Frauen auf Beförderungen vielfach gar nicht erst ein oder sie verlassen das Unternehmen über kurz oder lang wieder.

Reine Symptombehandlung – also allein verstärkte Förderung oder Einstellung von Frauen – führt nicht zum Erfolg. Das haben die letzten zehn Jahre öffentlicher Debatten zwischen Politik und Wirtschaftsunternehmen gezeigt. So schreibt z. B. Thomas Sattelberger: „Die Kernerfahrung der vergangenen Jahre ist: Es handelt sich im Kern eben um ein kulturpolitisches Problem, nicht um ‚technische' Infrastruktur oder rein formale Ordnungspolitik. In dieser Konsequenz hatte ich dies am Anfang nicht gesehen."[3]

Doing Gender

Mit dem Motto „Doing Gender“ haben amerikanische Sozialwissenschaftler[4] vor einigen Jahrzehnten darauf hingewiesen, dass die Rollenverteilung zwischen Frauen und Männern im täglichen Umgang permanent hervorgerufen und reproduziert wird. Alltägliche Umgangsformen sind ein starker Motor der Unternehmenskultur. Sie sind so prägend wie die allgemein anerkannten Normen und Werte, die Regeln und Konventionen, die Verfahren und Mindsets bzw. Denkstile.

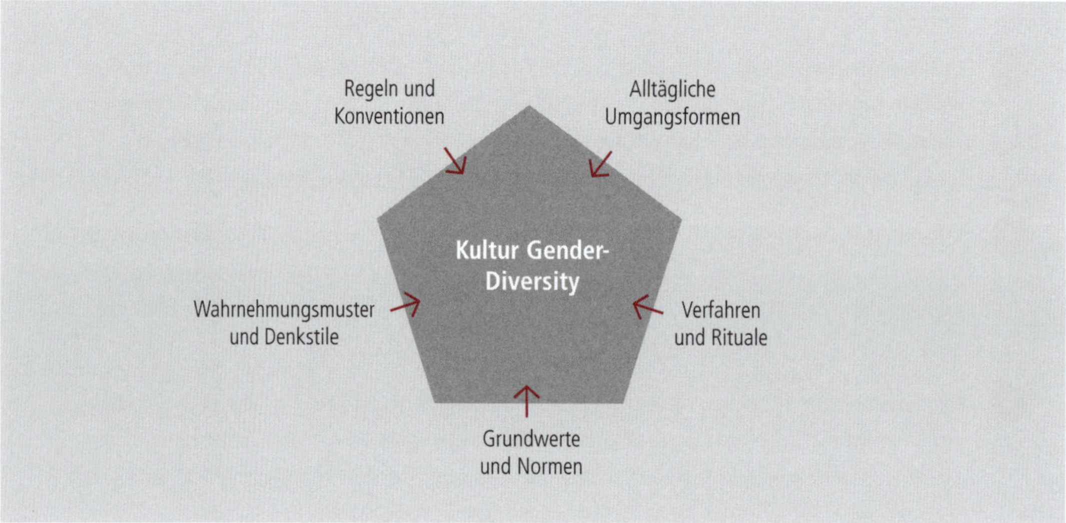

Will eine Firma ihre Kultur in Richtung stärkerer Diversity ändern, muss es ihr gelingen, die vielen alltäglichen Routinen und Konventionen zu verändern. Das ist nicht so leicht, denn Unternehmenskulturen sind stark gesichert.

Das Immunsystem des Unternehmens

Die Kultur eines Unternehmens wirkt als Immunsystem gegen zu schnelle oder zu weit reichende Veränderungen.[5] Rollenbilder, Mythen und Vorurteile, die im Verhältnis von Männern und Frauen üblich sind, sichern die bestehenden Verhältnisse zwischen den Geschlechtern ab: „Das haben wir noch nie so gemacht“ oder „Die Frauen wollen ja nicht“ oder „Frau Meier ist gar keine richtige Frau mehr!“ – mit solchen oder ähnlichen Reaktionen werden Neuerungen abgewehrt.

Es ist ein immerwährender Kreislauf, der nur schwer zu unterbrechen und aufzuhalten ist. So braucht jeder Vorstand, der etwas daran ändern möchte, einen langen Atem: Langfristig angelegte Strategien und das ganze Repertoire des Managementhandelns sind nötig. Taylor Cox Jr. empfiehlt drei Veränderungsphasen von je ca. drei Jahren: Im ersten bis dritten Jahr

liegt der Fokus der Aktivitäten auf der Sensibilisierung von Führungskräften und Belegschaft und der Erringung erster Erfolge. Im vierten bis sechsten Jahr dienen Projekte zum Thema „Diversity" der Neuausrichtung aller Verfahren und Abläufe, und im siebten bis neunten Jahr wird an der Verstetigung des Erreichten gearbeitet.[6]

Das ist unglaublich schwer – mit wie vielen Maßnahmen etwas transportiert werden muss, bis es sich wirklich etabliert hat. Auch bei den Maßnahmen selbst ist wichtig: Die müssen präsent bleiben, die müssen nachhaltig betrieben werden, damit das irgendwann einfach selbstverständlich wird. Das passiert nur, wenn man einen echten Richtungswechsel einschlägt. ”

Organisationskulturen sind verschieden

Jedes Unternehmen hat eine eigene Kultur. Das weiß jeder, der schon einmal die Firma gewechselt hat. Die Wissenschaft hat immer wieder nach sinnvollen Typisierungen von Unternehmenskulturen gesucht. 2012 hat die Fraunhofer-Gesellschaft gemeinsam mit neun Partnerunternehmen typische kulturell verankerte Verhaltensmuster im Bereich des Geschlechterverhältnisses erforscht.[7] Man fand vier unterschiedliche Typen von Unternehmenskulturen, von denen jede auf spezielle Weise die Karrieren von weiblichen Führungskräften behindert:

- **Offene Hochleistungskultur**

Nach: Simone Kaiser, Katharina Hochfeld, Elena Gertje und Martina Schraudner, *Unternehmenskulturen verändern – Karrierebrüche vermeiden*. Stuttgart 2012 | BertelsmannStiftung

Diese Unternehmenskulturen zeichnen sich durch hohe Dynamik und Flexibilität aus. Sie sind veränderungsbereit und innovativ, aber auch schnelllebig. Dies erfordert von den Führungskräften hohe fachliche, räumliche und zeitliche Flexibilität. Führungskräfte werden eher nach dem aktuellen Leistungsvermögen als nach dem Potenzial bewertet. Langfristige Personalentwicklung findet kaum statt. Abend- und Wochenendarbeit gilt als normal. Elternzeiten sind schwer zu realisieren und führen zu Karrierebrüchen.

- **Konformistische Formalkultur**

Nach: Simone Kaiser, Katharina Hochfeld, Elena Gertje und Martina Schraudner, *Unternehmenskulturen verändern – Karrierebrüche vermeiden*. Stuttgart 2012 | BertelsmannStiftung

Diese Unternehmenskulturen sind durch ausdifferenzierte formelle und informelle Regeln gekennzeichnet. Es gibt feste Vorstellungen, wie Karrieren sich entwickeln sollten. Sehr normengeleitetes Verhalten prägt die Führungskräfte. Abweichungen von der Norm provozieren Nachfragen. Konformität ist wichtig. Frauen irritieren, denn sie können die herrschenden Konformitätsanforderungen schwerer erfüllen. Negative Stereotype prägen die Art, wie weibliche Führungskräfte wahrgenommen werden.

- **Konservative Ausschlusskultur**

Nach: Simone Kaiser, Katharina Hochfeld, Elena Gertje und Martina Schraudner, *Unternehmenskulturen verändern – Karierrebrüche vermeiden*. Stuttgart 2012 | BertelsmannStiftung

Diese Unternehmen sind von Traditionalismus und Konservatismus geprägt. Veränderungen begegnet man mit Skepsis. Das Durchschnittsalter der Führungskräfte ist vergleichsweise hoch. Es herrschen grundsätzliche Vorbehalte, den Frauenanteil in Führungspositionen zu vergrößern. Die ablehnende Grundhaltung ist von biologistischen Geschlechtsrollenbeschreibungen geprägt.

- **Veränderungsorientierte Bewahrungskultur**

Nach: Simone Kaiser, Katharina Hochfeld, Elena Gertje und Martina Schraudner, *Unternehmenskulturen verändern – Karierrebrüche vermeiden*. Stuttgart 2012 | BertelsmannStiftung

Die Unternehmen mit dieser Kultur sind innovationsorientiert und zugleich konservativ-hierarchisch. Bewahrende und auf Wandel drängende Kräfte existieren nebeneinander. Das untere und mittlere Management ist oft konservativ, das obere Management progressiv. Seine Veränderungsideen sind schwer bzw. nur sehr langsam durchzusetzen. Politisch-taktisches Kalkül ist ein Erfolgsfaktor für Führungskräfte. Diversity-Management bleibt mit seinen Projekten vielfach auf der Strecke.

Diagnosen sind wichtig

Die Forscherinnen der Fraunhofer-Gesellschaft machen mit ihren Ergebnissen deutlich, dass nicht jedes Unternehmen denselben Weg in Richtung Gender-Diversity gehen kann. Ohne sorgfältige Diagnose der Besonderheiten einer Unternehmenskultur kann keine Unternehmensleitung entscheiden, wo sie am besten ansetzt.

Für eine aussagekräftige Analyse sind intuitive Einschätzungen der Führungskräfte ebenso wichtig wie handfeste Daten. Außerdem ist ein Blick zurück in die Vergangenheit ratsam: Wenn ein Unternehmen bereits Erfahrungen mit Umstrukturierungen und Cultural Change hat, wird der Weg hin zu größerer Diversity leichter zu beschreiten sein. Wenn die Führungskräfte noch wenige Erfahrungen in diesem Feld haben, wird sich der Weg langwieriger gestalten.[8]

Die erste Hürde: Mikropolitik

Jede Unternehmenskultur wird von einer dominanten Mehrheit getragen, die den Stil der allgemein akzeptierten Umgangsformen, der Normen und Werte, des Denkens und Handelns prägt und – bewusst oder unbewusst – von ihr profitiert. Für Kulturveränderungen ist die Akzeptanz einer solchen Mehrheit ausschlaggebend. Sie lässt sich nicht verordnen, sondern nur gewinnen!

Mehrheiten zu gewinnen – das wissen wir aus der Politik – ist ein mühsames Geschäft, das Zeit braucht. Die Unternehmensführung muss dafür die strategische Frage beantworten können, was langfristig der Gewinn für das Unternehmen ist (→ Kapitel 3 in diesem Band). Ohne gute Gründe und ohne einen Kreis einflussreicher und angesehener Führungskräfte, die bereit sind, sich zu engagieren, ist wenig zu bewirken.

Was tun?

- Veranstalten Sie eine Klausur mit Ihren oberen Führungskräften und diskutieren Sie die Frage, woran es speziell bei Ihnen im Unternehmen liegen mag, dass vergleichsweise wenig Frauen in Führungspositionen bzw. im oberen Management sind.
- Analysieren Sie, welche der vorgestellten Unternehmenskulturtypen am ehesten der Kultur Ihres Unternehmens entspricht. Nutzen Sie die Unternehmenstypologie der Fraunhofer-Gesellschaft für Ihre weitere Planung. Diskutieren Sie die Vor- und Nachteile von größerer Diversität für Ihr Unternehmen. Wollen Sie und Ihre Führungskräfte eine Veränderung oder nur eine bessere Außendarstellung?
- Planen Sie Schritte des Diversity-Managements: Wie aufmerksam und informiert sind unsere Führungskräfte bezüglich Diversity und Gender? Mit welchen Konflikten müssen wir rechnen? Wer werden die Unterstützer für kulturelle Veränderungen sein? Wer wird dagegen sein? Welche Sicherungsmechanismen der Unternehmenskultur sind zu überwinden: Vorurteile, Mythen, Abwertungsstrategien, Gewohnheiten? Wo arbeiten hochkompetente Frauen in unserem Unternehmen, die wir fördern könnten?
- Nutzen Sie die Erfahrungen von anderen Unternehmen. Laden Sie zwei Referenten von befreundeten Unternehmen ein, die schon seit einiger Zeit ihre Kultur in Richtung größerer Diversity bearbeiten.

ZUM WEITERLESEN

Der Deutsche Juristinnenbund hat seit 2010 im Auftrag des Bundesministeriums für Familie, Senioren, Frauen und Jugend jährlich die Hauptversammlungen börsennotierter Unternehmen in Deutschland besucht und sich gleichzeitig über den jeweiligen Stand des Diversity-Managements informiert. Die Hefte *Aktionärinnen fordern Gleichberechtigung* enthalten einerseits die Ergebnisse dieser jährlichen Untersuchungen. Außerdem findet man dort sehr sorgfältig recherchierte Berichte über den Stand der Diversity-Entwicklungen in den anderen europäischen Ländern, über den Stand der Entwicklung auf europäischer Ebene und sehr eindrückliche Best-Practice-Beispiele.
Zum Download auf www.creating-corporate-cultures.org/fuehrungsfrauen

Cox Jr., Taylor, *Creating the Multicultural Organization: A Strategy for Capturing the Power of Diversity*. San Francisco, CA, 2001
Der Unternehmensberater mit dem Schwerpunktthema „Diversity" beschreibt in diesem Buch die grundlegenden Schritte der Kulturveränderung, viele Best-Practice-Beispiele und typische Sackgassen, in die man geraten kann.

Der Artikel von Taylor Cox Jr. „An Update on the Relationship Between Workforce Diversity and Organizational Performance" aus dem Jahr 2008 gibt einen kurzen Überblick über die zentralen Arbeitshypothesen des Autors.
Zum Download auf www.creating-corporate-cultures.org/fuehrungsfrauen

ZUM WEITERHÖREN

Zum Thema gendersensible Führung:
Jochen Geppert und Cornelia Edding, *(Ver-)Führung zur Chancengleichheit. Ein Wegweiser für Führungskräfte*. Bertelsmann Stiftung (Hrsg.), Gütersloh 2013
Hörproben unter www.creating-corporate-cultures.org/chancengleichheit

2 Wie Mythen den Alltag prägen

Mythen und Vorurteile prägen Einstellungen zum Unternehmensalltag, die nur selten der Wirklichkeit entsprechen, trotzdem aber eine hohe Glaubwürdigkeit genießen. „Es ist der natürliche Lauf der Dinge, dass Frauen Kinder bekommen und sich deshalb nicht beruflich engagieren können", denken zum Beispiel viele Führungskräfte und verstellen sich damit selbst den Blick auf die wahren Potenziale und Karriereinteressen ihrer Mitarbeiterinnen.

Tatsächlich trifft die Behinderung weiblicher Karrieren alleinstehende Frauen ebenso wie verheiratete, Frauen mit Kindern ebenso wie kinderlose. Und auch die Vorstandsfrauen aus Deutschlands größten Unternehmen sehen in der schwierigen Vereinbarkeit von Mutterschaft und Beruf kein relevantes Karrierehindernis.[9] Trotzdem hält sich in vielen Unternehmen hartnäckig der Mythos, Kinder seien die Karrierebremse par excellence.

Mythen sind mehr als persönliche Überzeugungen

Im Gegensatz zu Vorurteilen geben Mythen keine rein persönliche Überzeugung wieder, sondern es sind falsche Vorstellungen, die in der Kultur des Unternehmens und der Gesellschaft verankert sind. Sie werden von der Mehrheit der Meinungsmacher – bewusst oder unbewusst – für wahr gehalten und sind dadurch viel stärker gesichert als persönliche Vorurteile.

Viele dieser Alltagsmythen in Unternehmen stammen aus der Jugend der heutigen Entscheider oder sind sogar aus einer noch früheren Generation tradiert. Sie liefern Argumente zu Ungunsten talentierter Frauen, die heutzutage nur noch höchst selten zutreffen. So finden Vorgesetzte selbst dann noch Bestätigung für ihre zum Teil sehr traditionell geprägten Ansichten, wenn auch die Welt in ihrem Unternehmen sich längst deutlich verändert hat.

Einige Mythen sind so weit verbreitet und wirkungsvoll, dass ihnen eigene Artikel gewidmet werden:

- „Die Frauen wollen ja nicht …" (→ Kapitel 2 in Band 1)
- Führen Frauen wirklich anders? (→ Kapitel 5 in Band 1)
- Teilzeit pro und kontra (→ Kapitel 7 in Band 4)

Hier drei weitere besonders verbreitete Beispiele:

- **Der Mythos „Normalbiographie" oder „Normalarbeitnehmer"**: Führungskräfte, denen die Frau Hausarbeit und Kinderbetreuung abnimmt, so dass ihre Arbeitskraft „150-prozentig" dem Unternehmen zur Verfügung steht,[10] können sich schwer vorstellen, dass Frauen Karriere und Kinder unter einen Hut bekommen können. Sie sind nicht selten fest davon überzeugt, dass Frauen weniger karrierebewusst sind und sich in erster Linie der Kindererziehung widmen wollen und höchstens später als Zuverdienerinnen halbtags tätig sein werden.

  Umgekehrt werden junge Männer von manchen Führungskräften, deren Denken im Hauptverdienermodell gefangen ist, automatisch als zukünftige Familienernährer angesehen, ganz unabhängig davon, ob sie das planen: Weil sie vermutlich bald eine Familie ernähren müssen, werden sie vielfach schneller befördert und besser bezahlt als ihre Kolleginnen.
- **Mythos Gerechtigkeit und Leistungsorientierung**: Führungskräfte behaupten häufig, bei ihnen gehe es ganz gerecht zu. Bewertet werde ausschließlich die Leistung. So war etwa kürzlich von einem führungserfahrenen Mann auf die Frage, ob er Frauen fördere und wie diese Förderung auszusehen habe, zu erfahren: „Indem man über das Geschlecht hinwegschaut. Es darf hier eben keinen Unterschied zu den männlichen Kollegen geben. Gleichbehandlung ist unabdingbar!"

  Fachwissen ist zwar am Anfang jeder beruflichen Entwicklung das Feld, dem die ganze Aufmerksamkeit von Vorgesetzten gilt. Jede erfahrene Führungskraft aber weiß, dass sie nicht nur die fachliche Leistung, sondern auch die Persönlichkeit, den Arbeitsstil und die Zukunftschancen der Mitarbeiterinnen und Mitarbeiter zu bewerten hat. Formelle Gleichbehandlung ist ungerecht, solange junge Frauen und junge Männer im Unternehmen noch auf ganz unterschiedliche kulturelle Rahmenbedingungen für ihre berufliche Entwicklung treffen.

  Der Mythos Gerechtigkeit und Leistungsorientierung verstellt den Blick aller Beteiligten auf die Mechanismen, die ebenfalls wirksam sind: homosoziale Ähnlichkeit (→ KASTEN „Was heißt Homosozialität?", S. 19) und Präsenz im Radar des Vorgesetzten.
- **Mythos kontinuierliche Berufsbiographie:** Viele Entscheider führen das Argument der Diskontinuität von Berufsbiographien von Frauen an, wenn es um die Besetzung von Positionen im höheren Management geht.

  Es stimmt: Frauen haben in Deutschland insgesamt längere familienbedingte Nichterwerbszeiten als Männer.[11] Diskontinuierliche Lebensläufe sind für viele Führungskräfte in Deutschland jedoch kein Problem

Was heißt „Homosozialität"?

Mit Homosozialität werden die Mechanismen und Kommunikationsmuster beschrieben, mit denen geschlechtsspezifische Privilegien – vielfach unbewusst – gesichert werden: Personalauswahl findet nach sozialer Ähnlichkeit (Homosozialität) statt. Je höher die hierarchische Ebene, umso bedeutsamer ist soziale Ähnlichkeit von Kandidatinnen oder Kandidaten mit den Entscheidern. Da Entscheider heute noch überwiegend Männer sind, werden Männer wegen ihrer größeren Ähnlichkeit zu den Entscheidern bevorzugt. So reproduziert sich das System der mehrheitlichen Besetzung von Spitzenpositionen mit Männern. Man könnte auch sagen: Schmidt sucht Schmidtchen.

Berufstätigkeit schon einmal unterbrochen?

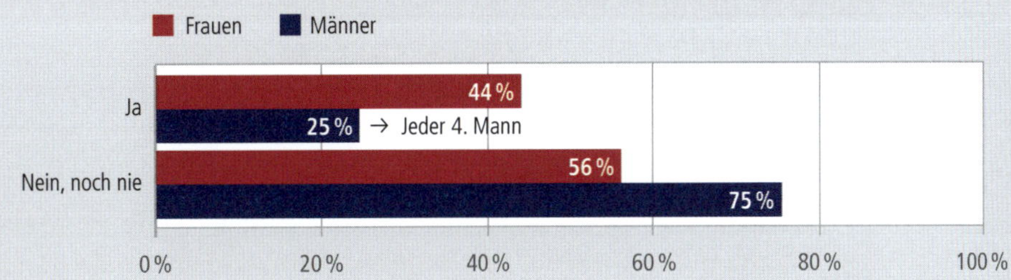

Häufigkeit der Berufsunterbrechung*

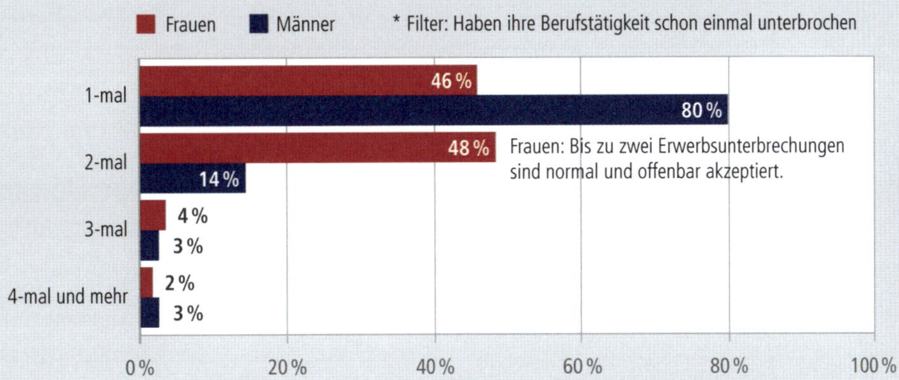

Carsten Wippermann, *Frauen in Führungspositionen. Barrieren und Brücken.* Bundesministerium für Familie, Senioren, Frauen und Jugend (BMFSFJ). Heidelberg 2010, S. 31 | BertelsmannStiftung

auf dem Weg nach oben: So haben z. B. fast die Hälfte aller Frauen mit (!) Führungsverantwortung ihre Berufstätigkeit schon einmal unterbrochen (44 %).[12] Zudem unterbrechen auch viele Männer ihre Berufstätigkeit (25 %) – so die Ergebnisse von Carsten Wippermann im Auftrag der Bundesregierung. In absoluten Zahlen heißt das, dass es viel mehr männliche Führungskräfte gibt, die ihre Berufstätigkeit auf dem Weg nach oben unterbrechen, als Frauen (→ GRAFIK „Berufstätigkeit schon einmal unterbrochen?“, S. 19). Ob jemand nun eine Doktorarbeit schreibt, eine Weltumsegelung plant, ein politisches Amt übernimmt oder ein Kind zur Welt bringt – wer will schon entscheiden, was langfristig für das Unternehmen ökonomisch ertragreicher ist? Die Ergebnisse der Studien sprechen jedenfalls nicht für die Unverzichtbarkeit der Kontinuität beruflicher Werdegänge für das Top-Management.

Die destruktive Kraft der Mythen

Mythen und Vorurteile verstellen den Blick für die Realität und sind beliebte Ausreden, um nichts ändern zu müssen. Sie schaden dem Unternehmen, denn sie beeinträchtigen das öffentliche Ansehen der Firma als Arbeitgeber und in den Augen der Kunden sowie das Vertrauen in ihre Innovationskraft. Außerdem entmutigen gängige Mythen junge Frauen in Hinblick auf ihre Entwicklungsmöglichkeiten im Unternehmen.

Was tun?

- Sorgen Sie für Aufklärung, indem Sie regelmäßig verlässliche Zahlen aus Ihrem Unternehmen veröffentlichen, die gängige Mythen und Vorurteile als solche bloßstellen.
- Konzipieren Sie Informationsmaterial für Ihr Unternehmen, das Auskunft über den Stand der Wissenschaft in den Wirtschaftswissenschaften oder der Soziologie zum Thema Mythen und Vorurteile gibt. Entwickeln Sie Argumentationslinien gegen Vorurteile und machen Sie diese zum festen Bestandteil der Firmenpolitik.
- Veröffentlichen Sie gelungene Karriereverläufe von erfolgreichen Frauen in Ihrem Unternehmen als Gegenargument gegen Mythen und Vorurteile.
- Decken Sie stereotype und mythologisierte Überzeugungen über weibliche Führungskräfte und ihre Fähigkeiten bei jeder passenden Gelegenheit in ihrer destruktiven Wirkung auf.

ZUM WEITERLESEN

Carsten Wippermann, *Frauen in Führungspositionen. Barrieren und Brücken.* Bundesministerium für Familie, Senioren, Frauen und Jugend (BMFSFJ). Heidelberg 2010
Der Autor beschreibt eindrücklich das diffizile Zusammenspiel von Männern – als bestimmende Mehrheit – und Frauen im oberen Management. Zum Download auf www.creating-corporate-cultures.org/fuehrungsfrauen

3
Business Case Frauen

Frauen auf hohe Führungspositionen zu befördern ist für die Befürworter ein gefühltes Risiko.[13] Wer auf Nummer sicher gehen will, nimmt lieber Männer in die eigene Führungsmannschaft auf. Denn Vertrauen und das Gefühl, sich verlassen zu können, beruhen nicht in erster Linie auf fachlicher Kompetenz, sondern darauf, dass die Kollegen einander und einem selbst ähnlich sind. Das macht die Verständigung leicht und reduziert die Unsicherheit (→ Kapitel 6 in Band 3). Frauen, Ausländer oder Aufsteiger, also Menschen, die „unähnlich" sind, verkomplizieren die Situation.[14] Warum also sich die Arbeit schwerer machen, als sie ohnehin schon ist?

Gemischte Ergebnisse

Zum Thema „Diversity" liegen zahlreiche Studien vor. Dabei geht es um die Frage, wie durch Unterschiedlichkeit wirtschaftliche Vorteile zu erzielen sind. Viele verschiedene Argumente werden ins Feld geführt und auch erforscht (→ KASTEN „Argumente für Diversity", S. 22). Eine aktuelle Zusammenfassung der Literatur zeigt, dass sich für jedes dieser Argumente sowohl bestätigende als auch entkräftende Ergebnisse finden lassen.[15] Zwar bestätigen Untersuchungen, wie die neueste von Catalyst,[16] wieder einmal einen Zusammenhang zwischen dem wirtschaftlichen Erfolg eines Unternehmens und der Anzahl von Frauen in verantwortungsvollen Positionen. Es handelt sich jedoch dabei streng genommen nur um ein gleichzeitiges Auftreten, nicht um einen Kausalzusammenhang. Ob die Anzahl der Frauen Ursache des Erfolges ist, wissen wir nicht. Sie bringt ihn jedenfalls mit sich.

Vielfalt in Leitungsgremien erhöht die Entscheidungsqualität, und Vielfalt in Arbeitsgruppen und Teams macht diese kreativer (→ Kapitel 6 in

Argumente für Diversity

- Das Arbeitsmarkt-Argument: Angesichts des demographischen Wandels ist eine Personalpolitik vorausschauend, die nicht nur weiße deutsche Männer in Führungspositionen befördert.
- Das Kosten-Argument: Hochqualifizierte und ehrgeizige Frauen nicht zu befördern wirkt demotivierend. Dadurch entstehen Kosten, z. B. durch Fehlzeiten und Fluktuation.
- Das Kreativitäts-Argument: Wenn gemischt zusammengesetzte Projektteams und Arbeitsgruppen richtig geleitet werden, sind sie kreativer und ihre Ergebnisse sind tragfähiger.
- Das Reputations-Argument: Wenn kompetente Frauen angemessen befördert werden, wird das Unternehmen auch für Personen attraktiv, die z. B. Minoritäten angehören und auf der Suche nach Karriereoptionen sind.
- Das Marketing-Argument: Wenn die Kundschaft vielfältig ist, wird eine ebenfalls vielfältige Belegschaft besser in der Lage sein, auf deren Bedürfnisse einzugehen. Auch Investoren, denen die soziale Verantwortung eines Unternehmens wichtig ist, lassen sich leichter gewinnen.
- Das Expertenmangel-Argument: In etlichen Branchen ist der „Kampf um Talente" bereits voll entbrannt. Wer die besten qualifizierten Köpfe finden und binden möchte, kommt um Diversity nicht herum.
- Das Flexibilitäts-Argument: Ein heterogenes Führungsgremium ist in der Lage, vielfältige Perspektiven zu entwickeln, und erleichtert es so dem Unternehmen, flexibel auf Veränderungen zu reagieren. [17]

Band 1). Welche Bedingungen dafür erfüllt sein müssen, welcher Art die Vielfalt sein sollte, damit sie produktiv ist, wie viel Vielfalt gut oder zu viel ist – darüber gibt es zahlreiche Meinungen, aber kein gesichertes Wissen.

Weitsicht ist gefragt

Fragt man Männer und Frauen, Top-Management und mittlere Führungsebene, danach, ob mehr Führungsfrauen wirtschaftliche Vorteile bringen, gehen die Meinungen weit auseinander:[18] (→ GRAFIK S. 23).

Und die Frauen der Fokusgruppe sagen:

> *Warum brauchen wir 30% Frauen? Die Frage wurde bei uns nicht beantwortet, sondern der Vorstand hat entschieden, wir brauchen die. Aber was hilft es unserem Konzern? Sind wir denn tatsächlich besser? Da kannst du diverse Diskussionen führen. Eine Personaldame hatte eine Studie, die zeigt, wie viel erfolgreicher etwas ist und wie sich der Gewinn erhöhen lässt, nur weil es mehr Frauen gibt. Ich kann mir das vorstellen, aber die Männer glauben das nicht.*

Bei aller Unklarheit – in den einschlägigen Untersuchungen zeichnen sich einige Trends ab, die dafür sprechen, Unsicherheit in Kauf zu nehmen und Frauen bis an die Spitze zu befördern.

Da ist zum Ersten die **Reputation**. Audi oder Adidas können unter den Besten wählen.[19] Sie gelten als modern, offen, zukunftsfähig. Wie schön, wenn Ihr Unternehmen genauso attraktiv wäre! Es besteht kein Zweifel:

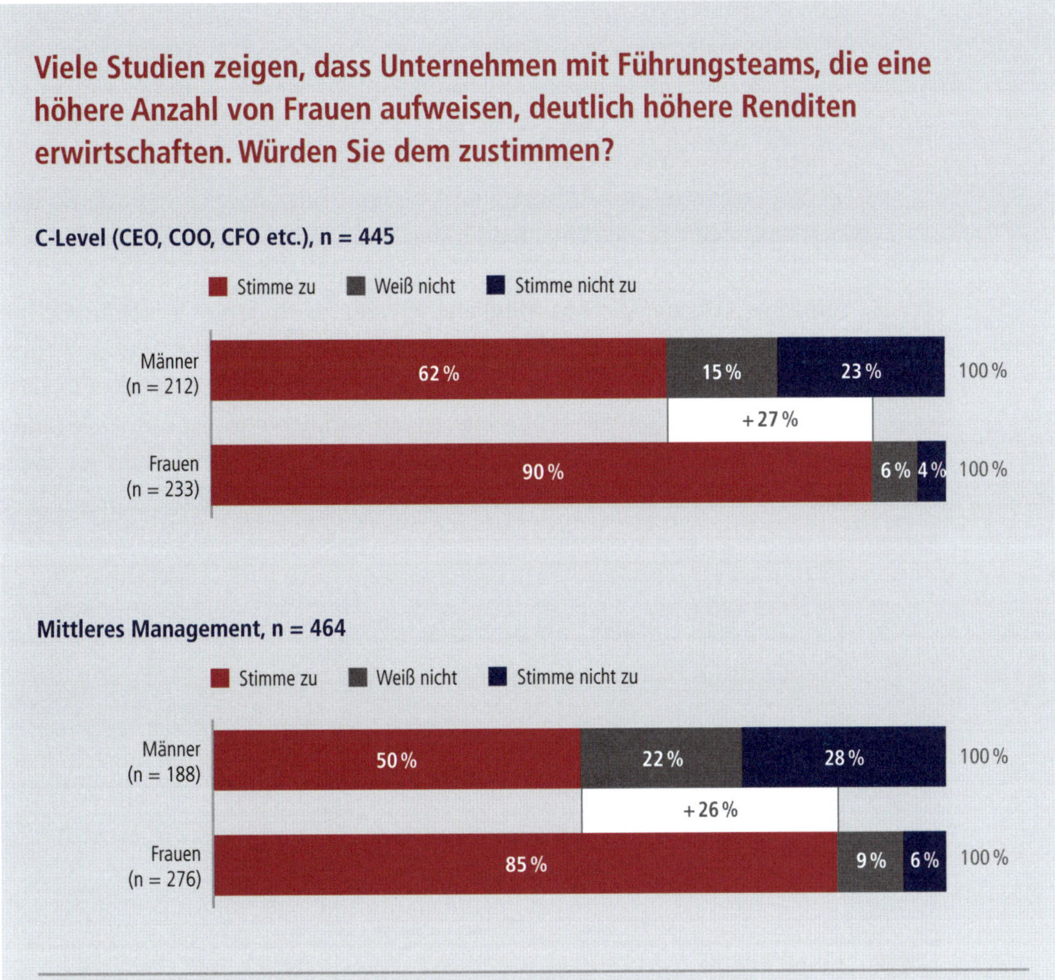

McKinsey & Company, *Women Matter 2010. Women at the top of corporations: Making it happen*. 2010, S. 8 (übersetzt)

Ausschließlich mit deutschen Männern fortgeschrittenen Alters besetzte Entscheidungsgremien schaden dem Image der Firma. Dieser Trend dürfte sich eher verstärken als abschwächen. Schon jetzt kann sich ein international agierendes Unternehmen solche Vorstände nicht leisten.

Ein weiterer Trend ist die **Verknappung** qualifizierten Personals. In den USA ist das Konkurrieren um die besten Leute – der „War for Talents“ – schon alltäglich. Hierzulande ist der Mangel an guten Leuten bisher nur in manchen Bereichen spürbar, in anderen noch gar nicht. Aber angesichts der demographischen Entwicklung werden die meisten Branchen in absehbarer Zeit davon betroffen sein. Junge Leute mit Ambitionen, mit nachgewiesenen Qualifikationen und mit guter Arbeitsleistung – unabhängig von ihrem Geschlecht – nicht zu entwickeln und zu fördern ist kurzsichtig.

Ernst zu nehmen sind drittens die Studien über **homogene Teams**. Diese entwickeln eine spezielle Schwäche, in der Forschung „Gruppendenke“ („Groupthink“) genannt. Unternehmenslenker sollten diese Schwäche fürchten. Gruppendenke „führt dazu, dass wichtige Daten und Fakten nicht zur Kenntnis genommen, unterschiedliche Auffassungen nicht diskutiert und Alternativen nicht realistisch bewertet werden. Das Ergebnis sind suboptimale Entscheidungen."[20] Homogene Vorstände sind besonders kritisch zu betrachten. Denn wenn die Untersuchungsergebnisse zu diesem Thema bekannter werden, werden Kunden und Shareholders einen deutsch-weiß-männlich besetzten Vorstand misstrauisch betrachten und an der Qualität seiner Entscheidungen zweifeln[21] (→ Kapitel 6 in Band 3).

Schließlich und endlich muss ein Unternehmen daran interessiert sein, für jede Aufgabe die **bestmögliche Person** zu finden – unabhängig von deren Geschlecht, Religion, Körpergröße oder Augenfarbe. Wenn in Ihrer Firma die gläserne Decke wirksam ist, können Sie niemals sicher sein, dass Sie die Potenziale Ihrer Mitarbeiterinnen wirklich optimal nutzen. Frauen, die Karriere machen wollen, aber nicht weiterkommen, gehen fort oder bleiben und resignieren – zum Schaden des Unternehmens.

Was tun?

- Diskutieren Sie mit dem Personal über das Thema – gerade auch mit den Skeptikern – und stellen Sie die Berufung von Frauen auf hohe Positionen in den Kontext der Zukunftsfähigkeit des Unternehmens.

ZUM WEITERLESEN

Einen knappen und zugleich umfassenden Überblick über den Stand der Diskussion, in dem auch alle wichtigen Quellen genannt sind, haben Gertraude Krell und Barbara Sieben geschrieben: „Diversity Management – Chancengleichheit für alle und Wettbewerbsvorteil". Gertraude Krell, Renate Ortlieb und Barbara Sieben (Hrsg.): *Chancengleichheit durch Personalpolitik. Gleichstellung von Frauen und Männern in Unternehmen und Verwaltungen.* 6. Auflage, Wiesbaden 2011, S. 155–174.

Der McKinsey-Report *Women Matter 2* aus dem Jahr 2008 ist eine interessante Lektüre, weil dort ein Zusammenhang zwischen dem Leitungsverhalten von Frauen und der Zukunftsfähigkeit von Unternehmen hergestellt wird: *Female leadership – a competitive edge for the future.*
Zum Download auf www.creating-corporate-cultures.org/fuehrungsfrauen

4 Quote als Chance

Wo eine verbindliche Frauenquote eingeführt wurde, haben grundlegende Veränderungen im Verhältnis von Männern und Frauen in Entscheiderpositionen stattgefunden. Trotzdem sind Quoten zur Verbesserung der Gender-Balance nach wie vor umstritten.

Die erste verbindliche Quotenregelung hinsichtlich Diversity wurde 1991 in Argentinien für politische Ämter eingeführt. Inzwischen haben mehr als hundert Staaten Genderquoten verabschiedet. Manche sind unverbindlich, der Trend geht aber überall in Richtung strikterer Vorschriften. In Europa gilt Norwegen als Vorbild für Wirtschaftsunternehmen.[22]

2005 beschloss die damals neu gewählte norwegische Regierung ein Gesetz mit verbindlicher Regelung und Sanktionen. Daraufhin hatte Norwegen bereits 2009 im internationalen Vergleich der OECD mit Abstand den größten Prozentsatz von Frauen in Aufsichtsräten. Deutschland lag zur selben Zeit auf dem letzten Platz.[23] Seit 2010 sitzen in den norwegischen Aufsichtsräten mehr als 44 % Frauen.[24]

Trotz dieser guten Erfahrungen sind Quoten als Instrument zur Verbesserung der Gender-Balance nach wie vor sehr umstritten (→ KÄSTEN „Pro und kontra Frauenquote“, S. 26). Aber in einem Punkt sind sich deutsche Wirtschaftsunternehmen einig: Sie wollen verhindern, dass der Staat ihnen zum Thema Diversity verbindliche Regeln vorschreibt.

Staatliche Regulierung oder Selbstverpflichtung der Wirtschaft?

2001 kam es in Deutschland zwischen Politik und Wirtschaft zu einer ersten Einigung: Die Unternehmen verpflichteten sich freiwillig, die Balance zwischen der Anzahl männlicher und weiblicher Führungskräfte ausgeglichener zu gestalten. Sie verhinderten so, dass es zu einer staatlichen Vorgabe kam.

Argumente pro Frauenquote

- Es geht um Chancengleichheit und Gleichberechtigung: Frauen stellen die Hälfte der Bevölkerung und sind genauso gut ausgebildet wie Männer.
- Unternehmen können es sich angesichts des Fachkräftemangels nicht mehr leisten, die Hälfte der hochqualifizierten Arbeitnehmerschaft schlechter zu bezahlen und in ihren Karriereaussichten zu benachteiligen.
- Ein Großteil der Kaufentscheidungen wird von Frauen getroffen.
- Durch einen höheren Frauenanteil verbessert sich das Betriebsklima. Die von Männern geprägten Spielregeln in der Kommunikation und dem Karriereverhalten ändern sich mit mehr Frauen an der Spitze.
- Unternehmen, deren Führungsspitze aus Frauen und Männern besteht, erzielen bessere Ergebnisse.
- Männer fördern mehr Männer – und weil die Führungspositionen überwiegend mit Männern besetzt sind, rücken Frauen bei der Besetzung der Spitzenpositionen weniger ins Blickfeld. Es handelt sich um ein sich selbst erhaltendes System, das nachhaltig gestört werden muss.
- Frauen sind aufgrund ihrer geschlechtsspezifischen Sozialisierung oft nicht so stark darin, ihre Stärken und Erfolge zu kommunizieren. Sie machen weniger stark auf sich aufmerksam. Eine Quote erhöht ihre Sichtbarkeit.
- Es gibt viele Karrierenetzwerke und Eliteclubs, zu denen nur Männer Zutritt haben. Hier findet informelles Mentoring statt, und hier werden die entscheidenden Karrierekontakte gemacht. Weil Frauen keinen oder nur schwer Zugang zu den Männernetzwerken haben, können sie von den Netzwerken kaum profitieren. Dies soll durch die Quote ausgeglichen werden.

ZEIT ONLINE, „DAX-Konzerne wollen Frauen-Bericht ohne Familienministerium vorstellen", 21. April 2013 (Download 18.12.2013) | BertelsmannStiftung

Argumente kontra Frauenquote

- Frauen werden als Quotenfrauen in Unternehmen stigmatisiert.
- Eine Frauenquote diskriminiert Männer.
- Die gesetzliche Quote greift in die unternehmerische Freiheit ein.
- Durch die Quote wird Geschlecht zum Kriterium für die Besetzung einer Spitzenposition. Dabei sollte die Leistung und die Qualifizierung entscheidend sein.
- In einigen Branchen und Unternehmen gibt es nicht ausreichend qualifizierte Frauen, um eine Quote einzuführen und einzuhalten.
- Mädchen und junge Frauen wählen noch immer traditionelle Frauenberufe, aus denen heraus eine Karriere in eine Führungsposition unwahrscheinlich ist.
- Viele Frauen wollen gar keine Karriere machen, sondern entscheiden sich bewusst für Familie.

ZEIT ONLINE, „DAX-Konzerne wollen Frauen-Bericht ohne Familienministerium vorstellen", 21. April 2013 (Download 18.12.2013) | BertelsmannStiftung

Gute Absichten von Führungsgremien ohne verbindliche Zielvorgaben geraten schnell in den Verdacht, nicht sonderlich ernst gemeint zu sein. Tatsächlich konnte man in Deutschland zehn Jahre später feststellen, dass sich nicht viel verändert hatte. Mit der Anzahl weiblicher Führungskräfte mit

Managementaufgaben lag Deutschland 2007 laut OECD im Vergleich weit unter dem Durchschnitt auf Platz 17 (von 22 westlichen Nationen)[25] (→ GRAFIK „In der OECD sind weniger als ein Drittel der Manager Frauen“, S. 28).

Anfang 2012 betrug laut DIW der Frauenanteil in den Vorständen der 200 größten deutschen Unternehmen (ohne Finanzsektor) nur 4 Prozent,[26] in MDAX-Vorständen waren es im gleichen Zeitraum lediglich 2,3 %[27] (→ TABELLE „Frauen im Vorstand der börsennotierten Unternehmen“, S. 28).

Eine erneute Diskussion zwischen Politik und Wirtschaft im Jahr 2011 erfuhr zunächst starken Auftrieb durch die Telekom, die Anfang 2010 erklärt hatte, sie werde bis 2015 eine verbindliche Frauenquote von 30 % für die Besetzung von Führungspositionen im mittleren und oberen Management festlegen.[28] Außerdem war 2010 das Thema Diversity mit Schwerpunkt Gender in den Deutschen Corporate Governance Kodex[29] aufgenommen worden.[30]

Die Debatte zwischen Politik und Wirtschaft endete 2011 mit zwei Quotengipfeln. Es wurden Maßnahmen diskutiert, die die Unternehmen dem

In der OECD sind weniger als ein Drittel der Manager Frauen

Anteil der Frauen in Managementpositionen im Verhältnis zur Mitarbeiterzahl, 2007 *

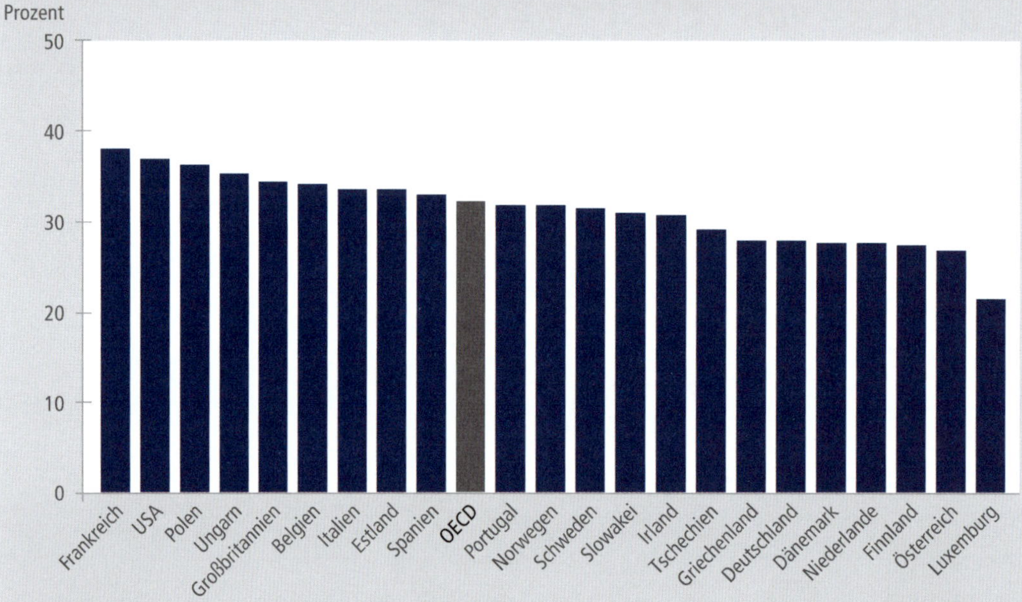

Anmerkung:
Die Länderangabe erfolgt von links nach rechts in absteigender Reihenfolge der Anteile an Frauen in Managementpositionen im Verhältnis zur Gesamtbelegschaft

*Daten erhoben im März 2009, USA

OECD Family Database 2012 | BertelsmannStiftung

Frauen im Vorstand der börsennotierten Unternehmen

	DAX-30				MDAX	SDAX
	2008	2009	2010	2011	2011	2011
Vorstandsmitglieder insgesamt	183	183	182	187	213	168
Männer	182	182	178	180	208	160
Frauen	1	1	4	7	5	8
Anteil Frauen in %	0,5	0,5	2,2	3,7	2,3	4,8

Auszug aus: Elke Holst, Anne Busch und Lea Kröger, *Führungskräfte-Monitor 2012*, Update 2001–2010, DIW Berlin. Berlin 2012 (Politikberatung kompakt 65), S. 101 | BertelsmannStiftung

Ziel näherbringen sollten. Die betroffenen DAX-30-Unternehmen verpflichteten sich diesmal zwar wieder nur freiwillig, gleichzeitig aber auch verbindlich zu internen Zielvorgaben. Sie erklärten sich zudem bereit, jährlich über ihre Fortschritte zu berichten.[31] Kurz nach Abschluss dieser Vereinbarung erklärte die damalige Arbeitsministerin Ursula von der Leyen im Deutschlandfunk: „Wir alle wissen: In der Vergangenheit hat sich in den Großkonzernen nichts bewegt. Die Frauen sind weit unterrepräsentiert. ... Deshalb wollen wir jetzt ganz klare Zeitleisten haben – nicht nur aus frauenpolitischer Argumentation. ... Wir wissen einfach, dass die großen Konzerne gute Ergebnisse leisten, wenn sie gemischte Teams haben, und deshalb bin ich der festen Überzeugung, wir brauchen vorübergehend diese Quote."[32]

Die 2013 gewählte Große Koalition hat vereinbart, eine verbindliche Quote für Frauen in Aufsichtsräten gesetzlich festzuschreiben. Mindestens 30 % Frauen sollen in den Gremien sitzen. Wird die Quote nicht erreicht, bleiben die entsprechenden Sitze unbesetzt.

Verwirrung in den Debatten – Quote oder Zielvorgabe?

In den Debatten werden häufig mehrere Diskussionsstränge vermischt: Während sich die einen gegen eine von der Politik per Gesetz vorgegebene Quote wenden, sprechen andere Diskussionsteilnehmer häufig von unternehmensinternen Quoten oder Zielvorgaben. Inzwischen hat sich folgender Sprachgebrauch eingebürgert: Wenn die Rede von einer gesetzlichen Vorgabe der Politik für Vorstände und Aufsichtsräte ist, spricht man von einer Quote. Wenn es um betriebsinterne Diversity-Ziele geht, spricht man von Zielvorgaben.

In den öffentlichen Quotendebatten der letzten Jahre ging es um eine politische Vorgabe für Aufsichtsräte und Vorstände. Die DAX-30-Unternehmen machen in ihrem gemeinsamen Bericht zum Teil auch Angaben zu Führungspositionen im mittleren oder im oberen Management.[33]

Quote: Instrument oder Ziel?

„Die interne Quote ohne flankierende Maßnahmen wird uns nicht weiterbringen", so die Gender-Beauftragte eines großen deutschen Unternehmens. Allerdings sollte die Perspektive umgedreht werden: Quoten können als Flankierung für ein differenziertes Diversity-Management dienen. Voraussetzung für die Wirksamkeit einer unternehmensinternen Vorgabe sind Managementprogramme und Steuerungsmechanismen, mit denen ein Kulturwechsel betrieben wird. Mittlerweile ist vielen Vorständen bewusst geworden, dass Diversity kein rein quantitatives Personalproblem ist, sondern dass sich die Unternehmenskultur selbst verändern muss, damit kluge, fachkundige Frauen nicht mehr marginalisiert und ins Abseits geschoben werden.

Handwerkszeug für die Quote

Wenn Unternehmen interne Zielvorgaben formulieren, stellt sich zunächst eine Reihe von handwerklichen Fragen:

- Auf welche Grundgesamtheit beziehen wir uns? Auf die Anzahl der Frauen und Männer, die Jahr für Jahr ihr Studium in den entsprechenden Fächern abschließen? Auf den Prozentsatz von Frauen und Männern, die im operativen Bereich bei uns tätig sind? Oder auf die magischen 30–40 %, die laut Sozialwissenschaft und Politik nötig sind, um einen grundlegenden kulturellen Wandel in einer Organisation in Gang zu setzen?
- Welche Führungspositionen meinen wir? Den Aufsichtsrat? Den Vorstand? Das mittlere Management? Oder bereits die erste Führungsebene?
- Wollen wir eine verbindliche Quote für alle oder eine Zielvorgabe, die eine Führungskraft speziell für ihren Bereich für realistisch hält und von sich aus einzuhalten bereit ist?
- Wie schaffen wir bei Führungskräften des oberen und mittleren Managements zunächst einmal Aufmerksamkeit, z. B. für die Mechanismen der „gläsernen Decke"?
- Wen machen wir für Erfolg oder Misserfolg verantwortlich? Welche Anreize und welche Sanktionen wollen wir installieren?
- Was müssen wir tun, um bald erste ernsthafte Erfolge bekannt geben zu können?

Welche Vorgaben oder Quoten auch immer beschlossen werden – in jedem Fall ist es notwendig, sich auf jeder Ebene über den Sinn des Beschlusses für das Unternehmen auseinanderzusetzen. Diversity-Ziele müssen einerseits den Anforderungen der Geschäftseinheiten entsprechen und andererseits von der Belegschaft aller Hierarchiestufen mitgetragen werden. Es stellt sich also die Frage: Wie befähigen wir das Management, mit der Belegschaft herausfordernde, zugleich aber realistische und sinnvolle Ziele auszuhandeln? Von der Art der Verhandlung hängen Akzeptanz und Erfolg auf der nächsten Ebene ganz entscheidend ab.

Wie machen es die anderen (DAX-30-Unternehmen)?

Darstellungen der Handlungsstrategien von Aktiengesellschaften findet man in der Veröffentlichung des Bundesministeriums für Familie, Senioren, Frauen und Jugend *Aktionärinnen fordern Gleichberechtigung – 2012* (→ Auswahl in den nachfolgenden Kästen). Auch in den entsprechenden Veröffentlichungen der Aktionärinnen aus den Jahren 2009–2011 sind inspirierende Best-Practice-Beispiele zu finden, und ebenso auf der Website der Charta der Vielfalt (www.charta-der-vielfalt.de).

Selbstverpflichtung der Commerzbank

Die Geschäftseinheiten setzten sich 2011 entsprechend ihrer jeweiligen Ausgangslage individuelle Ziele bis 2015. Diese Einzelziele ergaben zusammen eine bankweite Zielbesetzungsquote von 30 % für Frauen in Führungspositionen bis 2015. Gleichzeitig wurde das Projekt „Frauen in Führungspositionen" initiiert. Zwischenergebnis 2012: Es nehmen deutlich mehr Frauen an den Auswahlverfahren für die internen Management-Programme teil.[34]

Selbstverpflichtung der Daimler AG

Die Daimler AG hat bereits 2005 ihr ganzheitliches Diversity-Management-Programm beschlossen. Damals waren 5 % der Führungspositionen mit Frauen besetzt. 2011 verpflichtete sich Daimler, bis 2020 20 % Frauen in leitenden Führungspositionen zu haben. Praktisch heißt das: Mindestens jede dritte Stelle, die frei wird, muss mit einer Frau besetzt werden. Jeder Geschäftsbereich definiert Zielkorridore zur Steigerung seiner Frauenanteile. Diese wirken sich auf die Tantiemen aus. Ein ganzes Spektrum an flankierenden Maßnahmen ist inzwischen fest installiert.[35]

Selbstverpflichtung der Deutschen Post DHL

Die Deutsche Post wird künftig 25–30 % aller frei werdenden Führungspositionen mit Frauen besetzen. Diese Selbstverpflichtung wird von Aufsichtsrat und Vorstand gestützt. Gleichzeitig hat die Post das konzernweite Projekt „Frauen in Führungspositionen" zur Identifikation von Hemmnissen und vordringlichen Handlungsfeldern aufgesetzt. Erstes Zwischenergebnis: „Wir haben Aufstiegsbarrieren identifiziert und konnten auch einige tradierte Hypothesen entkräften."[36]

Selbstverpflichtung der Merck KGaA

Merck wird bis 2016 weltweit den Frauenanteil in Führungspositionen von 23 % auf 25–30 % anheben. In Deutschland lag der Frauenanteil in Führungspositionen 2011 bei 18 %. Gleichzeitig wurde ein Chief Diversity Officer (CDO) benannt und ein Diversity Council installiert; der CDO berichtet an den Personalvorstand. Im Fokus der Aufmerksamkeit steht bei Merck die Erkenntnis, „dass die Leistungen von heterogenen Teams nur dann besser sind als die von homogenen Teams, wenn die Vielfalt auch ‚gemanagt' wird".[37]

ZUM WEITERLESEN

In dem Buch *Chancengleichheit durch Personalentwicklung* von Gertraude Krell u. a. findet man eine ganze Reihe von inspirierenden Best-Practice-Beispielen. Am Praxisbeispiel des Arbeitsmarktes Oberösterreich beschreibt Hilde Stockhammer eindrücklich, welche Steuerungs- und Entwicklungschancen man mit differenzierten Zielverhandlungen in einem Unternehmen gewinnt.

Hilde Stockhammer, „Praxisbeispiel Arbeitsmarktservice Österreich, Gleichstellungscontrolling mittels Zielvereinbarungen". Gertraude Krell, Renate Ortlieb und Barbara Sieben (Hrsg.), *Chancengleichheit durch Personalpolitik. Gleichstellung von Frauen und Männern in Unternehmen und Verwaltungen*. 6. Auflage, Wiesbaden 2011, S. 120

5 Gender-Controlling – erstaunliche Zahlen

Was ist Gender-Controlling?

Gender-Controlling ist Teil des Personal-Controllings. Aufgabe des Personal-Controllings ist es, der Geschäftsführung quantitative und qualitative Kennzahlen zur Beschreibung der Ist-Situation und zur Einschätzung zukünftiger Entwicklungen im Personalbereich zur Verfügung zu stellen. Gender-Controlling liefert der Geschäftsführung verlässliche Zahlen und belastbare Begründungen für die Differenzen in den Karrierewegen von Frauen und Männern. Es zeigt Verbesserungspotenziale auf und liefert Daten zur zeitnahen Evaluation von Veränderungsschritten.

Die Art und Weise, wie das Verhältnis zwischen Frauen und Männern in einem Unternehmen wahrgenommen wird, ist stark von Traditionen, Mythen, Vorurteilen und unbewussten Einstellungen geprägt. Darum sind für deren zuverlässige Beurteilung solide Zahlen wichtig.

Zunächst muss man sowieso erst mal schauen, wo steht das Unternehmen, wo fangen wir an? Also, was ist die Ist-Situation, und wie ist der Anteil an Frauen? Wo befinden die sich? Im Personalbereich sieht es sicherlich anders aus als in der IT. ”

Viele Fragen können Unternehmen nicht beantworten

Wenn man zu überzeugenden Lösungsstrategien für eine Gleichstellung der Geschlechter kommen will, müssen differenzierte Fragen beantwortet werden, zum Beispiel: Wo genau bleiben Frauen auf dem Weg nach oben stecken? Und warum? Welche Frauen und welche Männer verlassen mit welchen Begründungen die Firma? Wen von ihnen hätte man gern weiterbeschäftigt? Wem werden Projekte übertragen, die auch der Karriere dienen? Wer wird von wem auf den Weg der Beförderung in Führungspositionen geschickt? In welchen Abteilungen oder Niederlassungen ist das besonders so? Welche Mentoren stehen für Frauen und welche für Männer zur Verfügung? Gibt es systematische Statusunterschiede? …

Den meisten Firmen liegen zu diesen Fragen keine konkreten Daten vor, denn herkömmliches Personal-Controlling unterstellt, dass es keine systematischen Unterschiede in den Karrierewegen von Frauen und Männern in Unternehmen gibt. So besteht die erste Aufgabe des Gender-Controllings darin, den Stand der Dinge in differenzierter Form zu beschreiben. Nur so sind später kleine Erfolge gut zu belegen (→ KASTEN „Welche Daten sind wichtig?“).

Welche Daten sind wichtig?

- Wie viele Frauen und Männer gibt es im Unternehmen in welchen Führungspositionen? Wie alt? Seit wann in der Position und seit wann in der Firma?
- Wie viele Frauen und Männer in Führungspositionen sind verheiratet? Welche leben als Single? Welche haben Kinder? Wie alt sind die Kinder?
- Entspricht die Besetzung der Führungspositionen der Grundgesamtheit der beschäftigten Frauen?
- Wie ist die Bezahlung? Gibt es systematische Unterschiede zwischen Frauen und Männern? In welchen Abteilungen besonders?
- Wie ist das Verhältnis von Männern und Frauen bei Bewerbungen? Schlagen die Headhunter passende Frauen vor?
- Welche Führungspositionen sind in den letzten zehn Jahren mit wie vielen Männern/Frauen besetzt worden?
- Welche Positionen werden in den nächsten fünf bis zehn Jahren frei? Wenn intern besetzt wird: Wie viele nachrangige Positionen werden frei?
- Mit welcher Gesamtfluktuation aufgrund von Firmenwechsel ist in den nächsten Jahren bei hochqualifizierten Frauen und Männern zu rechnen?
- Wie verteilen sich Ausfallzeiten auf Frauen und Männer welcher Altersgruppen?
- Wie sieht es in den Standorten aus? Gibt es systematische Unterschiede zwischen den Standorten bezüglich der Zahl weiblicher Führungskräfte? Wie ist das Ranking der Standorte in Bezug auf Frauen in Führungspositionen und Frauen mit Führungspotenzial?
- Gibt es systematische Unterschiede in der Bewertung von Frauen und Männern im Unternehmen? Gibt es unterschiedliche Gehaltsniveaus?
- Wie ist der Prozentsatz an Frauen, die in die internen Auswahlverfahren geschickt werden? Wie ist der Prozentsatz an Frauen im Beurteilungsgremium?
- Wie viele Männer und Frauen arbeiten in Teilzeit? Aus welchen Gründen?
- Welches Potenzial an Nachwuchskräften gibt es? Wie viele Frauen könnte man zusätzlich an Führungsaufgaben heranführen?

Die erste Standortbestimmung ist bereits eine Intervention

Man kann eine solche Datenerhebung externen Dienstleistern übertragen. Damit würde man aber die Chance, die eine interne Regelung bietet, aufgeben: die Beteiligung eines größeren Kreises von Führungskräften und Mitarbeitern.

Wenn es gut läuft, hat man am Ende des ersten Controlling-Projekts bereits wichtige Unterstützer gewonnen. Schon mancher mächtige Gegner des Diversity-Themas ist im Rahmen einer solchen Datenerhebung ins Staunen geraten und hat sich zu einem Protagonisten gewandelt. Es lohnt sich also, möglichst viele Führungskräfte zu beteiligen. Man weiß hinterher genauer, wo Unterstützung zu finden ist (→ KÄSTEN „Voraussetzungen für erfolgreiches Gender-Controlling“ und „Ablauf des Gender-Controllings“, beide S. 36).

Wie sind die Daten zu verstehen?

Zahlen allein besagen noch gar nichts: Führungskräfte zum Beispiel – Männer wie Frauen – beurteilen ihre Mitarbeiterinnen systematisch kritischer als ihre Mitarbeiter. Das ist in vielen Unternehmen der Fall und quantitativ leicht zu belegen.[38]

Wie ist ein solches Ergebnis aber zu verstehen? Halten Führungskräfte ihre potenziellen Nachfolgerinnen und Nachfolger generell für weniger kompetent, oder verwenden sie für Frauen einen anderen Beurteilungsstandard, ohne sich dessen bewusst zu sein? Oder sind sie in der Beurteilung der Männer im Team insgesamt nachsichtiger? Glauben sie, Männer müssten als Familienväter schneller vorankommen? Konkurrieren sie mit den jüngeren Frauen anders als mit den jüngeren Männern? Oder haben sie die Sorge, dass ihnen eine Bevorzugung von Frauen vorgeworfen wird? Wähnen sie sich gar durch weiblichen Charme beeinflusst und sind darum besonders kritisch?

Was bedeuten die Zahlen? Gruppendiskussionen sind ein erprobtes Mittel, dies zu erörtern. Diese haben überdies den Vorteil, dass sie zugleich ein Kommunikationsinstrument sind: Diejenigen, die sich intensiv den Befunden widmen, werden sich auch ganz generell mit dem Verhältnis von weiblichen und männlichen Führungskräften auseinandersetzen. So werden sie unter Umständen zu Unterstützern oder „Botschaftern“ in den bevorstehenden Veränderungsprozessen.

Welche Konsequenzen sind zu ziehen?

Die Datenerhebung wird mithilfe von Gruppendiskussionen viele Dilemmata ans Licht bringen. Alle Problempunkte auf einmal anzugehen, können sich die meisten Unternehmen nicht leisten. Das wäre auch nicht sinn-

Voraussetzungen für erfolgreiches Gender-Controlling

1. Die Verantwortlichkeit für das Gender-Controlling liegt bei der Führungsspitze.
2. Die Genderperspektive ist Teil des strategischen Leitbildes.
3. Der „Motor" für die Umsetzung ist die Führungsebene (Top-down) und nicht die Gender-Beauftragte oder die Personalabteilung.
4. Es besteht eine klare Zielsetzung mit festgelegten Indikatoren.
5. Geschlechterdifferenzierte Daten werden bereitgestellt.
6. Es existiert ein konsequentes Evaluationssystem.
7. Genderkompetenz ist bei den Führungskräften bzw. der Steuerungsgruppe für das Controlling vorhanden.
8. Kontinuierliche Weiterbildungen auf allen Ebenen werden angeboten.

GenderKompetenzZentrum, 2003–2010,
www.genderkompetenz.info/genderkompetenz-2003-2010/handlungsfelder/organisationsentwicklung/controlling/Gender%20Controlling/index.html/?searchterm=Checkliste (Download 29.12.2013)

| BertelsmannStiftung

Ablauf des Gender-Controllings

1. Diagnose zum Stand der Gleichstellung
2. Verabschiedung der strategischen Ziele durch die Leitung
3. Erarbeitung der dafür notwendigen Daten, Kennzahlen und Indikatoren für ein permanentes Monitoring
4. Vereinbarung der Ziele mit den Führungskräften im normalen Zielvereinbarungs-Prozess
5. Aufbereitung der notwendigen Kennzahlen für jede Führungskraft
6. Umsetzung der Maßnahmen durch Führungskräfte
7. Zwischenkontrolle nach etwa 6 Monaten, gegebenenfalls Anpassung der Maßnahmen
8. Kontrolle der Zielerreichung nach einem Jahr
9. Jährliche Überprüfung der strategischen Ziele und Auswertung der Erfahrungen

GenderKompetenzZentrum, 2003–2010,
www.genderkompetenz.info/genderkompetenz-2003-2010/handlungsfelder/organisationsentwicklung/controlling/Gender%20Controlling

| BertelsmannStiftung

voll. Nachhaltige Änderungen in der Unternehmenskultur kommen nur zustande, wenn man sich auf spezifische Handlungsfelder konzentriert.

Dafür müssen die Ergebnisse zunächst einmal gut kommuniziert werden. Das ist nicht so leicht: Viele kleine Einzelaktionen sind schwer zu vermitteln. Dabei bleibt auch unklar, wie wichtig die Sache vom Vorstand genommen wird. Erst durch die Formulierung eines Programms, das vom Vorstand verabschiedet und im Unternehmen bekannt gemacht werden kann, gewinnen die Befunde an Bedeutung.

Die Vorstellungswelt der Machthaber und grauen Eminenzen selbst aber ist zu Beginn häufig noch stark durch Vorurteile und Mythen versperrt. Vorstände unterschätzen in der Regel dieses Dilemma. Sie glauben nur allzu gerne, man könne mithilfe von quantitativen Ergebnissen direkt Runde um Runde Veränderungen in die Wege leiten. Dabei setzen sie auf die Einsicht der Führungskräfte und Mitarbeiter nach dem Prinzip „Problem erkannt – Problem gebannt". Das ist meist zu kurz gedacht.

Einmal ist keinmal

Will man ins Detail gehen, ist es sinnvoll, jede Standortbestimmung mit einem Schwerpunktthema zu verbinden. So kann die Aufmerksamkeit jedes Mal auf ein anderes Thema gerichtet werden.

Jährliche Datenerhebungen sind allerdings ein zu seltenes Ereignis, um für ein Thema kontinuierlich im beruflichen Alltag Aufmerksamkeit zu schaffen. Dafür ist ein sehr viel engeres Rückmeldesystem nötig.

Kommunikation ist das A und O

Solange das Thema Diversity im Unternehmen noch nicht von einer relevanten Mehrheit für wichtig gehalten wird, ist es eine echte Kunst, Ergebnisse und Schlussfolgerungen regelmäßig bekannt zu machen. E-Mails helfen nicht weiter. Auch die einfache Bekanntgabe der Ergebnisse übers Intranet hat sich in vielen Firmen schon als nutzlos erwiesen. Das wichtigste Kommunikationsinstrument sind Diskussionen in relevanten internen Öffentlichkeiten, also z. B. in Führungskreisen und Strategietagungen.

Ein gutes Beispiel bildet die Telekom: Zwölf bis fünfzehn Veranstaltungen im Jahr organisiert sie in Deutschland, Österreich und der Schweiz. Es findet eine öffentliche Thematisierung statt, und der betrieblich-öffentliche Diskurs wird zum Teil sehr hitzig geführt. Die kulturpolitische Diskussion in der Mitarbeiterschaft ist das Schlüsselthema.[39]

Was tun?

- Definieren Sie neben den Standarderhebungen auch andere Schwerpunktfragen und untersuchen Sie sie vertieft.
- Definieren Sie Change-Projekte und melden Sie Erfolge zurück.
- Stellen Sie eine sorgsame Programmplanung für die Kommunikation der Ergebnisse sicher. In der Projektgruppe sollten fähige Kommunikationsspezialisten sein.
- Geben Sie vierteljährlich Rückmeldung über die Entwicklungen und nehmen Sie jährlich eine Standortbestimmung vor.

6 Strategien gegen das Versanden

Organisationen sind träge, Menschen auch. Um Gender-Diversity in einem Unternehmen zur Selbstverständlichkeit zu machen, sind zahlreiche Hindernisse zu überwinden. Dazu bedarf es nicht nur eines erfolgreichen Starts, guter Ideen und eines langen Atems. Es müssen auch Wege gefunden werden, Druck auf die Beteiligten auszuüben.

Viele Projekte versanden

Wenn die Unternehmensleitung die Bedeutung eines Projektes gut kommuniziert, wenn sie wichtige Akteure einbezieht und einen schwungvollen Start hinlegt, dann entsteht eine Welle der Energie, die viele beflügelt und dazu anspornt, sich zu engagieren. Nach einer Weile jedoch verebbt der Schwung, und die Mühen der Ebene sind zu bewältigen.[40]

Gerade bei einem Projekt wie Gender-Diversity, dessen Erfolg nicht zuletzt von einer Veränderung der Unternehmenskultur abhängt, bei der an vielen Schrauben gedreht werden muss, gibt es zahlreiche Gründe, die dazu führen können, dass es versandet:

Die Führungskräfte wenden ihre Aufmerksamkeit unter dem Druck des Alltags anderen Themen zu. Verhaltensänderung ist mühsam; einfach ist es dagegen, in die gewohnten Routinen zurückzufallen. Wer sich einsetzt, bekommt Gegenwind von Männern, die Nachteile für sich selbst befürchten; nicht alle Führungskräfte sind wirklich überzeugt. Der Schwung nimmt ab, die Aktivitäten geraten ins Stocken.

Die Gefahr des Versandens besteht bei jedem Veränderungsprojekt. Und es versanden auch tatsächlich viele. Unter Beratern werden Zahlen wie 70 % gehandelt. Das ist bedauerlich und folgenreich. Denn mit jedem Vorhaben, das stecken bleibt, schwindet die Bereitschaft des Personals, sich für eine neue Veränderung zu engagieren.[41] Ein Gender-Diversity-Projekt, das einmal stecken geblieben ist, wird sich nur schwer neu auflegen lassen.

Führungskräfte unter Druck

Zur Durchführung des Veränderungsprojektes gehört es, Druckmittel konsequent zu nutzen. Im Rahmen eines Gender-Diversity-Vorhabens kann das Verhalten von Wettbewerbern, die Reputation des Unternehmens, können persönliche Macht und personalpolitische Instrumente dazu dienen, Druck auszuüben. Tabus, Alltagsroutinen, unbewusste Vorurteile, die Sorge, selbst benachteiligt zu werden, die Trägheit von Organisation und Person – all diese Beharrungskräfte brauchen Druck, sonst tut sich nichts.

1. **Die Mächtigen wollen es**

Der persönliche Einsatz der Vorstandsmitglieder, der Bereichsleiter, der Abteilungsleiter ist das wirkungsvollste Druckmittel.

Der Vorstandsvorsitzende ist bei uns gleichzeitig für die Personalabteilung verantwortlich, und dann ist da natürlich unsere Vorständin, die Flagge hisst, die beiden treiben das Thema. Der stellvertretende Vorstandsvorsitzende sagt immer, ich sitze das mal aus. Aber die beiden anderen sind wirklich hinter dem Thema her, deswegen hat das Ganze auch eine gewisse Dynamik und ein bisschen Druck.

Ein Unternehmen ist eine hierarchisch gegliederte Organisation, und ihre Mitglieder sind es gewohnt, Macht einzusetzen, aber auch zu den Mächtigen aufzublicken. Wenn der Vorstand sagt: Ich will, und ich ordne hiermit an, dann ist der Druck erheblich. Er steigt noch, wenn klar wird: Diese Ansage ist ernst gemeint, das Vorhaben wird verfolgt, und aktives Engagement wird erwartet. Allerdings, so das Ergebnis einer Umfrage von McKinsey im Jahr 2010,[42] gehört Diversity nur in 28 % der Unternehmen zu den strategischen Top-Prioritäten (→ GRAFIK „Women Matter Survey“, S. 41).

2. **Die Reputation erfordert es**

Die öffentliche Diskussion über eine Frauenquote hat in vielen Unternehmen ihrerseits Diskussionen ausgelöst und Maßnahmen angestoßen. Im Vergleich mit Konkurrenten, die sich um Gender-Diversity bemühen, möchte man nicht zurückstehen. In manchen Branchen merken Kunden an, dass sie keine weiblichen Ansprechpartner finden. Es wird immer wichtiger, für junge Talente attraktiv zu sein. Wenn solche Ereignisse und Entwicklungen gut nach innen kommuniziert werden und wenn deutlich wird, der Ruf des Unternehmens könnte leiden, dann steigt die Veränderungsenergie.

3. **Das Unternehmen belohnt / bestraft es**

Einzelne Unternehmen haben die Höhe der Bonuszahlung an ihre Führungskräfte davon abhängig gemacht, ob und in welchem Ausmaß sich diese

Women Matter Survey

In jüngster Zeit haben viele Unternehmen Maßnahmen ergriffen um Gender-Diversity in der Führung zu erhöhen. Wie wichtig ist Gender-Diversity in der strategischen Ausrichtung Ihres Unternehmens?

In Prozent; insgesamt 1.560 Befragte; nur mittleres Management und höher

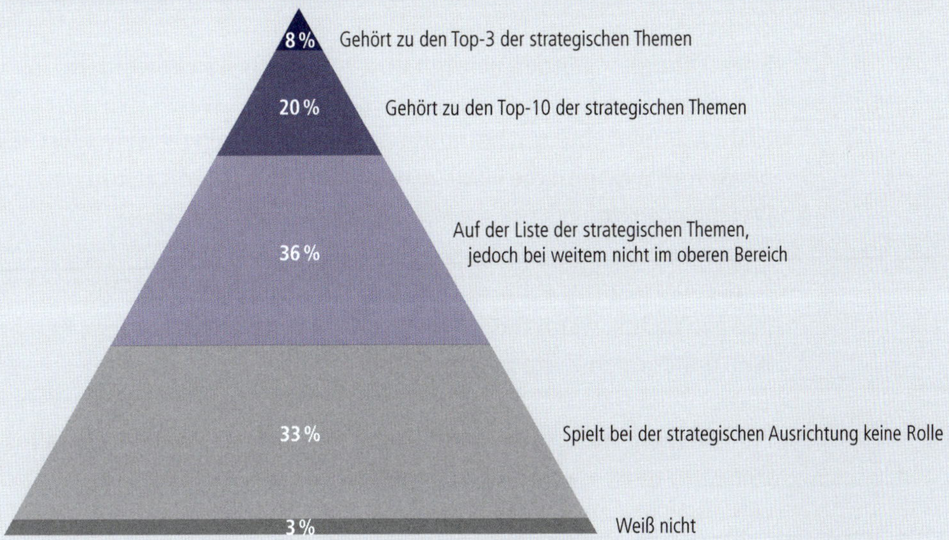

McKinsey & Company, *Women Matter 2010. Women at the top of corporations: Making it happen*. 2010, Seite 11, Abbildung 9 (übersetzt)

| BertelsmannStiftung

nachweislich für die Entwicklung ihrer Mitarbeiterinnen engagieren. Eine andere Möglichkeit besteht darin, den Einsatz für Gender-Diversity zum festen Bestandteil der Beurteilung zu machen. Dies haben Gleichstellungsbeauftragte und Vorkämpfer für Diversity immer wieder gefordert. Die Wirksamkeit ist umstritten (→ Kapitel 9 in diesem Band).

4. **Alle machen es**

Manche Unternehmensbereiche stehen bei Führungsfrauen in dem Ruf, frauenfeindlich zu sein. Wenn die Idee der Gender-Diversity sich im Unternehmen verbreitet und Fuß gefasst hat, dann droht den „Widerstandsnestern“ Gefahr. Sie geraten ins soziale Abseits, verlieren an Attraktivität für gute Leute und ernten den Spott der Kollegen.

Druck allein reicht nicht

Druck bedarf einiger Rahmenbedingungen, um produktiv zu sein. Wenn diese fehlen, verschlechtert sich unter Druck nur die Stimmung, und Ausweichmanöver nehmen zu.

- Die mächtigen Promotoren des Projektes stellen sich der Diskussion und der Auseinandersetzung. Sie begründen ihr Vorhaben, sie lassen auch Gegner zu Worte kommen. Sie wirken glaubhaft und entschlossen.

- Aussagekräftige Zahlen sorgen für Transparenz. Sie bilden den Status quo ab und untermauern den Handlungsbedarf (→ Kapitel 5 in diesem Band). Sie lassen im Verlauf des Projektes erkennen, ob Ziele erreicht oder verfehlt werden. Problembereiche können identifiziert, beispielhafte Entwicklungen können belohnt und bekannt gemacht werden.

- Klare Ansagen sind unabdingbar. Was genau wird von wem erwartet und bis wann? Wie wird die Überprüfung der erbrachten Leistung aussehen? Welche positiven oder negativen Folgen sind zu erwarten?

- Konsequenz muss sein. Mit großem Getöse begonnene Vorhaben bringen gar nichts, wenn die Verantwortlichen nicht konsequent Ergebnisse zum angesagten Zeitpunkt einfordern.

- Hilfestellung nicht verweigern. Auch Führungskräfte können ratlos sein. Der Auftrag ist klar, die erwünschten Ergebnisse sind es auch – aber wie vorgehen, um zum Ziel zu kommen? Hier sind Unterstützung und Beratung am Platze, nicht noch mehr Druck.

Was tun?

➲ Überlegen Sie bitte, welche Druckmittel Sie normalerweise einsetzen, und prüfen Sie, ob Sie Ihr Repertoire erweitern oder verändern sollten.

ZUM WEITERLESEN

Wer sich intensiver mit der Gestaltung von Veränderungsprozessen im eigenen Unternehmen befassen möchte, ist sehr gut aufgehoben bei: Klaus Doppler und Christoph Lauterburg, *Change Management – den Unternehmenswandel gestalten.* 12. Auflage, Frankfurt/M. 2008

7

Starker Hebel Task-Force

Die Entwicklung eines Unternehmens hin zu mehr Gender-Diversity ist eine Managementaufgabe, die nicht an externe Experten oder die Personalabteilung delegiert werden darf. Es ist eine langfristig angelegte Veränderung, die strukturelle und kulturelle Umsteuerungen erforderlich macht. Soll sie erfolgreich sein, muss das Top-Management sich dauerhaft engagieren; das tut es nur für ein sehr wichtiges strategisches Ziel. Wenn man danach fragt, ob Gender-Diversity überhaupt zu den strategischen Zielen gehört, wie die Bertelsmann Stiftung zusammen mit dem Führungskräfteverband ULA in einer aktuellen Untersuchung, dann sind es immerhin knapp 40 % der Unternehmen, die dies bejahen. In derselben Studie sagen aber nur 11 % der Manager, dass sie für die Umsetzung beschlossener Maßnahmen genügend Engagement von oben bekommen[44] (→ GRAFIK „Befragung zur genderorientierten Führung").

Befragung zur genderorientierten Führung

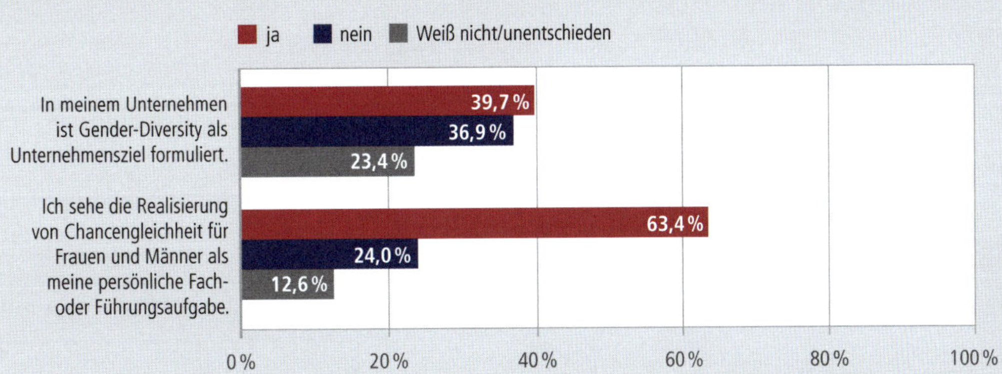

Befragung von Bertelsmann Stiftung und Führungskräfteverband ULA, 2013 | BertelsmannStiftung

Zu seiner Unterstützung kann der Vorstand eine Task-Force einsetzen, ein bereichsübergreifend besetztes Gremium aus Linienmanagern, die bereit sind, sich aktiv für das Vorhaben zu engagieren. Es trägt den Veränderungsimpuls in alle Bereiche des Unternehmens. Das ist das Ziel. Wie aber wird eine Task-Force zu einem wirkungsvollen Gremium?

1. Leitsatz: Der Vorstand setzt die Task-Force ein

Ein Vorstand, der die Notwendigkeit von Gender-Diversity sieht und sein Unternehmen in diese Richtung entwickeln möchte, muss schauen, wie er Veränderungsenergie im Unternehmen aktiviert. Zunächst gilt es, mächtige Personen aus der Linie für das Vorhaben zu gewinnen. Sie müssen bereit sein, sich zu engagieren und kostbare Arbeitszeit zu investieren.

Der Vorstand setzt die Task-Force ein. Meistens gibt er einer Führungskraft die Hauptverantwortung (z. B. CDO, Chief Diversity Officer[45], wie bei der Merck KGaA) und stattet ihn oder sie mit einem Budget und einem kleinen Team aus. Er gibt dem Projekt einen Namen – z. B. „Diversity & Inclusion" wie bei United Airlines oder „Frauen in Führungspositionen" wie bei der Post AG – und einen klaren Auftrag. Innerhalb fest vereinbarter Zeiträume lässt er sich berichten. Der oder die CDO wird sich nun weitere Unterstützerkreise aus Linienmanagern aufbauen.

Bei richtiger Zusammensetzung können die Mitglieder der Task-Force unternehmensweit aktiv werden, sie können Problembereiche „vor Ort" identifizieren und angehen. Sie können voneinander und miteinander lernen.

Die Forschung hat ergeben, dass viele Maßnahmen, die im Rahmen von Diversity-Programmen eingesetzt werden, nicht zum Aufstieg von Frauen beitragen (→ Kapitel 9 in diesem Band). Daher ist es wichtig, Projekte zu entwickeln, deren Wirksamkeit sich überprüfen lässt, und dies auch regelmäßig anhand von Zahlen zu tun.

2. Leitsatz: Die Task-Force ist ein handlungsfähiges Gremium

Eine mächtige Task-Force kann etwas bewegen.

Mächtig wird das Gremium durch die Teilnahme einflussreicher Linienmanager. Der Vorstand sollte daher die Besetzung entschlossen handhaben. Er muss sich darüber klar werden, wer gebraucht wird, um das Thema voranzubringen, wer einflussreich ist und wie die Beteiligung der unterschiedlichen Bereiche aussehen kann. Diese Personen werden eingeladen.

Wie steht es mit der Beteiligung von Frauen? Wäre ein Frauengremium nicht vielleicht sinnvoller? Natürlich müssen Frauen beteiligt werden. Wichtiger ist aber, dass sich genügend Männer engagieren. Eine Task-Force, die ausschließlich aus Frauen bestünde, hätte schlechte Karten. Gender-Diversity voranzubringen ist kein Frauenthema.

3. Leitsatz: Der Task-Force gehören auch Skeptiker an

Damit das Gremium entscheidungs- und handlungsfähig wird, muss es sich einigen können. Erklärte Gegner von Frauenförderung, Männer, die finden, der Platz einer Frau sei in der Familie und im Ehrenamt, sollten deshalb nicht Mitglied sein – es würde zu lange dauern und zu viel Energie kosten, sie zu gewinnen (falls das überhaupt möglich wäre).

Die Versuchung ist vielfach groß, nur Befürworter einzuladen. Dann, so die Vorstellung, kann man die Kräfte schnell bündeln und beginnen. Wenn jedoch die vielen Skeptiker nicht vertreten sind, fehlt die Möglichkeit, ihre Argumente kennenzulernen und sich mit ihnen auseinanderzusetzen. Skeptiker helfen, sich auf ähnliche Positionen außerhalb des Gremiums einzustellen. Sie sind daher für die Task-Force unverzichtbar.

4. Leitsatz: Die Task-Force ist bereichsübergreifend

Die Führungskräfte einzelner Bereiche leiden oft am Tunnelblick oder an der „Silodenke“. Sind mehrere Bereiche vertreten, verringert sich diese Gefahr. Zudem wird der Diversity-Gedanke weiter im Unternehmen verbreitet. Vor allem jedoch kann eine so zusammengesetzte Task-Force die besondere Situation in den einzelnen Bereichen berücksichtigen. Sie muss nicht allgemeingültige und flächendeckende Projekte ersinnen, sondern kann Vorhaben entwickeln, die auf die spezifische Situation „vor Ort“ zugeschnitten sind. Damit erhöht sich ihr Wirkungsgrad.

5. Leitsatz: Die Task-Force bedient sich interner und externer Experten

Die Task-Force ist kein Expertengremium, sondern eines der Linie, das wichtige Manager des Unternehmens in das Diversity-Thema involviert und ihnen die Möglichkeit gibt, sich in ihren Zuständigkeitsbereichen mit konkreten Vorhaben und Projekten für Gender-Diversity einzusetzen. Expertise ist aber notwendig. Daher müssen die Mitglieder einer Task-Force die Möglichkeit haben, Experten mit Gender-Kompetenz zurate zu ziehen und einzusetzen. Ebenso sollte, wenn nötig, Rat und Hilfe eingeholt werden, wenn es um die Frage geht, wie größere Projekte sinnvoll anzulegen und zu beginnen sind. Das Gremium muss jedoch das Heft des Handelns in der Hand behalten.

6. Leitsatz: Die Task-Force überprüft die Wirksamkeit ihres Handelns

Die Task-Force kann die Folgen ihrer Arbeit nur einschätzen, wenn zunächst die Situation der Frauen in den verschiedenen Bereichen transparent wird.

Dazu braucht sie harte Fakten, das heißt Zahlen. Möglicherweise müssen hinsichtlich dieser Zahlen Fragen gestellt werden, die bisher noch nicht gestellt wurden (→ Kapitel 5 in diesem Band). Eine Expertin oder ein Experte mit Gender-Wissen leistet die dazu notwendige Unterstützung.

ZUM WEITERLESEN

Fasst die wichtigsten Punkte für einen gelingenden Veränderungsprozess knapp zusammen:
Marit Gerkhardt und Dieter Frey, „Erfolgsfaktoren und psychologische Hintergründe in Veränderungsprozessen". *OrganisationsEntwicklung*, Heft 4, 2006, S. 48–59

Sehr lesenswert sind fünf Best-Practice-Beispiele aus deutschen Unternehmen in der BMFSFJ-Veröffentlichung *Aktionärinnen fordern Gleichberechtigung – 2012. Ziele, Strategien und Maßnahmen für mehr Frauen in Führungspositionen.* Berlin 2012, S. 141–161.
Zum Download auf www.creating-corporate-cultures.org/fuehrungsfrauen

8

Ohne Störung keine Neuerung

Wenn Veränderungsprojekte niemanden stören, muss man besorgt sein, dass sie ohne Wirkung bleiben. Was können Sie dafür tun, dass in Ihrem Unternehmen Diversity-Projekte nicht ignoriert werden?

Die ersten Schritte stören nicht

Am Anfang steht die Frage: Wie ist es bei uns bestellt? Datenerhebungen mögen für diejenigen, die direkt beteiligt sind, die Funktion eines Weckrufes haben. Der erreicht aber nur wenige – selbst der Aufbau einer Task-Force bewegt die Mehrheit des Unternehmens zunächst nicht und bleibt unterhalb der Wahrnehmungsschwelle der meisten Führungskräfte. Reine Informationsveranstaltungen geraten schnell in das Fahrwasser gängiger Argumentationsmuster, die sich bei genauerer Betrachtung als die üblichen Abwehrstrategien erweisen. Auch die Ergebnisse interner Datenerhebungen dringen nur zu wenigen im Unternehmen durch.

Viele große Unternehmen haben in den letzten zehn Jahren in Deutschland die Erfahrung gemacht, dass ihre Maßnahmen die dominierende Organisationskultur kaum antasten und die Anzahl der weiblichen Führungskräfte sich nur geringfügig erhöht hat. Sie haben z. B. auf Vernetzung der Minderheiten gesetzt oder spezielle Fortbildungsprogramme für Frauen gestartet. Sie haben Workshops zur Sensibilisierung der Führungskräfte durchgeführt und Arbeit in Teilzeit ermöglicht. Sie haben unter Umständen alle bekannten Maßnahmen im Bereich Beruf und Familie eingeführt, um dann festzustellen – wie die Diversity-Beauftragte der Deutschen Bahn AG 2012: „Trotz aller Maßnahmen hat sich der Frauenanteil in den letzten Jahren weder in Führungspositionen noch insgesamt maßgeblich verändert.“[46]

Nicht zielführend, aber wichtig

Doch trotz negativer Erfahrungen sind diese Aktivitäten wichtig. Zwar ist ihre Auswirkung auf die Anzahl der weiblichen Führungskräfte minimal, und die Vielfalt im Unternehmen kommt keinen Schritt voran. Aber die allgemein üblichen Maßnahmen pflegen das Image des Unternehmens am Arbeitsmarkt und haben die Situation der Mitarbeitenden und Führungskräfte in einigen Firmen erheblich verbessert.

Die wichtigste Funktion dieser Maßnahmen aber ist folgende: Regelmäßige Berichte an den Vorstand über die relative Wirkungslosigkeit der Maßnahmen qualifizieren das Management. Mit jeder Diskussion im Vorstand wächst das Know-how der Vorstandsmitglieder über die besonderen Hürden kulturellen Wandels. Häufig entsteht nur so die Überzeugung, dass mehr und anderes getan werden muss. Bestes Beispiel: die Telekom. Der Telekom-Vorstand hatte sich bereits seit der ersten Vereinbarung zwischen Politik und Wirtschaft im Jahr 2001 engagiert, mehr Frauen in Führung zu bringen, und stellte zehn Jahre später fest, dass alle bisherigen Aktivitäten nur wenig gebracht hatten. So beschloss der Vorstand schließlich 2010 eine interne Quote.[47]

Geräuschlos oder konfliktreich?

Wenn die Datenlage klar ist, eine Task-Force installiert und der Vorstand überzeugt ist, dass etwas geschehen muss, stellt sich die Frage des weiteren Vorgehens. Viele Entscheider und Führungskräfte haben den verständlichen Wunsch, Veränderungen möglichst geräuschlos zu gestalten. Die normalen Abläufe sollen nicht gestört werden. Keine zusätzlichen Konflikte im Unternehmen! Keine Verlierer! Alle sollen einsehen, dass die Veränderung nötig und für sie von Vorteil ist.

Der Wunsch nach möglichst geräuschlosen Veränderungsaktionen mag groß sein, erfüllbar ist er nicht. Je unauffälliger kulturelle Veränderungen sind, desto weniger bewirken sie ein effizientes Umdenken. Im informellen System, d. h. in Kaffeerunden und Raucherecken, wird schnell die Vermutung geäußert, es habe sich noch gar nichts getan. Oder: Das Projekt diene sicher nur der Imagepflege einzelner Führungskräfte.

Wichtig sind Orte oder Foren, an denen diese Konflikte kontrovers debattiert werden können. Öffentliche oder halböffentliche Debatten sind besser als Empörung hinter vorgehaltener Hand. Je engagierter die Debatten geführt werden, umso größer ist die Chance, dass bei vielen der Beteiligten ein Umdenken einsetzt. Großveranstaltungen bringen wenig. In kleineren Kreisen von 10 bis 15 Personen kann inhaltlicher debattiert und geurteilt werden.

Der sanfte und der unsanfte Weg

Solange Unternehmen beim Thema Diversity-Management lediglich auf Information und Einsicht setzen, können sie nur wenig bewegen. Das hat Thomas Sattelberger, ehemaliger Personalvorstand der Telekom, sehr eindrücklich beschrieben: „Grob gesagt gibt es zwei Wege des Change-Managements: Der eine ist der hermeneutische Weg, der über die Funktion von Rollenbildern beschritten wird, die die neue Kultur vorleben. Überzeugung soll bewirken, dass die alte Kultur schließlich durch eine neue verdrängt wird. Der andere Weg ist der unsanfte, ungeliebte Weg der Vorgabe, des Setzens eines normativen Rahmens, dem man viel schwerer entkommt.

Dieser zweite Weg mag diktatorisch erscheinen. Die Top-down-Setzung einer Quote hat etwas Entmündigendes an sich. Das ‚Gute' wird ordnungspolitisch erzwungen."[48]

Nachhaltige Veränderungen des soziokulturellen Systems sind nur mit wiederholten erfolgreichen Störungen in Gang zu setzen und am Leben zu halten. Die Erfahrungen aus 30 Jahren Change-Management zeigen: Von oben vorgegebene Rahmenbedingungen, die Veränderungsdruck schaffen und Störungen ins System bringen, sind ebenso wichtig wie Strategien, mit denen Führungskräfte und Mitarbeiter für die Erkenntnis gewonnen werden können, dass es ohne ihr Engagement nicht gehen wird. Die Kunst des Wandels liegt im Zusammenspiel von „hermeneutischem Weg" bzw. Überzeugungsarbeit und verbindlichen Rahmenvorgaben, die die gewohnten Gedankengänge und Konventionen aller Beteiligten stören. Kontroversen, Gegenargumente und deutliche Abwehrreaktionen sind der erste Erfolg auf einem Weg mit mehreren Etappen. An abwehrenden Reaktionen einflussreicher Leute kann man erkennen, dass sie das Vorhaben ihres Vorstands ernst nehmen. Konflikte gehören dazu, wenn man gängige Regularien, Verfahren und Gewohnheiten verändert.

Welche Störung wirkt?

Ist der Anfang geschafft, beginnt die eigentliche Arbeit: Die Macht der Konventionen ist groß und wird alle Beteiligten noch lange dazu verleiten, in alte Gewohnheiten zu verfallen. Immer wieder wird sich die Frage stellen: Wie stören wir auf intelligente, wirkungsvolle Weise die gewohnten Bahnen? Hier ein Beispiel aus dem Arbeitsmarktservice Österreich für eine erfolgreiche Form der Arbeit gegen die Macht der Konventionen: „... der interne Wettbewerb der Landesorganisationen wirkt ebenfalls positiv. Niemand will gern Schlusslicht sein. ... Einmal im Jahr wird seither in allen Geschäftsstellen im Rahmen eines E-Quality-Checks die Umsetzung der Gleichstellungsmaßnahmen bilanziert. Aufgrund der regionalen Analysen werden Stärken und Verbesserungspotenziale analysiert, die einerseits als ‚Good Practice' kommuniziert werden und aus denen andererseits konkrete Ziele abgeleitet werden."[49]

Was tun?

- Schaffen Sie zunächst ein solides Feedbacksystem, das positive Veränderungen der Unternehmenskultur darstellen kann.
- Rechnen Sie mit Konflikten. Schaffen Sie Möglichkeiten, diese kontrovers zu diskutieren.
- Beraten Sie mit Ihren Führungskräften, welche Aktivitäten als produktive Systemstörungen geeignet sind.
- Qualifizieren Sie Ihre Führungskräfte in Gender-Kompetenz, so dass sie kontroverse Debatten zum Thema Diversity-Management offen führen können.

9

Welche Maßnahmen sind erfolgreich?

Wem es ernst ist mit der Förderung von Frauen, den interessiert vor allem die Frage: Welche Maßnahmen zur Steigerung der Diversity im Management haben Erfolg, welche bleiben wirkungslos? Dazu haben die verantwortlichen Manager etwas zu sagen und auch die Forscher.

Zunächst die Manager

In der Reihe „Women Matter“ hat McKinsey im Jahr 2010 eine Befragung zum Thema „Wie kann es gelingen, Diversity in die Unternehmensspitzen zu bringen?“ durchgeführt.[50] Dabei wurde auch nach geeigneten Maßnahmen gefragt. 355 Führungskräfte der C-Ebene (CEO, COO usw.) beantworteten die Frage nach den effektivsten Maßnahmen, um Gender-Diversity zu erreichen (→ GRAFIK „Effektivste Maßnahmen, um Gender-Diversity zu erreichen“, S. 53).

Aus ihrer Sicht sind am wirksamsten: das Engagement der Unternehmensspitze, die Förderung individueller Frauen durch Trainingsprogramme, Mentorenbeziehungen und Systeme der Leistungsbeurteilung, die gegenüber Elternzeit oder flexibler Arbeitszeit wirklich neutral bleiben.

Nun die Forscher

Eine Gruppe amerikanischer Soziologen unter Prof. Frank Dobbin von der Harvard-Universität arbeitet seit einigen Jahren an dem Thema.[51] Sie haben herausgefunden, dass viele Maßnahmen und Programme, von denen man sich eine große Wirkung versprach, offensichtlich nichts bewirken, unter ihnen auch einige, von deren Wirksamkeit die CEOs überzeugt sind.

Effektivste Maßnahmen, um Gender-Diversity zu erreichen

	Maßnahme	Wirkung der Maßnahme auf die Anzahl der Frauen Anzahl der Punkte
CEO-Engagement	Sichtbares Monitoring des Fortschritts von Gender-Diversity-Programmen durch den CEO und das Führungsteam	22 %
Individuelle Entwicklungsprogramme für Frauen	Kompetenzerweiternde Fortbildungen speziell für Frauen	19 %
	Ermutigung oder Mandatierung erfahrener Führungskräfte, für junge weibliche Nachwuchsführungskräfte als Mentor zu fungieren	18 %
Allgemeine Fördermaßnahmen	Leistungsbewertungssysteme, die die Auswirkungen von Elternzeit und flexiblen Arbeitszeitregelungen neutralisieren	17 %
	Optionen für flexible Arbeitsbedingungen (z. B. Teilzeit oder Home-Office)	13 %
	Unterstützende Programme oder Einrichtungen zur Verbesserung der Vereinbarkeit von Familie und Beruf (z. B. bei benötigter Kinderbetreuung oder Umzügen)	12 %
	Bewertung der Leistung des Unternehmens zur Einstellung, Bindung, Förderung und Entwicklung von Frauen	11 %
	Geschlechtsspezifische Einstellungsziele und -programme (Frauenquote)	10 %
Statistisch nicht relevant	Anforderung, dass in jedem Förderpool mindestens eine Kandidatin sein muss	
	Einbeziehung von Gender-Diversity-Indikatoren in die Leistungsbeurteilung von Führungskräften	
	Programme zur Förderung von Frauennetzwerken und von weiblichen Vorbildern	
	Programme zur Erleichterung der Übergänge vor, während und nach der Elternzeit	
	Geschlechterquoten bei der Einstellung, Bindung, Beförderung und Entwicklung von Mitarbeitern	

McKinsey & Company, *Women Matter 2010. Women at the top of corporations: Making it happen*. 2010, Seite 15, Abbildung 14 (übersetzt)

| BertelsmannStiftung

Beliebt, aber unwirksam sind folgende Maßnahmen:

1. Formalisierung der Personalwirtschaft

Fürsprecher von Diversity und Frauenförderung haben auf die Formalisierung von Auswahl- und Beurteilungsverfahren, die Einführung von Gehaltsbändern, die Ausschreibungspflicht für Stellen usw. große Hoffnungen gesetzt. Die Vorstellung war und ist, dass durch eine solche Formalisierung die Benachteiligung bestimmter Gruppen verringert werden könne. Denn geregelte Verfahren verringern z. B. den Einfluss persönlicher Vorurteile oder die Möglichkeit, über das eigene Netzwerk zu rekrutieren.

Die Forschung findet dafür jedoch nur wenig Bestätigung. Die große Mehrheit der Studien zu diesem Thema ergibt: Diese Formalisierung führt nicht zu mehr Frauen im Management. Im Gegenteil, sagen manche, die Benachteiligung von Frauen und Minderheiten wird weiter praktiziert, nun aber unter dem Deckmantel von Neutralität und Sachlichkeit.

2. **Diversity-Training**

Ein „Lieblingsinstrument" der Personalverantwortlichen ist das Diversity-Training. Diese Maßnahme setzt beim Manager an. Er soll – in der Hoffnung auf eine Veränderung seiner Einstellung – mit seinen Klischeevorstellungen und Stereotypen konfrontiert werden. Untersuchungen über die Wirkung dieser Trainings zeigen direkt danach eine Zunahme an Wissen beim Einzelnen und eine positivere Einstellung zu Diversity-Programmen, auf lange Sicht waren sie jedoch wirkungslos. Untersuchungen, die den Effekt solcher Trainings für die Organisation über einen Zeitraum von 30 Jahren untersuchten, fanden keine Zunahme von Frauen im Management.

3. **Diversity und Leistungsbeurteilung**

Viele Befürwortende von Programmen zur Erhöhung der Diversity auf Leitungsebene setzen auf die Verknüpfung von Förderung und Leistungsbeurteilung. Wenn die Leistungsbeurteilung von Vorgesetzten (auch) von ihrer Frauenförderung abhinge, dann würden diese sich ernsthafter engagieren. In Deutschland ist eine solche Verankerung bisher selten, in den USA aber wird sie schon seit den 70er Jahren praktiziert. Eine von Dobbin zitierte Untersuchung ergab, dass in 20 % aller großen amerikanischen Unternehmen die Förderung von Frauen und Minoritäten Bestandteil der Leistungsbeurteilung war. Jedoch blieb diese Verknüpfung wirkungslos.

4. **Netzwerkprogramme**

Die fehlende Vernetzung von Frauen wird oft als Hindernis für ihren Aufstieg betrachtet.

Für den Erfolg sei nicht nur wichtig, was die Einzelne weiß und kann, sondern auch, wen sie kennt. Um diesem Mangel abzuhelfen, initiieren Unternehmen als Teil ihres Diversity-Managements den Aufbau und die Entwicklung von Netzwerken für Frauen. Diese bieten die Möglichkeit zum Erfahrungsaustausch, tragen jedoch nur dann zur Steigerung des Frauenanteils an der Führung bei, wenn sie den Zugang zu Mächtigen erleichtern (→ Kapitel 4 in Band 3).

Wirksame Maßnahmen und Programme sind:

1. **Gezielte Rekrutierungsprogramme und Trainings**

Unternehmen, die sich gezielt nach geeigneten Frauen umschauen, stellen auch mehr Frauen ein. Spezielle Programme, in denen der Rekrutierung von Frauen besondere Aufmerksamkeit geschenkt wird – auf welcher Ebene auch immer –, sind erfolgreich. Auch steigt der Anteil von Frauen im Management, wenn die Personalabteilung deren Einstellung und ihr weiteres Schicksal im Unternehmen genau verfolgt. Zur Rekrutierung im weiteren Sinne gehört auch die Teilnahme an Trainings, die der Vorbereitung auf die Übernahme von Managementaufgaben dienen. Wenn auch hier die Teilnahme von Frauen sichergestellt ist, steigt die Diversity auf Managementebene.

2. **Mentoring-Programme**

Erfahrene Ratgeber auf einer höheren Hierarchiestufe erleichtern Frauen den Aufstieg. Die Forschung zeigt, dass Männer und Frauen mit einem Mentor häufiger befördert und besser bezahlt werden, dass sie auch mit ihrem Einkommen zufriedener sind als solche ohne einen Mentor. Dieser berät in Karrierefragen, vermittelt taktisches Wissen und teilt seine Erfahrungen über Aufstiegswege und -hindernisse. Je mächtiger der Mentor, desto wirksamer ist er für den Aufstieg. Die besten Mentoren setzten sich aktiv, als Sponsoren, für ihre Mentees ein.[52] Viele Firmen bieten heute Mentoring-Programme für Frauen an. Diese Form, Zugang zu den Mächtigen zu schaffen, hat sich bewährt (→ Kapitel 3 in Band 3).

3. **Task-Forces**

Die Einrichtung einer bereichsübergreifenden Task-Force zum Thema Diversity gehört zu den wirkungsvollsten Maßnahmen. Hier kommen Führungsverantwortliche aus unterschiedlichen Bereichen zusammen und entwickeln kleine oder große Projekte, um das Diversity-Vorhaben voranzubringen. Die Einrichtung von Task-Forces führte in amerikanischen Firmen zu einer deutlichen Zunahme von Frauen im Management. Sie hatte ebenfalls zur Folge, dass andere Diversity-Programme besser funktionierten.

Eine Task-Force trägt den Diversity-Gedanken an vielen Stellen gleichzeitig ins Unternehmen. Ihre Mitglieder verbinden eine Führungsaufgabe mit aktivem Engagement für Diversity (→ Kapitel 7 in diesem Band).

4. **Diversity-Manager**

Wenn Diversity wie jedes andere Unternehmensziel behandelt wird, d. h., wenn die Verantwortung für die Entwicklung, die Implementierung und die Durchführung von Diversity-Programmen klar geregelt ist, zeigt dies Erfolge. Durch die Einrichtung einer entsprechenden Position oder einer Abteilung bekommt das Thema Sichtbarkeit und Aufmerksamkeit. Eine klare Zuständigkeit sorgt dafür, dass Maßnahmen und Programme nicht versanden, sondern tatsächlich implementiert und in ihrer Wirkung überwacht werden.

Was zeichnet wirksame Programme aus?

- Die Unternehmensspitze engagiert sich.
- Geeignete Frauen werden aktiv gesucht, rekrutiert und geschult.
- Einflussreiche Manager werden in die Suche nach geeigneten Strategien direkt eingebunden.
- Spezifische Probleme werden identifiziert und „vor Ort" in Angriff genommen.
- Die „Schuld" für den Mangel an Diversity wird nicht individualisiert (wie bei den wenig erfolgreichen Maßnahmen Diversity-Training und Diversity-Leistungsbeurteilung).

Was tun?

- Überprüfen Sie die Maßnahmen und Programme Ihres Unternehmens vor dem Hintergrund dieser Ergebnisse und ändern Sie, wenn nötig, Ihre Veränderungsstrategie.

10

Förderprogramme – was sagen die Frauen?

Fördermaßnahmen müssen von denen, die gefördert werden sollen, akzeptiert werden. Ist das nicht der Fall, wirken sie nicht. Wir haben daher die Frauen der Fokusgruppe gefragt, ob es in ihrem Unternehmen spezielle Programme für Frauen gibt und wenn ja, was sie davon halten.

Im Frühjahr 2012 war die Förderung von Frauen in fast allen Unternehmen ein Thema – angestoßen durch die öffentliche Diskussion über den Mangel an Frauen in hohen Führungspositionen und die Quoten-Debatte. In etlichen Firmen waren Diversity-Programme Bestandteil des betrieblichen Alltags, in einigen wurden sie gerade geplant, manche bieten solche Maßnahmen nicht an und planen auch nicht, das zu tun.

Vereinbarkeitsmaßnahmen

Viele Maßnahmen richten sich auf die bessere Vereinbarkeit von beruflichen und familiären Pflichten. In der Bewertung dieser Angebote waren sich die Frauen ziemlich einig:

- Teilzeitregelungen erlauben es zwar den Frauen, berufstätig zu bleiben. Karriere machen könne man so aber in aller Regel nicht.
- Großzügige Regelungen reichen nicht. Die Vorgesetzten müssen es wollen. Und sie müssen aktiv nach Möglichkeiten suchen, wie eine Mitarbeiterin sich trotz familiärer Pflichten entwickeln und verantwortungsvolle Aufgaben übernehmen kann. Sonst wird man bei der nächsten Bestandsaufnahme feststellen, dass die Frauen die bestehenden Möglichkeiten kaum nutzen.

Der Optimismus ist verhalten:

Also, wir haben dieses Vereinbarkeitsthema bestimmt jetzt schon seit vier, fünf Jahren. Es ist voll ausgebaut bei uns. Aber trotzdem werden wir nicht mehr weibliche Führungskräfte gerade auf der oberen Führungsebene.

Selbstverpflichtung

In vielen Unternehmen gibt es Verlautbarungen mit dem Ziel, den prozentualen Anteil von Frauen mit Führungsaufgaben oder ihre Anzahl in hochrangigen Gremien zu erhöhen. Im Rahmen formaler Auswahlverfahren haben sich manche Unternehmen die Regel gegeben, bei der Durchführung zum Beispiel von Assessment-Center mindestens zwei Frauen in die Beobachtergruppe aufzunehmen.

Die Frauen der Fokusgruppe finden:

- Es ist noch offen, was aus den selbstverordneten Zahlen wird.
- Diese Vorgaben steigern die Sichtbarkeit von Frauen als Leistungsträgerinnen, denn es wird aktiv nach ihnen gesucht. Das ist vorteilhaft.

Unser Vorstandsvorsitzender will 50 % Frauen im Aufsichtsrat. Meine Abteilung wurde beauftragt, eine Liste mit Kandidatinnen zusammenzustellen, mit Frauen, die in Frage kommen. Und jetzt trifft sich der Vorstandsvorsitzende alle zwei Wochen mit einer der Frauen zum Essen. Er sagt jetzt nicht mehr, dass es keine kompetenten Frauen gibt.

- Andererseits seien einige Unternehmensbereiche nicht nur veränderungsresistent, sondern die Männer dort verhielten sich so ablehnend gegenüber Frauen, dass diese dort nicht gern arbeiten möchten.

Die Frauen sagen, he, was soll ich mich tagtäglich mit diesen Typen abquälen? Die sind so wenig umgänglich. Das mache ich nicht länger mit, ich brauche meine Energie für andere Dinge.

Trainings

In manchen Unternehmen gibt es besondere Frauenseminare. Hier sollen Aufstiegshindernisse durch persönliche Entwicklung und den Erwerb von „Aufstiegskompetenz“[53] überwunden werden.

„Inhaltlich interessant und produktiv – aber Vorsicht!“, ist der Tenor. So anregend die Frauenseminare auch sind – sie erzeugen offenbar Neid und Misstrauen bei den Kollegen: Werden Frauen jetzt bevorzugt behandelt? Entgeht den Männern etwas? Oder bekommen die Frauen Nachhilfe? Was findet dort überhaupt statt?

Die meisten Reaktionen hab ich von Männern bekommen, bis hin zum Schlechtmachen. Da heißt es dann: Na ja, die haben halt ein echtes Defizit, das sind halt die, die ein Problem haben, die müssen da jetzt hin.

Es besteht die Gefahr, dass die Frauen mühsam erarbeitete Akzeptanz einbüßen und stärker ins soziale Abseits geraten. Aus diesem Grund zögern sie, daran teilzunehmen.[54]

Vernetzung

Es ist bekannt, dass Männer von einer guten Vernetzung profitieren. In männerdominierten Unternehmensbereichen sind Frauen in der Minderheit und nicht in gleicher Weise in informative und unterstützende Netze eingebunden.

Um diesen Mangel auszugleichen, bauen Unternehmen intern oder auch unternehmensübergreifend Netzwerke auf und laden Frauen zur Teilnahme ein (→ Kapitel 4 in Band 3).

Reine Frauennetzwerke werden von den Frauen mit Skepsis betrachtet, als zu abgrenzend gegenüber den Männern oder auch als uninteressant empfunden.

Summa summarum

Die Einschätzung der Frauen ist positiv und skeptisch zugleich. Programme, Regelungen und Maßnahmen seien gut, denn so würden Diversity-Fragen zu einem Thema. Jede beschlossene Formalisierung schaffe zudem ein Recht und komme so den Frauen zugute. Wichtiger als einzelne Maßnahmen sei aber eine gute Beratung, zum Beispiel durch Erfahrungsaustausch:

Ich glaube, was mir geholfen hat, sind nicht diese ganzen Maßnahmen, sondern das Wissen darüber, was eigentlich relevant ist. Also das Netzwerk und die Sichtbarkeit; dass es nicht nur um die Fachlichkeit und die Leistung geht. Ich wäre viel schneller vorangekommen, wenn ich früher gewusst hätte, wie man kommuniziert oder dass man manches einfach versuchen oder tun muss. Wenn man bestimmte Sachen eher weiß und sie vielleicht auch eher angeht, dann ist es einfacher, glaube ich.

Welche Folgen die Programme letztlich haben, können die Frauen noch nicht einschätzen. Letztlich gehe es um ein Umdenken, um einen Kulturwandel im Unternehmen. In den Augen der Frauen ist der Vorgesetzte der Schlüssel zum Aufstieg. Aber häufig knirscht es an dieser Stelle, und das Umdenken hat noch nicht stattgefunden.

Für eine wirkliche Veränderung müssen nach Einschätzung der Frauen drei Faktoren zusammenspielen:

- formalisierte Programme und unterstützende Maßnahmen,
- die Bereitwilligkeit von Kollegen und Vorgesetzten
- und nicht zuletzt: genügend Druck im System, sei es durch eine Quote, durch Selbstverpflichtung oder auch durch das Engagement einzelner Vorstände.

Was tun?

➲ Fragen Sie Ihre Führungsfrauen nach ihrer Meinung zu den Angeboten Ihres Unternehmens. Welche Angebote sind für die Frauen attraktiv und warum?

Quellenverzeichnis

[1] Belitz, Heike, Tanja Kirn und Axel Werwatz, „Zu wenig Frauen in Forschung und Innovation", Wochenbericht des DIW Berlin, Wochenbericht Nr. 45, 2006, S. 643–648, zitiert nach: Hildegard Matthies, „Männerkultur bremst weibliche Karrieren". *Aus Politik und Zeitgeschichte*, 7/2007, S. 32–38.

[2] Hofstede, Geert, und Gert Jan Hofstede, *Lokales Denken, globales Handeln. Interkulturelle Zusammenarbeit und globales Management*. 5. Auflage, München 2011, S. 53 ff.

[3] Sattelberger, Thomas, „Diversitystrategien der Deutschen Telekom AG". *Aktionärinnen fordern Gleichberechtigung – 2011*. Bundesministerium für Familie, Senioren, Frauen und Jugend/djb. Berlin 2011, S. 154–156.

[4] West, Candace, und Don H. Zimmerman, „Doing Gender". *Gender and Society*, Official Publication of Sociologists for Women in Society, Vol. 1, No. 2, 1987, S. 8–37.

[5] Hofstede, Geert, *Lokales Denken*, a. a. O., S. 130 ff.

[6] Cox Jr., Taylor, *Creating the Multicultural Organization: A Strategy for Capturing the Power of Diversity*. San Francisco, CA 2001.

[7] Kaiser, Simone, Katharina Hochfeld, Elena Gertje und Martina Schraudner, *Unternehmenskulturen verändern – Karrierebrüche vermeiden*. Stuttgart 2012.

[8] Dobbin, Frank, Soohan Kim und Alexandra Kalev, „You Can't Always Get What You Need: Organizational Determinants of Diversity Programs". *American Sociological Review* 2011, 76:386.
http://asr.sagepub.com/content/76/3/386 (letzter Zugriff 06.01.2014).

[9] Stahl, Gabriele, und Nicole Mühling, *Deutschlands Chefinnen*. Frankfurt/Main 2010, S. 15.

[10] Krell, Gertraude, „Geschlechterungleichheiten in Führungspositionen". Gertraude Krell, Renate Ortlieb und Barbara Sieben (Hrsg.), *Chancengleichheit durch Personalpolitik. Gleichstellung von Frauen und Männern in Unternehmen und Verwaltungen*. 6. Auflage, Wiesbaden 2011, S. 403 ff.

[11] Heien, Thorsten, *Biografiemuster und Alterseinkommensperspektiven von Frauen*. Bundesministerium für Familie, Senioren, Frauen und Jugend. Berlin 2011, S. 23 ff.

[12] Wippermann, Carsten, *Frauen in Führungspositionen. Barrieren und Brücken*. Bundesministerium für Familie, Senioren, Frauen und Jugend. Heidelberg 2010, S. 32 ff.

[13] Wippermann, Carsten, „Personalberatungen – Gatekeeper oder Türöffnende für mehr Frauen in Führungspositionen?". *Aktionärinnen fordern Gleichberechtigung – 2012*. Bundesministerium für Familie, Senioren, Frauen und Jugend/djb. Berlin 2012, S. 86–106.

[14] Mehr über die Bedeutung der sozialen Herkunft bei:
Hartmann, Michael, *Der Mythos von den Leistungseliten. Spitzenkarrieren und soziale Herkunft in Wirtschaft, Politik, Justiz und Wissenschaft.* Frankfurt/M. 2002. Insbesondere Kapitel 3: Karrieren in der Wirtschaft und soziale Herkunft.
Mehr über den Ausschluss von Frauen bei:
Erfurt Sandhu, Philine, *Persistent Homogeneity in Top Management: Organizational Path Dependence in Leadership Selection.* Dissertation an der Freien Universität Berlin, 2013.
www.diss.fu-berlin.de/diss/receive/FUDISS_thesis_000000095275
(letzter Zugriff 28.12.2013).

[15] BIS Occasional Paper No. 4: „The Business Case for Equality and Diversity. A Survey of the Academic Literature". London 2013
www.gov.uk/government/uploads/system/uploads/attachment_data/file/49638/the_business_case_for_equality_and_diversity.pdf
(letzter Zugriff 28.12.2013).

[16] Carter, Nancy M., und Harvey M. Wagner, *The bottom line: Corporate Performance and Women's Representation on Boards 2004–2008,* 2011.
www.catalyst.org/knowledge/bottom-line-corporate-performance-and-womens-representation-boards-20042008 (letzter Zugriff 28.12.2013).

[17] Krell, Gertraude, und Barbara Sieben, „Diversity Management – Chancengleichheit für alle und Wettbewerbsvorteil". Gertraude Krell, Renate Ortlieb und Barbara Sieben (Hrsg.), *Chancengleichheit durch Personalpolitik. Gleichstellung von Frauen und Männern in Unternehmen und Verwaltungen.* 6. Auflage, Wiesbaden 2011, S. 155–174. Hier S. 161 f.

[18] McKinsey & Company, *Women Matter 2010. Women at the top of corporations: Making it happen.* 2010, S. 8.
www.mckinsey.com/features/women_matter (letzter Zugriff 29.12.2013).

[19] Beliebteste Arbeitgeber 2013:
www.deutschlands100.de/top-arbeitgeber/ranking-business.html
(letzter Zugriff 28.12.2013).

[20] Genauer beschrieben ist das Phänomen der Gruppendenke bei:
Antons, Klaus: „Die dunkle Seite von Gruppen". Cornelia Edding und Karl Schattenhofer (Hrsg.), *Handbuch „Alles über Gruppen".* Weinheim 2009, S. 324–355.

[21] Eine lehrreiche Studie über mögliche Folgen der Homogenität haben Katja Rost und Margit Osterloh verfasst: *You Pay a Fee for Strong Beliefs: Homogeneity as a Driver of Corporate Governance Failure* (20. November 2008).
http://ssrn.com/abstract=1304719 or http://dx.doi.org/10.2139/ssrn.1304719
(letzter Zugriff 28.12.2013).

[22] Huse, Morten, und Katrin Hansen, „Erfahrungen aus Norwegen – nutzbar für Deutschland?". *Aktionärinnen fordern Gleichberechtigung – 2011.* Bundesministerium für Familie, Senioren, Frauen und Jugend/djb. Berlin 2011, S. 117–120.

[23] OECD, *Closing the Gender Gap: Act Now*, OECD Publishing 2012, S. 186. http://dx.doi.org/10.1787/9789264179370-en

[24] Ingrid Norstein, Wolfgang Biermann, Mitglieder des SPD-Freundeskreises Norwegen, Internet SPD International, www.spd-international.com (letzter Zugriff 06.01.2014).

[25] OECD, *Closing*, a.a.O., S. 156.

[26] Holst, Elke, und Julia Schimeta, *„Managerinnen-Barometer 2013"*, DIW-Wochenbericht 3.2013, S. 4.

[27] Holst, Elke, Anne Busch und Lea Kröger, *Führungskräfte-Monitor 2012*, Update 2001–2010. DIW Berlin, Berlin 2012 (Politikberatung kompakt 65), S. 101 f.

[28] Sattelberger, Thomas, *Diversitystrategien*, a. a. O., S. 154.

[29] Deutscher Corporate Governance Kodex: Die von der Bundesministerin für Justiz im September 2001 eingesetzte Regierungskommission hat am 26. Februar 2002 den Deutschen Corporate Governance Kodex verabschiedet. Mit diesem Kodex sollen die in Deutschland geltenden Regeln für Unternehmensleitung und -überwachung für nationale wie internationale Investoren transparent gemacht werden, um so das Vertrauen in die Unternehmensführung deutscher Gesellschaften zu stärken.

[30] Hofmann, Margarete, „Frauen in Führungspositionen: Neuere Entwicklungen auf europäischer Ebene". *Aktionärinnen fordern Gleichberechtigung – 2011.* Bundesministerium für Familie, Senioren, Frauen und Jugend/djb. Berlin 2011, S. 20.

[31] „Frauen in Führungspositionen, Entwicklungen und Zielsetzungen der 30 DAX-Unternehmen, Statusbericht 2012", www.bmfsfj.de/RedaktionBMFSFJ/Abteilung4/Pdf-Anlagen/statusbericht-dax-30-unternehmen-juni-2012,property=pdf,bereich=bmfsfj,sprache=de,rwb=true.pdf (letzter Zugriff 06.01.2014).

[32] Bundesarbeitsministerin Ursula von der Leyen, Deutschlandfunk, 05.12.2012, zitiert nach: FidAR, Women-on-Board-Index, 2013, S. 6. www.fidar.de/webmedia/documents/wob-index/130331_Studie_WoB-Index_XI_end.pdf

[33] „Frauen in Führungspositionen", a. a. O.

[34] Sieber, Ulrich, „Commerzbank AG: Frauen in Führungspositionen – Gelebte Vielfalt". *Aktionärinnen fordern Gleichberechtigung – 2012.* Bundesministerium für Familie, Senioren, Frauen und Jugend/djb. Berlin 2012, S. 141.

[35] Daimler und Diversity, www.successacross.com/newsarchiv.html, November 2012.

[36] Titzrath, Angela, „Deutsche Post AG: Mehr Frauen in Führungspositionen als Teil der Diversity-Strategie von Deutsche Post DHL". *Aktionärinnen fordern Gleichberechtigung – 2012.* Bundesministerium für Familie, Senioren, Frauen und Jugend/djb. Berlin 2012, S. 144.

[37] Beckmann, Kai, „Merck KGaA: Warum Vielfalt gemanagt werden muss". *Aktionärinnen fordern Gleichberechtigung – 2012.* Bundesministerium für Familie, Senioren, Frauen und Jugend/djb. Berlin 2012, S. 147.

[38] Krell, Gertraude, „Entgelt(un)gleichheit: Grundlagen und Grundfragen". Gertraude Krell, Renate Ortlieb und Barbara Sieben (Hrsg.), *Chancengleichheit durch Personalpolitik. Gleichstellung von Frauen und Männern in Unternehmen und Verwaltungen.* 6. Auflage, Wiesbaden 2011, S. 331 ff.

[39] Sattelberger, Thomas, *Diversitystrategien,* a. a. O., S. 157.

[40] Mehr zur Gestaltung von Veränderungsprozessen in dem bewährten Klassiker: Doppler, Klaus und Christoph Lauterburg, *Change Management – den Unternehmenswandel gestalten.* 12. Auflage, Frankfurt/Main 2008.

[41] Für die Bereitschaft – oder den Überdruss – der Mitarbeiter, sich in einem Change-Projekt zu engagieren, haben Professorin Heike Bruch von der Universität St. Gallen und ihr Team ein Messinstrument entwickelt:
Bruch, Heike, Bernd Vogel und Felicitas Morhart, „Organisationale Energie. Messen, Nutzen und Erhalten der produktiven Kraft von Unternehmen". *Zeitschrift Führung und Organisation,* 75, Nr. 1, 2006, S. 4–10.

[42] McKinsey & Company, *Women Matter,* Global Survey 2010. www.mckinsey.com/features/women_matter (letzter Zugriff 29.12.2013).

[43] Nach Untersuchungen des Harvard-Soziologen Dobbin und seinem Kollegium wird die Bereitschaft eines Unternehmens, überhaupt ein Diversity-Projekt zu beginnen, bereits von den Mitbewerbern entscheidend beeinflusst:
Dobbin, Frank, Soohan Kim und Alexandra Kalev, *You Can't Always Get What You Need,* a. a. O., S. 386–411.

[44] https://creating-corporate-cultures.org/toro/resource/html#!newsblog.77 (letzter Zugriff 29.12.2013).

[45] Beckmann, Kai, *Merck KGaA,* a. a. O., S. 147.

[46] Reinhardt, Birgit, und Celine Freund, „Deutsche Bahn AG". Gertraude Krell, Renate Ortlieb und Barbara Sieben (Hrsg.), *Chancengleichheit durch Personalpolitik, Gleichstellung von Frauen und Männern in Unternehmen und Verwaltungen.* 6. Auflage, Wiesbaden 2011, S. 437 ff.

[47] Sattelberger, Thomas, *Diversitystrategien,* a. a. O., S. 154 ff.

[48] Sattelberger, Thomas, „Praxisbeispiel Telekom: die Frauenquote – Qual der Entscheidung und der schwierige Weg vor uns". Gertraude Krell, Renate Ortlieb und Barbara Sieben (Hrsg.), *Chancengleichheit durch Personalpolitik. Gleichstellung von Frauen und Männern in Unternehmen und Verwaltungen.* 6. Auflage, Wiesbaden 2011, S. 430.

[49] Stockhammer, Hilde, „Praxisbeispiel Arbeitsmarktservice Österreich, Gleichstellungscontrolling mittels Zielvereinbarungen". Gertraude Krell, Renate Ortlieb und Barbara Sieben (Hrsg.), *Chancengleichheit durch Personalpolitik. Gleichstellung von Frauen und Männern in Unternehmen und Verwaltungen.* 6. Auflage, Wiesbaden 2011, S. 120.

[50] www.mckinsey.com/features/women_matter (letzter Zugriff 29.12.2013).

[51] Dobbin, Frank, Soohan Kim und Alexandra Kalev, *You Can't Always Get What You Need*, a. a. O., S. 386–411.
Kim, Soohan, Alexandra Kalev und Frank Dobbin, „Progressive Corporations at Work: The Case of Diversity Programs". *NYU Review of Law and Social Change* 36, 2012, S. 171–213.
Dobbin, Frank, und Alexandra Kalev, „The Origins and effects of Corporate Diversity Programs". Quinetta M. Roberson (Hrsg.), *The Oxford Handbook of Diversity and Work*. New York 2013, S. 253–279.

[52] Carter, Nancy M., und Christine Silva, „Mentoring: Necessary but Insufficient for Advancement",
www.catalyst.org/knowledge/mentoring-necessary-insufficient-advancement

[53] Henn, Monika, *Die Kunst des Aufstiegs. Was Frauen in Führungspositionen kennzeichnet.* 2., aktualisierte Auflage, Frankfurt/Main 2012.

[54] Auch die erfolgreichen US-Managerinnen berichten in der Untersuchung von Gersick und Kram, dass sie Angebote zur besseren Vereinbarkeit nicht genutzt haben aus Sorge, ihrer Karriere zu schaden.
Gersick, Connie und Kathy Kram, „High-Achieving Women at Midlife: An Exploratory Study". *Journal of Management Inquiry* 11, Nr. 2, 2002, S. 104–127.

BAND 1
Führung – Frauen und ihre Chefs

Einleitung ... 10
1 Die Macht der kleinen Dinge ... 12
2 „Die Frauen wollen ja nicht ..." ... 16
3 Das Sichtbarkeitsdilemma ... 21
4 Extreme Minderheiten und extreme Mehrheiten ... 24
5 Führen Frauen wirklich anders? ... 30
6 Mixed Teams ... 36
7 Ein guter Chef bindet ... 41
8 Gender Pay Gap – bitte schließen! ... 46
9 Vermeidbare Verluste ... 54
10 Die gläserne Decke ... 59
11 Der Sprung ins Top-Management ... 64
12 Vorsichtig in der Führungsrolle ... 70
13 Der Nonkonformist – ein Wunschbild ... 74

BAND 3
Personalmanagement: Die Hüter der Verfahren

Einleitung ... 6
1 Der Anfang der Karriere ... 8
2 Mythos Aufstiegskompetenz ... 14
3 70/20/10 – den Unterschieden auf der Spur ... 18
4 Vernetzen – aber wie? ... 22
5 Alternativen zur Karriereleiter ... 26
6 Geschlossene Gesellschaft ... 32
7 Personalberater: Gatekeeper oder Türöffner? ... 37
8 Die Krux mit der Leistungsbeurteilung ... 41
9 Auswahl und Diskriminierung ... 48
10 Härtetest Assessment-Center ... 53
11 Gendersensible Fortbildung ... 58

BAND 4
Karriere und Privatleben – Es muss im Leben mehr als alles geben

Einleitung ... 6
1 Lebensphasen und Karriereentscheidungen ... 8
2 Familienfreundlichkeit – Return on investment ... 11
3 Der Gewinn der Zertifizierung ... 18
4 Wiedereinstieg: immer anders ... 23
5 Die Rabenmutter ... 31
6 Generation Y ... 36
7 Teilzeit pro und kontra ... 41
8 Die Unsichtbaren ... 48
9 Und die Männer: Was tut sich da? ... 51

Die Autorinnen

Dr. Cornelia Edding

Dr. Cornelia Edding arbeitet in freier Praxis als Beraterin und Coach für Profit- und Non-Profit-Organisationen. Sie beschäftigt sich seit vielen Jahren mit der Dynamik von Teams und Organisationen. Die berufliche Entwicklung von Frauen liegt ihr besonders am Herzen. Sie ist Psychologin, Trainerin für Gruppendynamik (DGGO), Supervisorin (DGSv) und Mitglied des Fortbildungsinstituts TOPS München-Berlin e.V. Sie lebt und arbeitet in Berlin und auf dem Hof zur Linde in der Uckermark.

In den letzten Jahren hat sie mehrere Buchprojekte zu Gruppendynamik und Teamarbeit abgeschlossen. In Zusammenarbeit mit der Bertelsmann Stiftung sind unter ihrer maßgeblichen Mitwirkung zwei Hörbücher im Themenkomplex Gender-Diversity entstanden:

- „Der Erfolg steht Ihnen gut" – Karrierestrategien für Frauen
- „(Ver-)Führung zur Chancengleichheit" – ein Wegweiser für Führungskräfte

Gisela Clausen

Gisela Clausen ist als diplomierte Psychologin und Gründerin von Clausen + Co seit 1982 als Trainerin, Coach und Organisationsberaterin tätig. Kleinere mittelständische Unternehmen, öffentliche Verwaltungen und Non-Profit-Organisationen sowie große Wirtschaftsbetriebe zählen zu ihren Klienten. Sie ist außerdem Ausbilderin für Gruppendynamik (DAGG) und Supervisorin (DGSv). Zusätzlich ist sie Dozentin für „Change" und „Konfliktmanagement" an der Westfälischen Wilhelms-Universität Münster. Ihr Lebensmittelpunkt ist Hamburg.

Zu ihren Veröffentlichungen zählen Aufsätze und Artikel in den Themenkreisen „Führung" und „Arbeitsfähigkeit von Gruppen und Gremien".

BAND 3

Personalmanagement
Die Hüter der Verfahren

Verlag BertelsmannStiftung

Bibliografische Information der Deutschen Nationalbibliothek

Die Deutsche Nationalbibliothek verzeichnet diese Publikation in der Deutschen Nationalbibliografie; detaillierte bibliografische Daten sind im Internet unter http://dnb.d-nb.de abrufbar.

MIX
Papier aus verantwortungsvollen Quellen
FSC® C022573

Verantwortlich: Martina Schwenk
Lektorat: Viola Eigenberz, Hamburg
Herstellung: Sabine Reimann
Gestaltung: Visio Kommunikation GmbH, Bielefeld
Umschlagfoto: Katrin Biller, k.zwo, Bielefeld
Bildnachweis innen: Cartoons: Dirk Meissner, Köln;
Foto S. 71 oben: Frank Nürnberger, Berlin;
Foto S. 71 unten: Kristina Jentzsch, Halblech Berghof
Druck: Hans Kock Buch- und Offsetdruck GmbH, Bielefeld
ISBN 978-3-86793-514-2

www.bertelsmann-stiftung.de/verlag

Inhalt

Lese-Hinweise 4

Einleitung 6

1 Der Anfang der Karriere 8

2 Mythos Aufstiegskompetenz 14

3 70/20/10 – den Unterschieden auf der Spur 18

4 Vernetzen – aber wie? 22

5 Alternativen zur Karriereleiter 26

6 Geschlossene Gesellschaft 32

7 Personalberater: Gatekeeper oder Türöffner? 37

8 Die Krux mit der Leistungsbeurteilung 41

9 Auswahl und Diskriminierung 48

10 Härtetest Assessment-Center 53

11 Gendersensible Fortbildung 58

Quellenverzeichnis 62

Inhaltsverzeichnisse Band 1, 2, 4 68

Die Autorinnen 69

Lese-Hinweise

- Sie finden in diesem Schuber fünf Bände. Die ersten vier nähern sich der Fragestellung „Führungsfrauen – wie man sie findet und wie man sie bindet“ jeweils im Fokus eines wichtigen Einflussbereichs an: die Führungskräfte der Frauen, das Unternehmen als Ganzes, das Personalmanagement sowie das Zusammenspiel von Karriere und Privatleben. Jeder Band steht für sich, sodass Sie sich je nach Interesse oder aktuellem Handlungsfeld einzelne Abschnitte heraussuchen können.

- Während der Vorbereitung dieser Texte haben wir uns für zwei Tage mit 15 Frauen der mittleren Führungsebene getroffen und mit ihnen über ihre Entwicklung, ihre Erfahrungen und ihre Vorhaben diskutiert. Immer wenn im folgenden Text von der „Fokusgruppe“ die Rede ist, sind diese Frauen gemeint. Ihnen verdanken wir nicht nur zwei anregende Tage, sondern auch viele Erkenntnisse und zahlreiche prägnante Aussagen. Die Zitate sind in den Bänden 1–4 gekennzeichnet durch ” zu finden.

- In der Regel finden Sie am Ende jeden Kapitels den Abschnitt **Was tun?**. Hier bekommen Sie knappe, handlungsorientierte Empfehlungen an die Hand, wie mehr Frauen dauerhaft in Führungspositionen kommen und bleiben. Abgerundet wird jedes Kapitel mit weiterführenden Lese- oder Hörtipps **ZUM WEITERLESEN**. Alle benannten Studienergebnisse oder Publikationen, die im Internet öffentlich zugänglich sind, finden Sie gesammelt unter www.creating-corporate-cultures.org/fuehrungsfrauen zum Download in der Rubrik „Literatur".

- Der fünfte Band ist eine Literaturrecherche zum Thema. Frau Dr. Edding hat sie 2012 im Auftrag der Bertelsmann Stiftung erstellt. Sie diente im ersten Schritt der Vorbereitung der hier vorliegenden Bände 1–4. Wer sie las, war begeistert und der Leserkreis wuchs an. Aufgrund der sehr positiven Resonanz haben wir uns entschlossen, sie hier als zusätzlichen, zitierfähigen Materialienband aufzunehmen.

EINLEITUNG

Personalmanagement
Die Hüter der Verfahren

In einem fortschrittlich diversen Unternehmen arbeiten Männer und Frauen auf allen Ebenen der Organisation, das heißt auch im oberen Management. Neben den Führungskräften hat die Personalabteilung einen erheblichen Anteil daran, ob die Gender-Balance gelingt. Genau dort gibt es aber noch vieles zu justieren und zu optimieren. So sind Instrumente und Verfahren traditioneller Personalarbeit oft nur scheinbar geschlechtsneutral. Und bei der Rekrutierung, Leistungsbeurteilung und Potenzialeinschätzung werden – häufig unabsichtlich, immer aber verdeckt – Männer bevorzugt.

Erstaunlich, aber belegbar: Auch die Personalentwicklung hindert immer noch vielfach Frauen am Aufstieg. Wir zeigen Wege auf, wie eine geschlechtergerechte Personalpolitik gestaltet werden kann.

Hier ein Ausblick auf die Themen, die Sie in diesem Band erwarten:

Viele Vorgesetzte glauben, dass Frauen ihre Karriere ganz anders gestalten, andere Prioritäten setzen. Männer und Frauen haben nun mal unterschiedliche Karrierestrategien, Frauen fehlt es einfach an Aufstiegskompetenz, so heißt es oft. Höchste Zeit, mit diesem Mythos aufzuräumen.
→ Kapitel 2

Um befördert zu werden, muss man erfolgreich sein oder wenigstens als erfolgreich gelten. Wie und wo lernen Führungskräfte, ihre Arbeit erfolgreich zu tun? Das 70/20/10-Modell gibt Aufschluss: 70 % der wichtigen Lektionen werden durch schwierige Arbeitsaufgaben gelernt, 20 % durch andere Menschen, vor allem Vorgesetzte, und 10 % durch Weiterbildung. Da stellen sich tiefer bohrende Fragen wie: Unterscheiden sich die Arbeitsaufgaben, Beziehungen und Weiterbildungen von Männern und Frauen? Bekommen Männer vielleicht die karriereträchtigeren Aufgaben?
→ Kapitel 3

Ohne Aufbau und Pflege von Netzwerken kein beruflicher Aufstieg. Das ist klar. Aber welche Netze in Unternehmen nutzen eigentlich wem? Was bringen Frauennetzwerke? Was ist ein echtes Einflussnetz – und wie bekommen Frauen Zugang?

→ Kapitel 4

Personalberatungen spielen bei der Besetzung hoher Führungspositionen eine wichtige Rolle. Es gibt Personalberater als Gatekeeper. Sie bedienen häufig die Stereotype und Vorurteile ihrer Auftraggeber, machen z. B. weibliche Kompetenzen zu Schwächen (sorgfältiges Abwägen heißt dann nicht professionelles Risikomanagement, sondern Zaudern). Es geht aber auch anders: Wir werfen einen Blick nach England, wo man etwas energischer vorgeht, um Gender-Diversity auch in Top-Positionen zu erreichen, wo Personalberater als Türöffner fungieren.

→ Kapitel 7

Ausgewiesene Experten fragen sich seit Jahren, warum Assessment-Center (AC) solch beliebte Auswahlinstrumente sind. Schauen wir etwas genauer darauf, was AC wirklich leisten und was nicht, was sie kosten, wo Gefahren der Selbsttäuschung und Diskriminierung lauern. Lesen Sie, was Unternehmen alternativ tun können, um die Auswahl von Mitarbeiterinnen und Mitarbeitern zu optimieren.

→ Kapitel 10

Viele Frauen steigen jung ein. Lassen Sie sie durch entsprechende Personalarbeit auch oben ankommen.

1

Der Anfang der Karriere

Unternehmen stellen seit einiger Zeit immer häufiger zur Hälfte junge Frauen ein. In Fächern, in denen Frauen rar sind, wie z. B. in den MINT-Fächern (Mathematik, Informatik, Naturwissenschaften, Technik), orientieren sie sich zunehmend am Frauenanteil der Studienabgänger.[1] Schaut man aber genauer hin, sieht man, dass die geschlechtsspezifische Segregation latent immer vorhanden ist und bald nach dem Einstieg in den Beruf zu deutlichen Unterschieden in den Karrieren von jungen Frauen und Männern führt.

Die Gender-Differenz vor dem Berufseinstieg

Berufsbezogene Wünsche von Studentinnen wie von Studenten sind weitgehend identisch: Alle wünschen sich eine interessante Arbeit, gutes Arbeitsklima, gute Entwicklungs- und Aufstiegsmöglichkeiten und eine solide Alterssicherung. Ihre Arbeit soll nützlich für die Gesellschaft sein und ihnen Zeit für Familie und Privatleben lassen.[2]

Es werden aber auch Unterschiede deutlich: Junge Männer sind karriereorientierter, sie erwarten mehr Gehalt, sie übernehmen gern Verantwortung und streben ausdrücklich Führungspositionen an. Gute Aufstiegsmöglichkeiten sind allen wichtig. Junge Männer erwarten allerdings einen schnelleren Aufstieg als junge Frauen. Ihnen geht es bei ihren Bewerbungen eher um das Prestige der Firma, während für Frauen eher ein Arbeitgeber mit sozialer Verantwortung und ethischen Standards wichtig ist.

Für Studentinnen sind Gehalt und Führungsverantwortung nicht so entscheidend. Sie legen mehr Wert auf eine interessante Arbeit, Sicherheit des Arbeitsplatzes und ein gutes Betriebsklima. Sie rechnen zwar bereits damit, weniger zu verdienen als ihre Kommilitonen, aber nicht so wenig, wie sie dann tatsächlich im Schnitt bekommen werden. Frauen wie Männer sind bereit, zunächst eine Stelle anzunehmen, die nicht ganz ihren Vorstellungen entspricht. Diese Bereitschaft ist bei Frauen aber deutlich häufiger anzutreffen.[3] Sie stellen sich zudem eher darauf ein, ihren Arbeitgeber zu wechseln.

Vereinbarkeit von Privatleben und Beruf ist schon im Studium den Frauen wichtiger als ihren männlichen Kommilitonen.[4] Das Spannungsfeld zwischen Arbeit und Familie gewinnt in den vergangenen Jahren zwar auch für Männer an Bedeutung: Sie sind häufiger bereit, Erziehungsverantwortung zu übernehmen.[5] Allerdings bleibt bis heute die Hauptverantwortung und die größte zeitliche Belastung bei den Frauen.[6]

Die Unterschiede sind kulturell bedingt

Die genderspezifischen Vorstellungen sind nicht naturgegeben, sondern unterliegen durchaus kulturellen Veränderungen: So zeichnet sich z. B. in einer Langzeitstudie aus den USA die Tendenz ab, dass junge Frauen inzwischen ebenso häufig wie ihre Kommilitonen die Übernahme von Führungspositionen anstreben. Es bleibt abzuwarten, wie stabil dieser Trend ist.

Im Hinterkopf hatte ich schon immer, dass ich irgendwie Führung machen oder in die Führungslaufbahn gehen will. Dann gab es eine Umstrukturierung, und da wurde ich halt gefragt. Und da habe ich zu meinem Chef gleich gesagt: Ja, ich möchte eine Führungsposition haben! – Oh, aha, gut!, war seine Reaktion. Er war schon etwas erstaunt. ”

Karriereorientierung ist ein zentraler Bestandteil des in unserer Kultur dominanten Männlichkeitsideals. Frauen, die beruflich erfolgreich sein wollen, müssen sich sowohl an den kulturell vorgegebenen Weiblichkeitsidealen als auch an den Männlichkeitsidealen orientieren. Das ist ein Balanceakt und für ihre weitere Karriere folgenreich (→ Kapitel 12 in Band 1).

Unterschiede beim Berufseinstieg

Blickt man auf den Berufseinstieg von Studienabgängern der Wirtschaftswissenschaften, stellt man fest, dass junge Frauen schlechtere Startchancen haben als ihre Kollegen: Obgleich junge Frauen im Schnitt eine bessere schulische und berufliche Bildung vorzuweisen haben, bessere Studienleistungen erzielen und während des Studiums häufiger im Ausland waren, werden sie häufiger unter ihrem Qualifikationsniveau als Sachbearbeiterinnen eingestellt, Männer dagegen häufiger als leitende Angestellte. Junge Frauen sind häufiger auf befristeten Stellen zu finden, junge Männer häufiger auf unbefristeten.[7]

Warum junge Wirtschaftswissenschaftlerinnen sich auf Arbeitsverhältnisse einlassen, für die sie überqualifiziert sind, ist ungewiss. Vermutlich sind hier die oben geschilderten geschlechtsspezifischen Erwartungen und

beruflichen Präferenzen entscheidend, die sie schon während des Studiums hatten. Es ist allerdings auch anzunehmen, dass Unternehmen speziell jungen Frauen oft lediglich Sachbearbeiterposten anbieten, weil sie als fleißig gelten und als Zuarbeiterinnen von den „Hütern der gläsernen Decke" sehr geschätzt werden.

Die ersten Jahre nach dem Berufseinstieg

Junge Frauen erzielen in den ersten drei Jahren ihrer Berufstätigkeit im Schnitt niedrigere Einkommen als junge Männer (um 13 %). Die Unterschiede sind in dieser Phase überwiegend durch die Tätigkeit als geringer besoldete Sachbearbeiterinnen bedingt.[8]

Ab dem vierten Berufsjahr aber verschärft sich die Situation – so eine Wiener Langzeitstudie[9]: Selbst bei vergleichbaren Positionen von Männern und Frauen veränderten sich die Gehälter der Frauen ab dem fünften Berufsjahr nur noch marginal, während die der Männer weiter anstiegen. Nach zehn Jahren erreichte der Unterschied im Jahresgehalt 18.000 Euro. Der Unterschied war nur zu einem sehr geringen Teil auf mutterschaftsbedingte Arbeitsunterbrechung zurückzuführen (→ GRAFIK „Gehalt im Verlauf von 10 Berufsjahren“).

Gehalt im Verlauf von 10 Berufsjahren

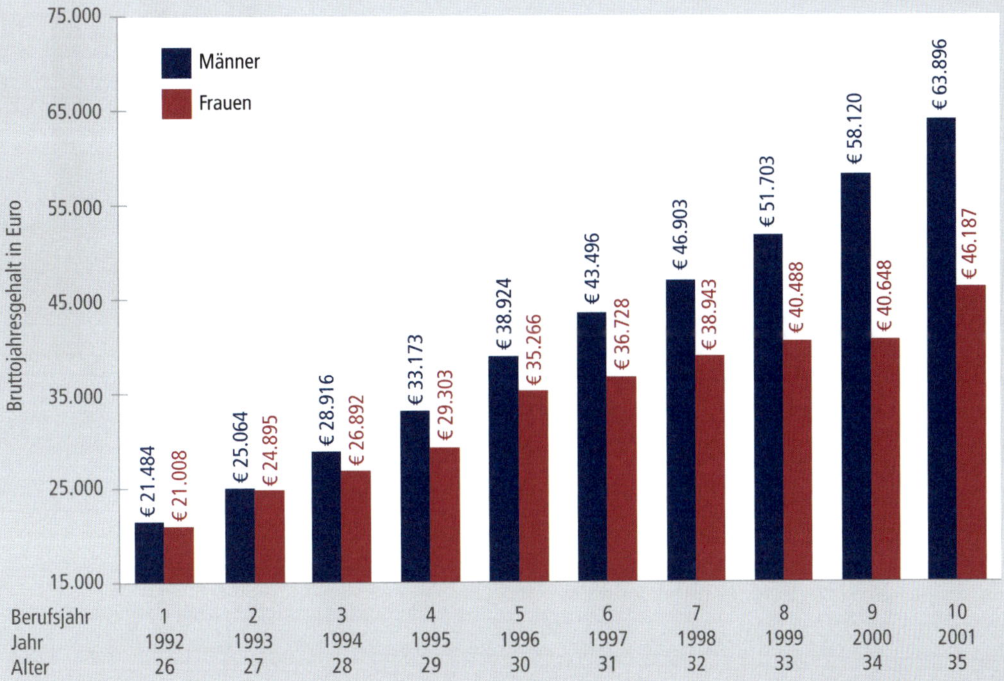

Gertraude Krell, Daniela Rastetter und Karin Reichel (Hrsg.), *Geschlecht Macht Karriere in Organisationen. Analysen zur Chancengleichheit in Fach- und Führungspositionen*. Berlin 2012, S.51 | BertelsmannStiftung

Unterschiede bestehen auch bei der Führungsverantwortung: Bei weiblichen Führungskräften dauert es im Schnitt drei Jahre, bis ihnen ein Team unterstellt wird, während bei den Männern jedes Jahr zwei Teammitglieder hinzukommen. Ab dem siebten Jahr stagniert die Mitarbeiterzahl bei den Frauen auf relativ niedrigem Niveau, während die der Männer weiter rapide steigt (→ GRAFIK „Führungsverantwortung im Verlauf von 10 Berufsjahren“, S. 12).

Auch die neueste Studie des Deutschen Instituts für Wirtschaftsforschung (DIW) stellt fest, dass männlichen Führungskräften im Schnitt mehr Mitarbeiter (33) unterstellt sind als weiblichen Führungskräften (20).[10]

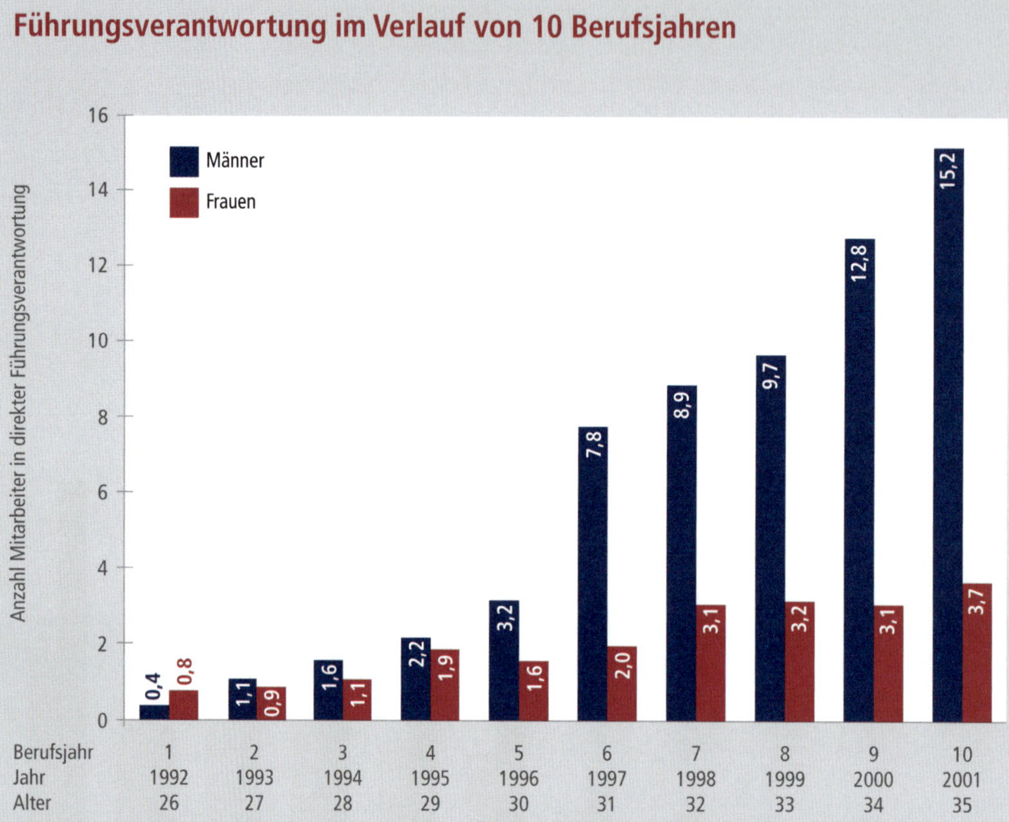

Gertraude Krell, Daniela Rastetter und Karin Reichel (Hrsg.), *Geschlecht Macht Karriere in Organisationen. Analysen zur Chancengleichheit in Fach- und Führungspositionen*. Berlin 2012, S. 53

Unterschiede werden personalisiert

Weil aber junge Frauen und Männer in der Regel solche Vergleichszahlen nicht kennen, schreiben sie die Unterschiede im Karriereerfolg sich selber zu. So werden die Zweifel von Frauen an ihrer Kompetenz und ihre Zurückhaltung bei Gehaltsforderungen oder bei der Planung der nächsten Karriereschritte unmerklich verstärkt. Die geschilderten Unterschiede beeinflussen vermutlich das berufliche Selbstbewusstsein junger Frauen und junger Männer in gegenläufiger Weise: Frauen werden in ihren Selbstzweifeln bestärkt, Männer in ihrem Selbstbewusstsein. Es sei denn, sie treffen auf einen Chef, der gendersensibel führt und die jungen Frauen in ihrem beruflichen Selbstbewusstsein systematisch stärkt.[11]

Vorgesetzte haben in dieser Phase großen Einfluss darauf, ob sich die Unterschiede weiter zu Ungunsten der Frauen verschärfen. Aus empirischen Studien ist bekannt, dass selbst die Frauen, die später eine beeindruckende Karriere gemacht haben, erst in den Anfangsjahren ihrer Berufstätigkeit ihre Lust an Karriere und Aufstieg entdeckt haben. Wegbereiter waren dabei Chefs, Kollegen und Vorstände.

Dann kam eben das Gespräch: Wir bauen eine neue Gruppe auf, und ich suche eine Gruppenleitung. Kannst du dir das vorstellen? Und ich muss ganz ehrlich gestehen, das war das erste Mal, dass ich ernsthaft darüber nachgedacht habe: Willst du Führung machen? Traust du dir das zu?

Fazit

Selbst wenn Unternehmen heute zur Hälfte junge Frauen einstellen, nimmt die Gender-Differenz dennoch ihren Lauf. Sie wird sich auf dem weiteren beruflichen Weg junger Frauen noch verschärfen. Es sei denn, das Unternehmen ist entschlossen, die voranschreitende Benachteiligung von Frauen aktiv zu verhindern und seine Führungskräfte zu gendersensibler Führung zu veranlassen.

Was tun?

- Sprechen Sie begabte junge Frauen frühzeitig auf die nächsten Karriereschritte an und machen Sie sie auf Chancen aufmerksam, die sich bei Vereinbarkeit von Familie und Beruf ergeben.
- Sensibilisieren Sie Ihre Führungskräfte für die dominierenden Mechanismen der strukturellen Gender-Differenzen und schulen Sie sie in gendersensibler Führung.
- Prüfen Sie regelmäßig durch das Controlling, wie viele der jungen Männer und Frauen mit welchem Erfolg übermäßig lange auf einer Position bleiben.

ZUM WEITERHÖREN

Zum Thema gendersensible Führung:
Jochen Geppert und Cornelia Edding, *(Ver-)Führung zur Chancengleichheit. Ein Wegweiser für Führungskräfte.* Bertelsmann Stiftung (Hrsg.), Gütersloh 2013.
Hörproben finden Sie unter www.creating-corporate-cultures.org/chancengleichheit

2

Mythos Aufstiegskompetenz

Es gehört zur Überzeugung vieler Vorgesetzter, dass Frauen ihre Karriere anders betreiben als Männer: Sie zögern, angebotene Chancen wahrzunehmen, sie setzen einseitig auf Fachlichkeit, sie stellen ihr Licht unter den Scheffel, Mikropolitik ist ihnen zuwider – kurz: Es fehlt ihnen an Aufstiegskompetenz.[12] Männer dagegen verstehen es, ihre Leistungen sichtbar zu machen. Sie wissen, was sie wollen, und handeln entsprechend. Diese Meinung basiert auf Alltagserfahrungen und wird von Aufstiegsexperten und nicht wenigen Frauen geteilt. Aber stimmt sie? Zumindest für hochqualifizierte Frauen ist sie zu bezweifeln.

Eine Realitätsprüfung für Karrierestrategien

Haben Männer und Frauen wirklich unterschiedliche Karrierestrategien? Wenn Frauen nicht tun, was allgemein für sinnvoll gehalten wird, um voranzukommen, wäre das eine plausible Erklärung für ihren langsameren Aufstieg. Dieser Mangel ließe sich durch Trainings und Coaching beseitigen. Das Problem hätte damit eine Zuständigkeit – die Frauen – und eine „Therapie", die dem Unternehmen eine weitere Auseinandersetzung mit dem Thema erspart.

Amerikanische Forscherinnen haben die Karrierestrategien von männlichen und weiblichen High Potentials verglichen und kommen zu einem Schluss, der diesen Ausweg vereitelt:

Auch wenn Frauen alle die Aktivitäten entfalten, die gemeinhin empfohlen werden, kommen sie viel langsamer voran als Männer, die das Gleiche tun, und sie verdienen weniger.

Vier Muster, die Karriere zu betreiben

In einer Studie der gemeinnützigen Organisation Catalyst, deren Ziel die Verbesserung der Beziehung zwischen Frauen und Business ist, wurden 3345 High Potentials in Europa, Asien und Nordamerika befragt.[13] Alle hatten zwischen 1996 und 2004 ihr MBA-Studium abgeschlossen, alle hatten eine Vollzeit-Anstellung in einem Unternehmen, und alle waren ohne Unterbrechung berufstätig.

Wenn man den Ergebnissen der Untersuchung trauen darf, tun die High Potentials genau das, was von den Ratgebern (→ KASTEN „Was empfehlen Karriereberater?“) empfohlen wird; die am häufigsten genannten Aktivitäten sind:

- Erfahrungen sammeln durch unterschiedliche Arbeitsaufgaben,
- Zugang zu den Mächtigen suchen,
- eigene Leistungen sichtbar machen.

Auf den weiteren Plätzen finden sich:

- Bereitschaft zeigen, lange Stunden – auch an Wochenenden – zu arbeiten,
- Kompetenzen und Fähigkeiten durch entsprechende Trainings weiterentwickeln,
- die eigene Karriere planen,
- den Rat anderer suchen,
- Ausschau halten nach Entwicklungsmöglichkeiten innerhalb der eigenen Firma,
- Ausschau halten nach Entwicklungsmöglichkeiten außerhalb der eigenen Firma.

Was empfehlen Karriereberater, Ratgeberbücher, Coaches und Mentoren?

- Bemühe dich um hochrangige, wichtige Projekte.
- Suche die Nähe und den Kontakt zu Mächtigen.
- Mach kein Geheimnis aus deinen Ambitionen, sondern sprich offen und direkt darüber.
- Mach deine Leistungen bekannt.
- Suche aktiv neue Chancen innerhalb und außerhalb des Unternehmens.
- Lerne, dich im politischen Feld deines Unternehmens zu bewegen.

Gebündelt lassen sich diese Aktivitäten zu vier Handlungsmustern ordnen:

Die größte Gruppe sind die „Kletterer“ („Climbers“), die innerhalb der eigenen Organisation die Leiter emporklettern. Dazu suchen sie wichtige Projekte, halten nach Möglichkeiten Ausschau, ihre Sichtbarkeit zu verbessern, arbeiten lange Stunden und pflegen ihre Netzwerke (32 % der Männer, 31 % der Frauen).

Die „Hedgers“ (26 % der Frauen, 25 % der Männer) gehen auf Nummer sicher. Sie sind die Aktivsten. Sie unternehmen alles, um voranzukommen; sie setzen alle oben genannten Karrieretaktiken ein, sowohl im eigenen Unternehmen als auch außerhalb.

Die wichtigste Karriereaktivität der „Scanners“ (28 % der Frauen, 24 % der Männer) ist das Ausschau-Halten. Sie haben stets die Hand am Puls des Arbeitsmarktes und sind immer in Bereitschaft, ihre Stelle und auch ihr Unternehmen zu wechseln.

Die kleinste Gruppe war die der „Coasters“, High Potentials, die im Schongang dahinrollen, die ihre Arbeit engagiert tun, aber ihre Karriere nicht aktiv betreiben (19 % der Männer und 14 % der Frauen).

Männer und Frauen, das zeigen die Zahlen, unterscheiden sich kaum. Die Vorstellung, Frauen würden andere Strategien anwenden als die Männer oder gar keine, lässt sich nicht aufrechterhalten.

Erfolgreich – für wen?

Männer kommen schneller und weiter voran, wenn sie die empfohlenen Karrierestrategien einsetzen. Die Männer in der aktivsten Gruppe (Hedgers) profitierten am meisten. Doppelt so viele Männer wie Frauen aus dieser Gruppe brachten es zum CEO (21 vs. 11 %). Für die Frauen dagegen machte es keinen Unterschied in ihrem Karriereerfolg, ob sie Climbers, Hedgers oder Scanners waren – alle profitierten wenig, gerade ein wenig mehr als die Frauen, die gar nichts taten (Coasters). Und sie hatten noch etwas gemeinsam: In allen Gruppen profitierten die Männer deutlich mehr von ihren Bemühungen als die Frauen, selbst in der Gruppe der Coasters waren die Männer erfolgreicher.

Dieselben Strategien bringen den Männern sehr viel mehr als den Frauen. Aber auch für diese ist es vorteilhafter, ihre Karriere aktiv zu betreiben, als gar nichts zu tun.

Am wichtigsten für Frauen – so ergab die weitere Analyse – ist es, ihre Leistungen gegenüber ihren Vorgesetzten sichtbar zu machen und sich Feedback dazu einzuholen. Angesichts der Schwierigkeit für Frauen, sich mit ihren Kompetenzen zu profilieren (→ Kapitel 3 in Band 1), ist das keine leichte Aufgabe, aber eine, über deren Bewältigung nachzudenken sich lohnt.

Die Männer dagegen profitieren am meisten von ihrer Bereitschaft, lange Stunden zu arbeiten, und davon, durch regelmäßige Überprüfung der Arbeitsmarktsituation ihren Marktwert im Auge zu behalten.

Beide, Männer und Frauen, profitieren von ihrem Zugang zu Mächtigen.

Angesichts dieser Ergebnisse müssen Unternehmen sich fragen, wie viele Frauen unterhalb ihrer Möglichkeiten eingesetzt werden.

Offen bleibt die Suche nach den Gründen: Wenn's nicht die Karrierestrategien sind – wie kommt es, dass die Männer schneller aufsteigen?

Eine kleine Warnung

Vor einer Verallgemeinerung der Ergebnisse ist zu bedenken: Befragt wurden High Potentials mit einer teuren, exklusiven Ausbildung. Wahrscheinlich sind sie ehrgeiziger als andere Gruppen und eindeutiger entschlossen, Karriere zu machen. Es wäre allerdings unangemessen, sie deswegen zu Ausnahmen zu erklären, die eine Regel bestätigen.

3

70/20/10 – den Unterschieden auf der Spur

Hochqualifizierte, hochmotivierte Frauen kommen langsamer voran als ihre männlichen Kollegen und verdienen weniger.[14] Schon bei der ersten Führungsposition zeigen sich diese Unterschiede, und im Laufe der Zeit öffnet sich die Schere immer weiter. Das geschieht, obwohl diese Frauen so gut ausgebildet sind wie die Männer und ihre Karriere mit den gleichen Strategien verfolgen – ein rätselhafter Vorgang (→ Kapitel 2 in diesem Band).

Das 70/20/10-Modell des Lernens

Eine Spur, die zu verfolgen sich lohnt, führt in die Tiefen des Arbeitsalltags. Um befördert zu werden, muss man erfolgreich sein und als erfolgreich gelten. Wie und wo lernen Führungskräfte, ihre Arbeit erfolgreich zu tun? Wo machen sie Erfahrungen, die für ihre weitere Entwicklung bedeutsam sind? Um Antworten auf diese Frage zu bekommen, führten Morgan McCall, heute Professor für Management und Organisation an der USC Marshall School of Business, und seine Kollegen 1996 eine Befragung erfolgreicher Manager durch. Sie fanden:

- 70 % der wichtigen Lektionen werden durch schwierige Arbeitsaufgaben gelernt,
- 20 % lernten sie durch andere Menschen, vor allem ihre Vorgesetzten, und
- 10 % lernten sie durch Weiterbildung.

Auf diesem Ergebnis basiert das „70/20/10-Model of Learning and Development“ [15].

An diesem Modell kann man sich orientieren und fragen: Wie unterscheiden sich die Arbeitsaufgaben von Männern und Frauen? Wie unterscheiden sich ihre Beziehungen und wie ihre Weiterbildung? Diese Fragen stellten Forscherinnen der gemeinnützigen Organisation Catalyst einer großen Anzahl von High Potentials mit MBA-Abschluss in Europa, Asien und Nordamerika, die bereits seit einigen Jahren berufstätig waren.[16]

Die Ergebnisse sind interessant. Kurz gesagt: Männer bekommen karriereträchtigere Aufgaben als Frauen; häufiger werden sie von mächtigen Männern unterstützt, die ihnen die Tür zu weiteren Herausforderungen öffnen. Und schließlich: Die Frauen beginnen früher mit unternehmensinterner Weiterbildung, aber die der Männer hat viel häufiger einen Karrieresprung zur Folge. Im Einzelnen:

Karriereträchtige Aufgaben (70 %)

Die Männer und Frauen der befragten Gruppe sind sich einig: Am wichtigsten für ihre Karriere sind die Aufgaben, die sie bekommen. Als besonders karriereträchtig nennen sie:

- die Leitung eines prestigeträchtigen, eines „heißen“ Projektes,
- internationale Erfahrungen,
- die Übernahme einer Position, die für den Erfolg des Unternehmens kritisch ist (Verantwortung für ein hohes Budget, Ergebnisverantwortung und eine große Zahl unterstellter Mitarbeiter).

Die Chance, solche Aufgaben tatsächlich zu übernehmen, hatten deutlich mehr Männer als Frauen: Beide leiteten Projekte, aber die der Männer waren wichtiger. Beide hatten schon Positionen innegehabt, die für den Unternehmenserfolg entscheidend waren, Frauen aber deutlich seltener; beide konnten internationale Erfahrungen machen – Frauen aber in signifikant geringerem Umfang (→ KASTEN „Job ist nicht gleich Job“, S. 20). So hatten die Männer rasch mehr vorzuweisen, wenn es um eine Beförderung ging. Sie hatten mehr geleistet, weil sie mehr leisten durften.

Wichtige Beziehungen (20 %)

In vielen Unternehmen gibt es Mentoring-Programme für Frauen. Untersuchungen haben gezeigt, dass diese für die Karriere wichtig sind.[17] Aber wenn es um Top-Positionen geht, reichen Mentoren nicht aus.[18] Je höher es hinaufgeht, desto wichtiger werden „Sponsoren“. Diese beraten nicht nur, sie werden aktiv. Sie nutzen ihren Einfluss bei Personalentscheidungen und setzen sich für die Beförderungen eines bestimmten Kandidaten ein. Wenn dann ihr Protegé die Position erhält und dort seine Sache gut macht, öffnet dies die Tür zu weiteren, mächtigeren Sponsoren, die ihm möglicherweise weiter hinaufhelfen. Sponsorship ist für den Sponsor riskant, denn wenn der Kandidat nicht erfolgreich ist, beschädigt ihn dies in seinem

Job ist nicht gleich Job

Die Männer leiten die „heißeren" Projekte:

- Das Budget der von Männern geleiteten Projekte war mehr als doppelt so hoch wie das der Frauen.
- Die „Männerprojekte" hatten dreimal so viele Mitarbeiter.
- Die „Männerprojekte" hatten signifikant häufigere Auftritte beim Vorstand.
- Die „Männerprojekte" waren für das Unternehmen deutlich riskanter.

Die Männer haben sich häufiger in erfolgskritischen Positionen bewährt:

- Eine Budgetverantwortung von mehr als 10 Mio. $ hatten 30 % der Männer, 22 % der Frauen.
- Ergebnisverantwortung hatten 56 % der Männer, 46 % der Frauen.
- 77 % der Männer hatten ihnen direkt unterstellte Mitarbeiter, 70 % der Frauen.

Die Männer sind international erfahrener:

- 88 % der Männer haben in internationalen Teams gearbeitet, ohne im Ausland zu leben, im Vergleich zu 77 % der Frauen.
- 28 % der Männer, aber nur 17 % der Frauen waren im Ausland tätig.
- 64 % der Frauen – im Vergleich zu 55 % der Männer – wurde niemals eine Auslandstätigkeit angeboten.
- 11 % der Männer und 10 % der Frauen lehnten die Möglichkeit, im Ausland zu arbeiten, ab.

Christine Silva, Nancy M. Carter und Anna Beninger, *Good Intentions, Imperfect Execution? Women Get Fewer of the „Hot Jobs" Needed to Advance*, 2012 (übersetzt)
www.catalyst.org/knowledge/good-intentions-imperfect-execution-women-get-fewer-hot-jobs-needed-advance (letzter Zugriff 06.01.2014)

| BertelsmannStiftung

Ansehen. Auch die Person, die offen Unterstützung bekommt, riskiert, dass ein Misserfolg sie erst einmal, vielleicht für immer, „verbrennt". Untersuchungen über Headhunter zeigen, dass es innerhalb wie außerhalb des Unternehmens als riskanter gilt, Frauen zu empfehlen (→ Kapitel 7 in diesem Band).

Die von Catalyst befragten High Potentials, die sich mit ihren Sponsoren zufrieden oder sehr zufrieden zeigten, waren auch erfolgreicher. Ihre Personalverantwortung war umfangreicher, und sie leiteten Projekte, die nicht nur ein größeres Budget hatten, sondern zudem für den Unternehmenserfolg zentrale Bedeutung besaßen.

Dennoch kann auch ein Sponsor die Schere zwischen den Karrieren von Männern und von Frauen nicht schließen: Vergleicht man Frauen und Männer in der Gruppe derjenigen, die mit ihrem Sponsor sehr zufrieden waren, dann leiten die Männer immer noch die größeren Projekte und haben immer noch mehr Personalverantwortung.[19]

Weiterbildung (10 %)

Fortbildungsprogramme sind wichtig für die zukünftigen Unternehmensleiter und -leiterinnen – allerdings weniger wichtig, als Trainer und Beraterinnen denken. Nach den Ergebnissen von McCall und Kollegen machen Manager nur 10 % ihrer erfolgsrelevanten Lernerfahrungen in Seminaren und Trainings.

Männer und Frauen aus der von Catalyst befragten Gruppe der High Potentials unterschieden sich nicht in ihren Zugangsmöglichkeiten zu solchen Programmen. Innerhalb von 18 Monaten zahlte sich für beide die Teilnahme an einem Leadership-Programm durch diverse berufliche Veränderungen aus – für Männer allerdings mehr als für Frauen. Insbesondere

- bekamen fast doppelt so viele Männer wie Frauen zum ersten Mal eine Stelle mit Ergebnisverantwortung (13 vs. 7 %),
- bekamen mehr Männer als Frauen eine Aufgabe im Ausland angeboten (23 vs. 14 %),
- wurden mehr Männer als Frauen befördert (51 vs. 37 %).

Was tun?

➲ Lassen Sie, sofern nicht schon vorhanden, in Ihrem Unternehmen eine Leitlinie zur Vergabe wichtiger Projekte entwickeln.

➲ Nehmen Sie Ihre Führungskräfte in die Pflicht: Die Teilnahme an Fortbildungsprogrammen muss sich für Männer wie Frauen gleichermaßen lohnen. Dazu muss sie Bestandteil des individuellen Karriereplans werden.

4

Vernetzen – aber wie?

Aufbau und Pflege von Netzwerken sind für den beruflichen Aufstieg unerlässlich – je höher die Position, desto wichtiger werden sie. Gute Beziehungen zu Kunden, zu Kollegen und zu einflussreichen Personen inner- und außerhalb des Unternehmens fördern das Geschäft und erleichtern den Aufstieg.

Diese informellen Netzwerke sind nicht im Organigramm festgeschrieben, es handelt sich vielmehr um soziale Beziehungen in und hinter den Kulissen. Sie werden genutzt, um Ressourcen und Informationen auszutauschen. Das kommt auch dem Unternehmen zugute, denn informelle Netzwerke erleichtern reibungslose Kooperation, die sich nicht verordnen lässt.

Mit der Absicht, ihre Führungsfrauen zu unterstützen, investieren Unternehmen oft in Frauennetzwerke, also in den Aufbau formaler Netze. Aber helfen diese wirklich (→ KASTEN „Formale und informelle Netzwerke")?

Formale und informelle Netzwerke

Formale Netzwerke sind Gruppen mit definierter Mitgliedschaft, die durch das Unternehmen ins Leben gerufen und unterstützt werden. Die Mitglieder erhalten so die Möglichkeit, Beziehungen aufzubauen, die ihrer professionellen Entwicklung zugutekommen.

Das informelle arbeitsbezogene Netzwerk einer Frau kann man sich als eine Gruppe von Bekanntschaften, von Kollegen oder auch Freunden vorstellen; manche Beziehungen haben sich im Laufe der Zeit entwickelt, andere sind bewusst aufgebaut. An diese Kontakte wendet sie sich in ganz unterschiedlichen berufsbezogenen Angelegenheiten, wenn sie der Unterstützung bedarf.

„Sticking" oder „Blending"

Beim Netzwerken handeln Menschen nach der Devise „Gleich und Gleich gesellt sich gern" („sticking"). Männer vernetzen sich vor allem mit Männern, Frauen mit Frauen. In männlich dominierten Unternehmen und auf den überwiegend mit Männern besetzten Führungsetagen bringt diese Präferenz Frauen jedoch nicht weiter. Sie müssten eigentlich gemischte Netzwerke entwickeln („blending"). Denn Männer wie Frauen brauchen, um voranzukommen, Zugang zu den Einflussnetzen des Unternehmens – und die sind von Männern bestimmt. Beide brauchen Sponsoren, also Personen, die sich für sie einsetzen, und beide brauchen soziale Unterstützung, nämlich Ermutigung und Zuspruch.

Der wichtigste Punkt, in dem sich Männernetzwerke und Frauennetzwerke unterscheiden, ist folgender: Männernetzwerke ermöglichen ihren Mitgliedern Zugang zu einflussreichen Personen und bieten ihnen soziale Unterstützung. Frauennetzwerke dagegen sind einflussloser, solange Frauen auf hohen Positionen dünn gesät sind. Die Netzwerkforscherin Nicoline Scheidegger hat herausgefunden, dass Frauen, um befördert zu werden, über den unmittelbaren Vorgesetzten hinaus in ihrem Netz hochrangige (männliche) Partner brauchen[20] (→ KASTEN „Welche Netze nutzen wem?").

Welche Netze nutzen wem?

- Frauen (auf jeder Position) brauchen ein Netzwerk um einen hochrangigen Partner herum, der nicht ihr direkter Vorgesetzter ist, sondern als ihr Sponsor wirken kann.
- Männer und Frauen erhalten Zugang zu mächtigen Personen über Männer.
- Männer bevorzugen andere Männer in ihren Netzen. Frauen brauchen aber männliche Netzwerkpartner für ihren Aufstieg.
- In gemischtgeschlechtlichen Netzwerken haben Frauen Randpositionen.[21]

Im Dilemma

Kontakt zu einflussreichen männlichen Unterstützern zu bekommen ist für Frauen kompliziert. Informelle Situationen am Rande einer Veranstaltung, zum Beispiel abends an der Bar, bieten sich dafür an. Aber anders als Männer, die ganz unbefangen aufeinander zugehen können, müssen Frauen Sorge haben, dass ihr Interesse als sexuelles Angebot missverstanden wird. Sie müssen darauf achten, stets die richtige Balance zwischen Nähe und Distanz zu halten.

Umgekehrt zögern auch einflussreiche Männer, sich für eine Frau einzusetzen. Sie befürchten, dass andere den Charakter der Beziehung falsch deuten. Das würde beiden Seiten schaden.

Diese Situation macht den Aufbau von potenten Netzwerken – und das sind solche, die auch Männer einschließen – für Frauen schwierig. Nicht selten führt die Angst vor Komplikationen dazu, dass Frauen informelle Kontakte eher meiden und damit Chancen auf eine wichtige Erweiterung ihres Netzwerks vergeben.[22]

Ein Frauennetzwerk braucht Einfluss

In vielen Unternehmen sehen die Verantwortlichen, dass es bei Führungsfrauen mit der Vernetzung hapert, und versuchen durch ein formales, offizielles Netzwerk Abhilfe zu schaffen. Personalabteilung oder Diversity-Beauftragte bauen innerbetriebliche oder auch betriebsübergreifende Frauennetzwerke auf und laden zur Teilnahme ein. Ein Vortrag wird gehalten, es wird diskutiert, Erfrischungen werden gereicht, und die Frauen sollen miteinander ins Gespräch kommen.

Es mögen an diesen Abenden durchaus interessante Gespräche entstehen, karriererelevant sind solche Angebote nicht. Sie dienen der Entlastung und verringern Gefühle der Isolation. Das ist auch wichtig, nützt aber nicht dem Aufstieg. Wenn ein formales Frauennetzwerk nützen soll, muss es einflussreich sein, und es muss den Mitgliedern Kontakt mit mächtigen Akteuren im Unternehmen ermöglichen.

Mittlerweile haben viele Unternehmen – z. B. Daimler AG, Accenture, Hewlett-Packard, Telekom, Post AG – einflussreiche Frauennetzwerke. Sie liefern Beispiele dafür, was diese Netzwerke brauchen, um einflussreich werden zu können.[23] Die Wege, die dabei beschritten werden, sind unterschiedlich, aber es gibt einige Gemeinsamkeiten (→ KASTEN „Was macht ein Frauennetzwerk einflussreich?“).

Was macht ein Frauennetzwerk einflussreich?

- Die Führungsspitze engagiert sich – nicht nur einmal, sondern regelmäßig.
- Das Netzwerk hat ein eigenes Budget.
- Das Netzwerk hat Sponsoren in den Reihen der oberen Führungskräfte.
- Das Netzwerk und die im Unternehmen als High Potentials geltenden Frauen sind vernetzt.
- Es werden Berührungspunkte zwischen Netzwerk und Top-Management geschaffen, zum Beispiel durch Veranstaltungen oder regelmäßige Besuche.

Was kann der direkte Vorgesetzte tun?

Auch ohne einflussreiches Frauennetzwerk können Vorgesetzte vielversprechende Mitarbeiterinnen bei ihrer Vernetzung unterstützen.

- Da Frauen immer noch allzu sehr auf fachliche Tüchtigkeit setzen, haben sie die Bedeutung einflussreicher Netzwerke nicht immer vor Augen. Daher ist es wichtig, Frauen ab und zu an die Bedeutung der Netzwerkpflege zu erinnern.
- Im informellen Rahmen können Vorgesetzte ihre Mitarbeiterin interessanten Gesprächspartnern vorstellen und so die Gefahr ausschließen, dass der Kontakt als sexuelle Annäherung verstanden wird.
- Vorgesetzte können schließlich auch Arbeitssituationen nutzen, um eine Mitarbeiterin mit höherrangigen Managern bekannt zu machen. Wenn sie sie gezielt in Gremien entsenden, in denen das möglich ist, wenn sie sie gemeinsame Arbeitsergebnisse präsentieren lassen und sie einladen, sie zu einer wichtigen Sitzung zu begleiten, dann entstehen die Kontakte, die sie einmal brauchen wird, wie von selbst.

Was tun?

- Veranlassen Sie, dass das Frauennetzwerk in Ihrem Unternehmen einen Rahmen bekommt, der für Verbindlichkeit und Ansehen sorgt.
- Bitten Sie die Task-Force (→ Kapitel 7 in Band 2), für hochrangige Patenschaften zu sorgen.
- Geben Sie bei der Personalabteilung eine „Begegnungsplanung" zwischen einflussreichen Führungskräften und weiblichen High Potentials in Auftrag.

ZUM WEITERLESEN

Wenn Sie auf der Website von Catalyst.org das Stichwort „Knowledge Center" anklicken und dort „networking" eingeben, kommen Sie zu Praxisbeispielen, Tools und Studien zu Vernetzungsthemen und Frauennetzwerken. www.catalyst.org/knowledge.

Best-Practice-Beispiele zu Netzwerken und Vernetzungsangeboten aus deutschen Unternehmen finden Sie in:
Aktionärinnen fordern Gleichberechtigung – 2012. Bundesministerium für Familie, Senioren, Frauen und Jugend/djb. Berlin 2012, S. 141–161.
Zum Download auf www.creating-corporate-cultures.org/fuehrungsfrauen

5

Alternativen zur Karriereleiter

Die üblichen Karrierewege im Unternehmen haben noch nie zum Lebenslauf von Frauen gepasst. Sie sind für Männer gemacht, die ihre Erwerbsarbeit nicht unterbrechen, ihre Stunden nicht reduzieren und die stolz sind auf ihre Verfügbarkeit. Das ändert sich gerade, denn die Folgen der demographischen Entwicklung werden spürbarer, die Berufsbiographien auch der Männer werden „unordentlicher", und das Bedürfnis der Generation Y nach besserer Work-Life-Balance beginnt bei den Unternehmen anzukommen. Es ist an der Zeit, sich für Alternativen zu interessieren – denn diese gibt es.

Das Leiter-Modell ist frauenfeindlich (und antiquiert)

Traditionelle Karrierewege haben Unternehmen schon manchen Verlust beschert. Nicht wenige qualifizierte Frauen wurden und werden unter ihren Möglichkeiten eingesetzt, weil sie Bedingungen für einen Aufstieg nicht erfüllen können oder von ihren Vorgesetzten behindert werden.

Einige Merkmale des Leiter-Modells der Karriere passen nicht für Frauen: Da ist zum einen das „Up or out"-Prinzip. Eine Leiter hat Sprossen – Schritt für Schritt nach oben, etwas anderes ist nicht vorgesehen. Diese geradlinige Starre passt weder zu den Wünschen vieler Frauen noch zu ihren wechselnden Lebenssituationen. Für Frauen, die eine Position an der Spitze ablehnen, heißt „out" nicht gekündigt werden, sondern möglicherweise selber kündigen, sei es innerlich oder auch äußerlich. Meist jedoch bedeutet es Unterforderung auf hohem Niveau. Studien weisen darauf hin, dass es manchen Frauen eher darum geht, eine gute Balance in ihr Leben zu bekommen, dass sie vielleicht dazu ein Plateau, eine längere Verweildauer auf einer Position, in ihrer beruflichen Entwicklung brauchen, ohne dass sie deswegen abgeschrieben werden.[24] Solche Wünsche haben zurzeit noch keinen Platz.

Zum anderen gibt es einen zeitlichen Rahmen für den Aufstieg. Jeder und jede, die etwas werden will, muss bestimmte Schritte – Qualifizierungsmaßnahmen und Auswahlsituationen – innerhalb eines vorgegebenen Zeitraums absolvieren. Frauen, die mehrere Kinder bekommen oder die mit Familien- und Versorgungsaufgaben jonglieren, können diese Regeln vielleicht nicht erfüllen.

Diversifizierungsversuche

Wenn die Hierarchien flacher werden, hat die Leiter weniger Sprossen, es gibt weniger Aufstiegsmöglichkeiten. Um ihren Mitarbeitern dennoch eine Entwicklung bieten zu können, haben einige Unternehmen neben der Führungslaufbahn die Fachlaufbahn und in geringerem Umfang auch noch eine Projektlaufbahn eingeführt. Sie sollen Mitarbeitern, die keine Führungsaufgaben möchten, Aufstieg und Entwicklung als Experte oder Expertin ermöglichen.

Ob dieser Versuch erfolgreich ist, darüber gehen die Meinungen auseinander. Die Fachlaufbahn wirft Probleme hinsichtlich Status und Vernetzung auf, Durchlässigkeit zwischen Fach- und Führungslaufbahn gibt es kaum, eine finanzielle Gleichstellung ist nicht immer gegeben.[25]

Probleme, die Frauen mit dem Leiter-Modell haben, werden dadurch nicht gelöst – es gibt jetzt einfach zwei Leitern statt einer. Männern, die etwas anderes wollen als 40 Jahre lang von 9 bis 17 Uhr arbeiten, ist damit auch nicht geholfen. Es ist zurzeit nur die zweitbeste Lösung. Auch wenn es eine Fach- und eine Führungslaufbahn gibt: Die Frauen müssen den Vorgesetzten jede Abweichung vom normalen Aufstiegsweg in mühsamer Verhandlung abringen. Und dann können sie meist nicht einmal sicher sein, dass Abweichungen ihnen nicht doch schaden.

Das Karrieregitter

Unternehmen, die an einem linearen Aufstiegskonzept festhalten, verzichten auf viele Talente. Cathleen Benko und Molly Anderson, zwei hochrangige Führungsfrauen bei der Unternehmensberatung Deloitte, begründen, warum das so ist.[26]

Lebensmodelle und damit auch Ansprüche junger Talente, so Benko und Anderson, sind dabei, sich zu verändern, haben sich zum Teil schon gewandelt. In den USA mag diese Entwicklung bereits weiter fortgeschritten sein, aber sie macht sich auch hierzulande bemerkbar. Die wichtigsten Veränderungen sind:

- Die traditionelle Erwerbsbiographie löst sich auf, nichtlineare Karrieren werden normal.
- Berufseinsteiger erwarten eine bessere Work-Life-Balance.
- Herausforderung und Lernmöglichkeiten haben Priorität.
- Mitarbeiter wünschen sich Sabbaticals und Aufstiegsplateaus.
- Auf der Suche nach neuen Chancen werden Arbeitgeber schneller gewechselt.

Unternehmen, die die Besten gewinnen wollen, sind gut beraten, wenn sie diese Veränderungen zur Kenntnis nehmen und darauf reagieren. Die Autorinnen Benko und Anderson antworten darauf mit einem alternativen Karrierekonzept, das in Teilen bei einigen Unternehmen schon erprobt ist[27] – weg mit der Leiter, hin zum Gitterwerk der beruflichen Entwicklung (→ GRAFIK „Vergleich der Karrierewege nach dem Leiter- und dem Gittermodell“, S. 29).

Das Karrieregitter bietet Mitarbeitern und Mitarbeiterinnen viele Wege, sich beruflich zu entwickeln. Es beinhaltet

- die Möglichkeit, auf gleicher Ebene in andere Bereiche zu wechseln (Job-Rotation und das Ende der „Silo-Denke“),
- Durchlässigkeit zwischen den verschiedenen Laufbahnen (Fach-, Führungs-, Projektlaufbahn,
- einen Aufstieg auf die nächste Ebene innerhalb des eigenen oder eines anderen Bereichs,
- definierte Plateaus, also Positionen, auf denen eine längere Verweildauer ohne Nachteil möglich ist.

Vergleich der Karrierewege nach dem Leiter- und dem Gittermodell

Leitermodell des Aufstiegs | **Gittermodell der Karrierewege**

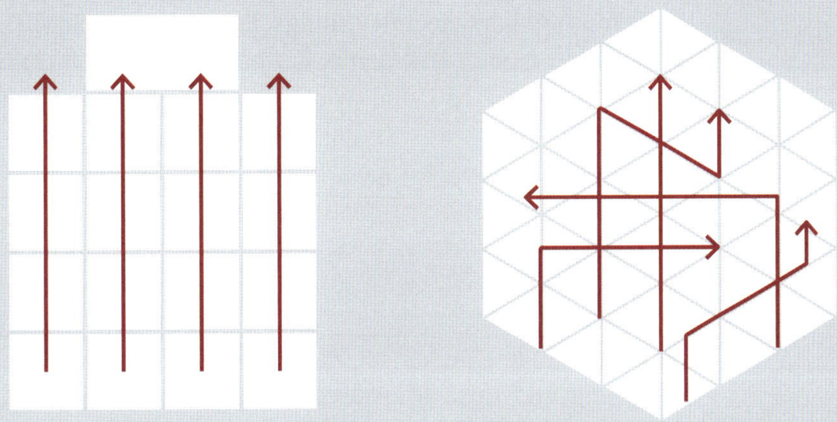

Beispiele für lineare Karriereentwicklung | Beispiele für vielfältigere Wege zu Wachstum und beruflicher Entwicklung

Cathy Benko, Molly Anderson und Suzanne Vickberg, *The Corporate Lattice. A strategic response to the changing world of work*, Deloitte Review, 2011, S. 96 (übersetzt)

| BertelsmannStiftung

Ein Unternehmen mit traditionellen Aufstiegswegen, so die Autorinnen, ist schwerfällig und kann nur sehr langsam auf neue Entwicklungen reagieren. So hat es zum Beispiel in vielen Firmen lange gedauert, bis IT-Experten im neu entstandenen IT-Bereich Möglichkeiten geboten wurden, sich zu entwickeln, ohne ihre inhaltliche Kompetenz aufzugeben. Allzu oft blieben sie entweder beruflich stecken, oder sie mussten ihre Fachkompetenz gegen eine Führungsaufgabe eintauschen. Warum sollen High Potentials das akzeptieren?

Das Karrieregitter ist attraktiv für junge Talente, denn es bietet viele Optionen. Vor allem verspricht es vielfältige Lernerfahrungen. Benko und Anderson sind davon überzeugt, dass Berufseinsteiger zunehmend nicht mehr vor allem den Aufstieg suchen, sondern interessante Herausforderungen, die ihren Marktwert steigern („Career enhancement is the new career advancement").[28]

Das Beispiel MCC – „mass career customization"[29] – oder auch: die individuelle Karriere für jedermann

Seit einigen Jahren bereits erproben interessierte Firmen, z. B. Thrivent Financial for Lutherans, ein Fortune-500-Finanzdienstleister, das ebenfalls bei Deloitte entwickelte Tool für individualisierte Karriereplanung für Wissensarbeiter.[30]

Das MCC-Tool bietet einen Rahmen und ein Verfahren, um eine möglichst gute Passung zwischen beruflicher Entwicklung und persönlichen Lebensumständen immer wieder neu herzustellen. Den Rahmen bilden vier Karrieremerkmale:

1. **Das Tempo der Karriereentwicklung** („Pace“): Wie rasch will sich jemand im Vergleich zu den Kollegen z. B. durch Übernahme besonderer Aufgaben entwickeln? Optionen zwischen den Polen „verlangsamt“ und „beschleunigt“.
2. **Das Arbeitspensum** („Workload“): Optionen zwischen den Polen „volle Belastung“ und „mindere Belastung“.
3. **Arbeitsort und -stunden** („Location/schedule“): Hier gibt es Optionen, wo und wann gearbeitet wird, zwischen den Polen „eingeschränkt“ und „uneingeschränkt“.
4. **Die Rolle** („Role“) beinhaltet Aussagen über Position, Arbeitsplatzbeschreibung und Zuständigkeiten. Die Pole können je nach Unternehmen unterschiedlich definiert sein, z. B. zwischen „Einzelbeitrag“ und „Führung“, zwischen „Eintrittsniveau“ und „Senior“ oder auch zwischen „Innendienst“ und „Außendienst“.

(→ GRAFIK „Vier Dimensionen der ‚mass career customization‘“.)

Vier Dimensionen der „mass career customization“

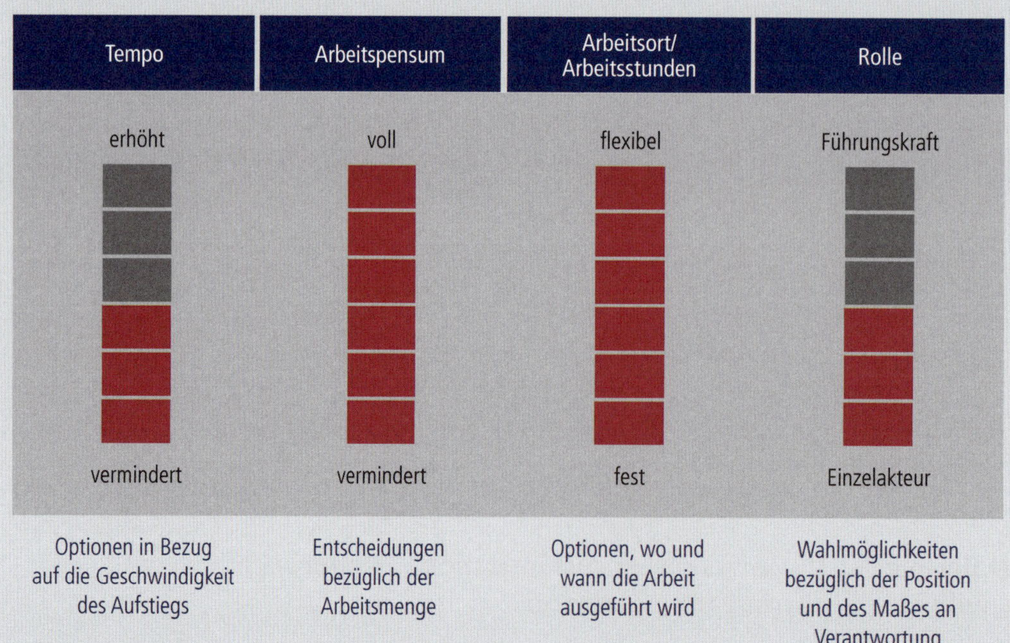

Cathy Benko und Anne Weisberg, *Mass Career Customization*, Deloitte Review, 2008, S. 58 (übersetzt) | BertelsmannStiftung

Mithilfe dieses Rasters kann jedes Mitglied des Unternehmens seine Präferenzen mit dem Vorgesetzten besprechen – zum Beispiel im Rahmen des jährlichen Entwicklungsgesprächs. MCC und Karrieregitter eröffnen Führungsfrauen mit Familie neue Wahlmöglichkeiten. Die Passung zwischen Lebenssituation und Arbeit wird erleichtert. Wechselndes berufliches Engagement wird für Frauen und Männer zur Normalität. Das Unternehmen profitiert ebenfalls – es hat, trotz flacherer Hierarchie, den vielversprechenden Frauen und den jungen Leuten der Generation Y viele Entwicklungswege zu bieten.

Natürlich ist das Gelingen von Voraussetzungen abhängig. Wenn die Karriereplanung mithilfe des MCC zum bürokratischen Ankreuzen von Kästchen wird, ist das Instrument sinnlos. Damit die Optionen des Karrieregitters attraktiv werden, muss die Unternehmenskultur sich verändern. Denn wenn letztlich doch nur der Aufstieg zählt, kann man sich das Gitter sparen.

Was tun?

- Informieren Sie sich über die Aufstiegsregelungen in Ihrem Hause. Welche Karrierewege mit welchen Stationen gibt es? Bitten Sie Ihre Fachleute um eine Bewertung der Stärken und Schwächen.
- Prüfen Sie: Wie ist es um die Durchlässigkeit der Karrierewege bestellt?
- Bitten Sie Ihr Controlling um Zahlen, die Karrierewege und -tempo Ihrer Führungsfrauen abbilden.
- Zeigt sich Handlungsbedarf?

ZUM WEITERLESEN

Die Entwicklung des Konzepts und Erfahrungen mit seiner Erprobung sind hier kurz geschildert:
Deloitte: „Introduction to Mass Career Customization. Aligning the Workplace with Today's Workforce". 2011.
Zum Download auf www.creating-corporate-cultures.org/fuehrungsfrauen

Eine ausführliche Darstellung und Bewertung liefert das Buch
Cathleen Benko und Anne C. Weisberg, *Mass Career Customization. Aligning the Workplace with Today's Nontraditional Workforce.* Boston 2007.

6

Geschlossene Gesellschaft

In Vorständen und Aufsichtsräten sind die Männer immer noch weitgehend unter sich. Die Karrieren hochqualifizierter Frauen enden an der Tür zum Vorstandsbüro – und das trotz bester Vorsätze und anderslautender Selbstverpflichtungen. Solch stabile Geschlossenheit ist bemerkenswert – für die Unternehmen schädlich und für die Ausgeschlossenen ärgerlich. Wie ist sie zu erklären und wie zu ändern?

Die Zahlen aus deutschen Unternehmen sprechen eine klare Sprache:[31]

Aufsichtsräte in DAX-30-Unternehmen, 2012

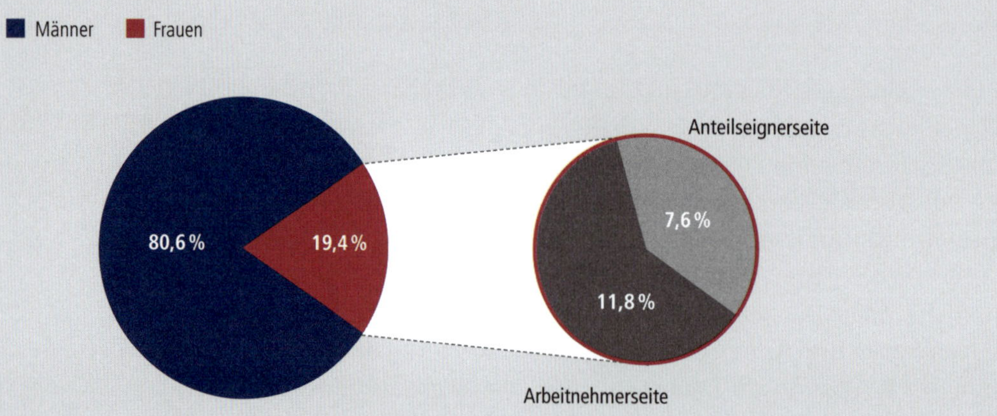

Nach: Katrin Lange, „Aufsichtsräte und Vorstände: Aktuelle Zahlen", *Aktionärinnen fordern Gleichberechtigung – 2012*. Bundesministerium für Familie, Senioren, Frauen und Jugend/djb. Berlin 2012, S. 21, Abb. 1 | BertelsmannStiftung

Vorstände in DAX-30-Unternehmen, 2012

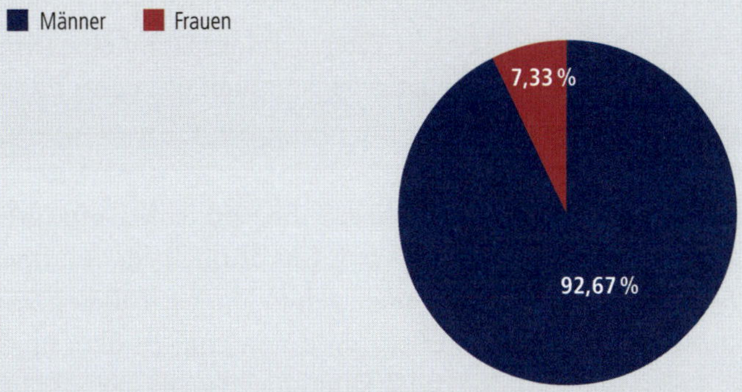

Nach: Katrin Lange, „Aufsichtsräte und Vorstände: Aktuelle Zahlen", *Aktionärinnen fordern Gleichberechtigung – 2012*. Bundesministerium für Familie, Senioren, Frauen und Jugend/djb. Berlin 2012, S. 26, Abb. 7 | BertelsmannStiftung

Nicht nur den Frauen wird der Zutritt verwehrt

In den Spitzengremien der deutschen Wirtschaft sind nur ganz spezielle Menschen willkommen. Diese zeichnen sich nicht etwa vor allem durch überragende Leistungen aus. Ihr wichtigstes Eignungsmerkmal ist vielmehr: Sie müssen zu denen passen, die schon dort sind. Und viele passen nicht.

Der Elitenforscher Michael Hartmann untersucht die berufliche Entwicklung von Promovierten verschiedener Jahrgänge und stellt fest: Firmenvorstände müssen Männer mit der richtigen Herkunft sein. Angehörige des gehobenen Bürgertums und des Großbürgertums haben eine um 90 % größere Chance, in höchste Führungspositionen von Unternehmen aufzusteigen. Die Karriere der Bildungsbürger verläuft zudem zwei- bis dreimal so schnell.[32]

Hartmann stellt fest: „Je höher die Position in der Wirtschaft ist, desto größer ist auch das Gewicht der sozialen Herkunft. Der Zugang zur Wirtschaftselite im engeren Sinne bleibt weitgehend für den Nachwuchs des Großbürgertums reserviert."[33]

Natürlich werden Kandidaten bei ihrer Vorstellung nicht zu ihrer Herkunft befragt. Geprüft wird vielmehr, ob die Chemie stimmt, also ob die Entscheider das Gefühl haben, der Kandidat passe in ihren Kreis. Hartmann meint, dass vier Merkmale dafür entscheidend seien:

„… die Vertrautheit mit den in den Vorstandsetagen gültigen Dress- und Verhaltenscodes, eine breite, bildungsbürgerlich ausgerichtete Allgemeinbildung, eine ausgeprägte unternehmerische Einstellung und als wichtigstes Element persönliche Souveränität und Selbstsicherheit".[34]

Ähnlichkeit verbindet

Verfolgt man die Absichtserklärungen der Firmenlenker in der Presse, dann entsteht der Eindruck, die Homogenität dieser mächtigen Gremien sei ihnen „zugestoßen", als seien sie nicht Täter, sondern Opfer eines ihnen selbst rätselhaften Prozesses. Und so ist es sicher auch oft, denn die Faktoren, die in ihrem Zusammenwirken die Homogenität hervorbringen, werden erst allmählich deutlich.[35]

Bekannt ist, dass auf der persönlichen Ebene die Ähnlichkeit eine große Rolle spielt. Qualifikation vorausgesetzt – wer uns ähnlich ist, den finden wir sympathisch. Daher kann man davon ausgehen, dass auf allen Ebenen Schmidt das Schmidtchen sucht und befördert: denjenigen, dem er sich durch Ähnlichkeit verbunden fühlt. Und solange an vielen dieser Schaltstellen ein Herr Schmidt sitzt, hat Herr Schmidtchen etwas bessere Chancen als seine Kolleginnen.

Je weniger fachliche Anforderungen präzisiert werden, desto mehr Gewicht erhält die berühmte „Chemie", desto mehr Raum bleibt für persönliche Zu- und Abneigungen, desto intransparenter und weniger überprüfbar werden auch die Entscheidungen. Das betrifft vor allem die Unternehmensspitze. Personalberater berichten immer wieder davon, dass sie für die Besetzung von Top-Jobs von ihren Auftraggebern wenig präzise Anforderungsprofile erhalten (→ Kapitel 7 in diesem Band).

Vorteile der Geschlossenheit

Die Homogenität der Führungsgremien entlastet und stabilisiert ihre Mitglieder.

Der Wunsch, ein Kandidat möge in die Gruppe passen, d. h. denen, die schon da sind, ähnlich sein, ist nachvollziehbar. Die Verständigung ist müheloser, Vertrauen und das Gefühl der Zusammengehörigkeit entstehen schneller.

Die Harvard-Professorin Rosabeth Moss Kanter vermutet eine direkte Verbindung zwischen der Homogenität des Vorstandes und seinen Aufgaben.[36] Die Vorstandsarbeit sei unsicher, belastend und mit viel Risiko verbunden. Man sei auf schnelle Verständigung und gegenseitige Absicherung angewiesen. Daher seien die Vorstandsmitglieder interessiert, sich ein Gremium zu schaffen, in dem die Zusammenarbeit einfach und die Kommunikation unkompliziert ist. „Fremde" – also Unähnliche – würden die Arbeit anstrengender machen und das Risiko erhöhen. Frauen zählen in diesem Zusammenhang zu den Unähnlichen.

Spitzengremien sind oft nicht nur Arbeits-, sondern auch Lebensgemeinschaften. Die Familien besuchen sich gegenseitig, die Männer treffen sich auf dem Golfplatz und mischen dort Berufliches und Privates. Es gibt gemeinsame Rituale, eine gemeinsame Sprache und viel geteiltes Wissen voneinander.

Das dichte Gewebe dieser Gemeinsamkeiten stabilisiert jedes Mitglied des Gremiums. Es unterstützt die von ihm gewählte Lebensform – über Alternativen braucht man nicht nachzudenken. Alles erscheint gut, wie es ist, und damit sicher: die Rollenverteilung zwischen den Eheleuten, die Vorstellung, wie ein Mann und ein Vater sein muss, die Bedeutung der Arbeit, die Hobbys, die Formen des privaten Engagements – kurz, die ganze Lebensgestaltung. Irritationen durch andere Lebensentwürfe und Zweifel an der eigenen Identität durch die Begegnung mit Fremdem werden vermieden.

So gesehen, ist die Homogenität der Spitzengremien eine sinnvolle Lösung.

Wenn nur der Preis nicht wäre ...

Die oben beschriebene Einheitlichkeit mag für ihre Mitglieder entlastend wirken – gut fürs Geschäft ist sie nicht. International trifft sie zunehmend auf Befremden. Manche Teilhaber und Kundengruppen fühlen sich schlecht versorgt. Die Reputation leidet. Vielversprechende Talente wenden sich ab (→ Kapitel 3 in Band 2).

Aber auch die Qualität der Entscheidungen im Vorstand ist bedroht. Schon unter besten Bedingungen ist die menschliche Entscheidungsfindung weniger rational als gemeinhin angenommen.[37] Hinzu kommen „Gruppendenke" und „Expertenirrtümer" als weitere Fehlerquellen.

Homogene Gruppen, deren Zusammenhalt, aber auch deren Stressniveau hoch und deren Leitung stark ist, sind stets von „Gruppendenke" (Groupthink)[38] bedroht. Das heißt: Gremien, die an dieser „Krankheit" leiden, halten sich selbst für unverwundbar und besser als andere. Sie verzichten darauf, Alternativen gründlich auszuloten und die Risiken einer möglichen Entscheidung genau zu untersuchen. Insbesondere in unsicheren Zeiten bringt Gruppendenke schlechte Entscheidungen hervor.

Damit nicht genug – wenn in einem Spitzengremium auch noch Experten ähnlicher Fachrichtung (zum Beispiel Betriebswirte) versammelt sind, ist mit weiteren Gefahren für die Entscheidungsqualität zu rechnen[39] (→ KASTEN „Warum Finanzexperten beim Vorhersagen der Zukunft oft falsch liegen", S. 36).

Was tun für eine erfolgreiche Störung?

Es empfiehlt sich also, die Homogenität zu stören, zum Beispiel die Tür für Frauen zu öffnen. Dazu muss sichergestellt sein, dass Frauen diese Tür überhaupt erreichen, dass also die Organisation sie nicht systematisch behindert oder aussondert. Wenn Frauen den innerbetrieblichen Hürdenlauf erfolgreich absolviert haben, wenn sie für den Vorstand sichtbar und dann unter mehreren Kandidaten tatsächlich ausgewählt wurden, haben sie oft Mühe, in dem Gremium erfolgreich zu agieren. Die „Unähnlichkeit" macht allen zu schaffen (→ Kapitel 4 in Band 1).

Warum Finanzexperten beim Vorhersagen der Zukunft oft falsch liegen

- Experten haben zu viel Selbstvertrauen.
- Experten überschätzen die Genauigkeit ihrer Informationen.
- Daher ziehen sie falsche Schlüsse, wenn sie die Wahrscheinlichkeit von Ergebnissen einschätzen.
- Experten sind zu optimistisch, wenn die Geschäfte gut gehen.
- Experten unterstellen einer untypischen, neuen Situation, dass sie einer ihnen vertrauten ähnlich sei; daher wenden sie das ihnen bekannte Wissen auch auf diese Situation an.[40]

Nicht selten kommt es zu einem „internen Ausschluss"[41]: Die Frau ist zwar Mitglied des Gremiums, aber wichtige Informationen und Entscheidungen laufen an ihr vorbei, und in schwierigen Situationen wird sie nicht unterstützt. Dann gibt sie womöglich auf und bestätigt damit die Einstellung, dass Vorstandsarbeit nichts für Frauen sei.[42]

Möglicherweise besteht ein Ausweg darin, „Übergangszonen" zu schaffen, in denen die Beteiligten einander näher kennenlernen, das Ausmaß der tatsächlichen Unähnlichkeit ausloten und sich aneinander gewöhnen können. Für solche Übergangszonen gibt es Beispiele: Frauen leiten Vorstandsprojekte, oder sie nehmen an Vorstandssitzungen teil, obwohl sie formal nicht dazugehören. Oder: Potenzielle Kandidatinnen werden gezielt zu Präsentationen beim Vorstand eingeladen, so dass die Beteiligten einander kennenlernen. Wie immer sie auch aussieht, die Funktion dieser Übergangszone besteht darin, die Kontaktdichte zu erhöhen.

ZUM WEITERLESEN

Elitenforscher Hartmann räumt auf mit der Vorstellung, der Aufstieg sei leistungsabhängig:
Michael Hartmann, *Der Mythos von den Leistungseliten. Spitzenkarrieren und soziale Herkunft in Wirtschaft, Politik, Justiz und Wissenschaft*. Frankfurt/M. 2002.

Diese amerikanischen Forscher untersuchen Leitungsteams des Managements:
Randall S. Peterson, Pamela D. Owens, Philip E. Tetlock, Elliott T. Fan und Paul Martorana, „Group Dynamics in Top Management Teams: Groupthink, Vigilance, and Alternative Models of Organizational Failure and Success". *Organizational Behavior & Human Decision Processes*, 73 (2–3), 1998, S. 272–305.

7 Personalberater: Gatekeeper oder Türöffner?

Hohe Führungspositionen werden häufig mithilfe von Personalberatungen besetzt. Viele haben zwar Diversity auf ihre Fahnen geschrieben, lösen aber das Versprechen in ihrer Praxis nicht ein. Sie finden keine oder keine geeigneten Frauen und erklären, es gebe einfach zu wenige. Andere lassen dieses Argument nicht gelten. Es gebe sie schon, sagen sie, aber man müsse sie finden wollen.

Welche Auffassung trifft zu – und wie kommt es zu dieser widersprüchlichen Einschätzung?

Traditionalisten beherrschen den Markt

Über die Rolle, die Personalberatungen bei der Öffnung von Unternehmen für Frauen in Top-Positionen spielen, ist wenig bekannt. Angesichts von ca. 45 000 Beratungsmandaten im Jahr 2010 und der Existenz von ca. 1900 Beratungsfirmen[43] wäre es aber wichtig, mehr über ihre Haltung zu Gender-Diversity zu erfahren. Auch Auftraggeber sollten wissen, ob die beauftragte Firma den Wunsch, sowohl auf der Long- als auch auf der Shortlist Frauen zu finden, mit Kreativität und Aufgeschlossenheit verfolgt oder ob sie rasch feststellt, es gebe keine.

Der Sozialwissenschaftler Carsten Wippermann hat die Einstellung von Personalberatern untersucht,[44] und seine Ergebnisse unterscheiden sich deutlich vom Selbstbild der großen, marktbeherrschenden Firmen. Diese sind überzeugt, sie wählten streng nach Qualität aus; das Geschlecht spiele keine Rolle. Für hohe Führungspositionen gebe es zu wenige Frauen, die sich eigneten und die auch bereit seien, die Anforderungen einer solchen Position zu erfüllen. Es liege an den Frauen selbst, wenn sie nicht weiterkämen.

Der Erstkontakt

Berater:
Guten Tag, hier ist Meier von der Personalberatung Top of the Line. Wir möchten Ihnen eine Stelle anbieten. Sind Sie interessiert?

Mann:
Das ist ja großartig, dass Sie sich an mich wenden. Natürlich bin ich interessiert. Wie verfahren wir weiter?

Berater:
Guten Tag, hier ist Meier von der Personalberatung Top of the Line. Wir möchten Ihnen eine Stelle anbieten. Sind Sie interessiert?

Frau:
Wie kommen Sie denn gerade auf mich? Das kann ich nicht so schnell entscheiden, das muss ich erst zu Hause besprechen.

So weit das Selbstbild. Die Recherche von Wippermann ergibt jedoch, dass diese Personalberater eher als Gatekeeper wirken – sie bewachen die Tür zum Top-Management (und lassen Frauen nicht gern hinein). Das geschieht nach seinen Ergebnissen auf folgende Weise:

- **Personalberater bedienen die Stereotype und Vorurteile ihrer Auftraggeber.** Die Zusammenarbeit mit den Auftraggebern ist meist lang und vertrauensvoll. Die Personalberater wissen daher genau, was gesucht wird. Die „Chemie muss stimmen"; die Erwerbsbiographie sollte kontinuierlich sein, und an der Verlässlichkeit von Kandidatinnen wird gern gezweifelt – es sei denn, sie haben eine mögliche Familienphase schon hinter sich.
- **Personalberater arbeiten mit doppelten Standards.** Männlichen Kandidaten werden alle notwendigen Eigenschaften erst einmal zugeschrieben – Entscheidungsfreude, Härte, Durchsetzungsvermögen usw. –, und „dann schaut man, ob man vielleicht da und dort im konkreten Fall Abstriche machen muss"[45]. Frauen müssen im Gespräch demonstrieren oder glaubhaft versichern, dass sie „richtig" sind. Wichtig ist die Frage, ob die Kandidatin es „als Frau" schaffen wird. Die Frage, ob jemand es „als Mann" schaffen wird, wird nie gestellt (→ Kapitel 8 in diesem Band).
- **Personalberater machen weibliche Kompetenzen zu Schwächen.** Die Gatekeeper betonen die Bedeutung einiger weiblicher Kompetenzen, um sie dann umzuwerten. So wird aus einer ganzheitlichen Betrachtungsweise der Situation und sorgfältigem Abwägen nicht professionelles Risikomanagement, sondern Zaudern. Verlässlichkeit und Kalkulierbarkeit im Führungsverhalten werden zu geringerer Flexibilität und einer geringeren Bereitschaft, umzuschwenken, wenn die Situation es erfordere. Kommunikative Kompetenz ist kein Plus für eine Spitzenposition, sondern

macht Frauen besonders geeignet für Aufgaben im Personalbereich oder anderen Sackgassen des Aufstiegs.

Kein Wunder, dass keine Kandidatinnen gefunden werden.

Es geht auch anders

Etliche meist jüngere und kleinere Unternehmen, von Wippermann „Türöffner“ genannt, gehen neue Wege. Diese Firmen investieren gezielt in Datenbanken und Kontaktaufbau zu weiblichen Managern. Kandidatinnen zu finden sei aufwändiger, die Frauen seien vorsichtiger – aber es sei eine Legende, dass es nicht genug gebe. Man müsse sie suchen und man müsse sie empfehlen wollen.

Gatekeeper, so die Einschätzung der Türöffner, scheuen das Risiko. Auswahlfehler gebe es immer mal. Denn Männer und Frauen machen Fehler – aber den Männern werde ein Fehler nicht „als Mann“ angelastet. „Wenn wir genügend unfähige Frauen in Führungspositionen haben, dann haben wir Gleichberechtigung!“, stellt einer von Wippermanns Interviewpartnern fest.[46]

Das gute Beispiel der britischen Nachbarn

In Großbritannien geht man etwas energischer vor, um Gender-Diversity auch in Top-Positionen zu erreichen.

Unzufrieden mit der Vertretung von Frauen in den Aufsichtsräten britischer Unternehmen, beauftragte die britische Regierung Lord Mervyn Davies, lange Jahre CEO einer Bank und bis 2010 Minister im Kabinett Gordon Brown, mit einer genauen Untersuchung dieses Themas. Im Februar 2011 legte er einen Bericht mit einer Reihe von Empfehlungen an die Adresse der Unternehmen vor. Vor allem empfahl er ihnen, sich auf feste Quoten festzulegen und die Besetzung transparenter zu gestalten.[47] Durch seine Untersuchung gerieten auch die Personalberatungen in den Blick.

Nicht zuletzt, um schärfere Maßnahmen zu vermeiden, verabschiedeten einige große Headhunter mit Sitz in London im Sommer 2011 einen „Voluntary Code of Conduct for Executive Search Firms“, dem bisher 53 Unternehmen beigetreten sind. Hierin verpflichten sie sich zu einem aktiven Bemühen um Gender-Diversity, zum Beispiel dazu, bei der Suche nach einem Kandidaten gezielt Frauen ins Gespräch zu bringen, Anforderungsprofile genderfreundlich zu gestalten und dafür Sorge zu tragen, dass die Longlist stets 30 % Frauen enthält.[48]

Im Jahr 2012 gibt die Gender and Human Rights Commission eine weitere Untersuchung in Auftrag.[49] Hier wird der Prozess der Suche und Auswahl neuer Aufsichtsratsmitglieder unter die Lupe genommen – und damit auch die Rolle der Personalberatungen. Interviews von Personalberatern ergeben wichtige Best-Practice-Vorschläge:

- Aufbau einer Datenbank für weibliche Kandidaten
- Kontaktaufbau und -pflege durch persönliche Begegnung
- Zum Füllen der Pipeline weibliche Führungskräfte bereits auf niedrigeren Hierarchiestufen ansprechen und in ihrer Entwicklung verfolgen
- Einflussnahme auf die Profilentwicklung zu Beginn der Suche mit dem Ziel, zu spezifizieren, welche Qualifikationen gesucht werden

Es liegt dann bei den Personalberatern, ob sie das „Risiko" eingehen, eine Frau vorzuschlagen.

Was tun?

➲ Prüfen Sie, ob die Personalberatung, mit der Ihr Unternehmen zusammenarbeitet, sich wirklich für Gender-Diversity engagiert. Fragen Sie sie, ob sie eine Datenbank für Frauen hat oder aufbaut und was sie unternimmt, um mehr Frauen in die Pipeline zu bekommen; schauen Sie, ob auf ihrer Website Zahlen oder Erfolgsgeschichten über die Vermittlung von Frauen veröffentlicht sind.

➲ Sprechen Sie bei der nächsten wichtigen Stellenbesetzung eine andere Firma an, die ihr Engagement für Gender-Diversity nachweisen kann.

ZUM WEITERLESEN

Wer sich gern genauer über die Headhunter-Untersuchung informieren möchte, findet die Arbeit von Carsten Wippermann, „Personalberatungen – Gatekeeper oder Türöffnende für mehr Frauen in Führungspositionen?", in der kostenlosen Veröffentlichung des Bundesministeriums für Familie, Senioren, Frauen und Jugend und des djb *Aktionärinnen fordern Gleichberechtigung – 2012*. Berlin 2012, S. 86–106.
Zum Download auf www.creating-corporate-cultures.org/fuehrungsfrauen

8 Die Krux mit der Leistungsbeurteilung

„Objektiv betrachtet, haben wir nur subjektive Einschätzungen", sagen Personalverantwortliche häufig, denn Leistungsbeurteilungen sind ein schwieriges Geschäft. Es sind keine rationalen Prozesse – sie vollziehen sich weitgehend „vorbewusst", nach Maßgabe mentaler Beurteilungsraster, die automatisiert ablaufende Bewertungen begünstigen.[50]

Im Laufe der stufenweisen Positionswechsel von der Teamleitung bis zum oberen Management werden Führungskräfte von ihren Unternehmen und Vorgesetzten geformt. Jährliche Beurteilungen und Feedback-Gespräche sind ein wichtiges Mittel der Steuerung. Sie sind ausschlaggebend für leistungsabhängige Teile des Gehalts und für den weiteren Karriereverlauf. Mit ihren impliziten Idealbildern von erfolgreicher Führung und Zusammenarbeit sind sie ein besonders einflussreiches Instrument der „Eingemeindung": Im jährlichen Beurteilungsgespräch erfahren Führungskräfte, in welchen Punkten sie sich passend oder unpassend verhalten haben. So lernen sie die informellen Regeln und ungeschriebenen Gesetze des akzeptierten Führungsverhaltens von Mal zu Mal genauer kennen.

Feedback: für die meisten Chefs schwierig

Frauen machen mit dieser Form der „Eingemeindung" häufig schlechte Erfahrungen, denn weibliche wie männliche Vorgesetzte scheuen vielfach davor zurück, karriereorientierten Frauen kritische Rückmeldungen zu geben. Sie befürchten, dass unmissverständliche Kritik die Frauen verletzen und sie zum Weinen bringen könnte. Die meisten Chefs wissen dann nicht weiter, denn dieser Fall wird in Beurteilerschulungen nicht behandelt. Für Frauen, die Führungskräfte werden wollen oder es schon sind, hat die Scheu ihrer Vorgesetzten die unglückliche Folge, dass sie nur sehr vages oder nur positives Feedback bekommen. Das hilft ihnen bei ihrer Entwicklung nicht weiter.

Mit zweierlei Maß gemessen

Weibliche Führungskräfte werden in allen Führungspositionen etwas schlechter beurteilt als männliche. Das hat sich mit großer Zuverlässigkeit in Studien als genereller Trend gezeigt. In Funktionen oder Branchen, die als typisch männlich gelten, ist dieser Trend besonders stark.[51] Dass tendenziell mit zweierlei Maß gemessen wird, zeigt sich auch daran, dass Frauen mit Führungsambitionen seltener als Männer die Möglichkeit zu einem Karrieresprung erhalten.

Wissenschaftlerinnen erklären diese systematischen Unterschiede in der Leistungsbeurteilung mit geschlechtsstereotypen Wahrnehmungsmustern der Beurteiler und dem bekannten Muster von „Think manager, think male": Die gängigen Anforderungen an Führungskräfte sind in den meisten Firmen stark vom Ideal der „hegemonialen Männlichkeit" (→ KASTEN „Hegemoniale Männlichkeit", S. 43) geprägt. Zu den unverhältnismäßig kritischen Beurteilungen von Führungsfrauen trägt häufig auch bei, dass sie seltener Aufgaben und Projekte übertragen bekommen, mit denen sie sich auf höchster Ebene profilieren können (→ Kapitel 3 in diesem Band). Die Hürden werden in vielen Unternehmen noch höher aufgestellt, wenn Frauen Arbeitszeitreduzierungen für sich beanspruchen (→ Kapitel 7 in Band 4).

Frauen im Management – trotz positiver Leistungsbeurteilung seltener befördert

Auch Frauen, die eine Linienposition besetzen, werden im Schnitt schlechter beurteilt als ihre männlichen Kollegen. Sie werden auch schlechter beurteilt als Kolleginnen, die Stabs- oder Serviceabteilungen leiten.[52] Und selbst wenn sie sehr gute Beurteilungen haben, werden sie seltener befördert als ihre männlichen Kollegen[53] (→ KASTEN „Leistungsbeurteilung und Beförderung", S. 43). Wie es zu diesen systematischen Differenzen in der Beurteilung kommt, ist schwer zu sagen. Man muss davon ausgehen, dass Vorstände Frauen ins Management holen, die besonders kompetent sind: Managerinnen, die befördert worden sind, erhielten zuvor im Schnitt deutlich bessere Beurteilungen als ihre männlichen Kollegen. Frauen im Management müssen also deutlich besser sein als ihre männlichen Kollegen.

Es ist anzunehmen, dass die Entscheider sich bei der Vergabe von Managementpositionen noch besonders stark am männlichen Stereotyp orientieren. Diese Positionen sind zudem in den meisten Branchen noch überwiegend mit Männern besetzt.

Hegemoniale Männlichkeit

Hegemoniale Männlichkeit ist keine Charaktereigenschaft, sondern ein kulturelles Ideal und Orientierungsmuster, das dem Alltagshandeln der meisten Männer zugrunde liegt. Dieses Ideal kann zwar nur von den wenigsten Männern in vollem Umfang realisiert werden, es bleibt aber trotzdem kulturmächtig, denn es wird von den meisten Männern und vielen Frauen gestützt.

Merkmale hegemonialer Männlichkeit:

- **Dominanzstreben und Hierarchisierung** von Beziehungen
- **Einverständnis der untergeordneten Partei** – seien es Frauen oder andere Männer – mit der herrschenden Ordnung
- **Wettbewerb** ist Kernelement dieses männlichen Ideals: Die ernsten Spiele des Wettbewerbs gelten als den Männern vorbehalten. Frauen gelten nicht als angemessene Mitspieler im Wettbewerb. Ihnen wird die Rolle der Zuschauerin und Unterstützerin zugewiesen
- **Ausschließung und Abwertung** von Männern und Frauen, die keinen angemessenen sozialen Status haben
- **Ehe als Ort der Dominanz,** Männer sind die Hauptverdiener
- **Heterosexualität und Reproduktionswille**
- **Homophobie,** d.h. scharfe Abgrenzung gegen homosexuelle Neigungen oder Personen
- **Verteidigung des Ideals der hegemonialen Männlichkeit** als die einzig wahre oder gar naturgegebene erfolgreiche Form des Mannseins

Andere Männlichkeiten:

- **Komplizenhafte, untergeordnete Männlichkeit:** Männer mit diesem Ideal unterstützen das Ideal der hegemonialen Männlichkeit. Sie vermeiden damit die Spannungen und Risiken der vordersten Front, fördern aber damit auch – meist unbewusst – die strukturelle Ausgrenzung von Frauen
- **Marginalisierte Männlichkeiten:** Männer, die sich dem Ideal der hegemonialen Männlichkeit entziehen oder offen dagegen opponieren, wie z.B. homosexuelle Männer oder andere Dissidenten

Robert W. Connell, *Gender and Power.* Cambridge 1987, zitiert nach: Michael Meuser, *Geschlecht und Männlichkeit.* 3. Auflage, Wiesbaden 2010, S. 99 ff., und Robert W. Connell, *Der gemachte Mann – Konstruktion und Krise von Männlichkeiten.* 3. Auflage, Wiesbaden 2006

| BertelsmannStiftung

Leistungsbeurteilung und Beförderung

Frauen werden nach positiver Leistungsbeurteilung seltener befördert als Männer:

56,7 % der Männer werden innerhalb der folgenden zwei Jahre befördert.
32,6 % der Frauen werden innerhalb der folgenden zwei Jahre befördert.

2,2 % der Männer warten Jahre später noch auf den Aufstieg, aber:
12,8 % der Frauen warten Jahre später noch auf den Aufstieg.

Aus: Erika Regnet, „Weibliche Führungskräfte". Werner Sarges (Hrsg.), *Management-Diagnostik.* 4. Auflage, Göttingen 2013, S. 532

| BertelsmannStiftung

Da stoßen Führungsfrauen in der Regel schon im Auswahlverfahren auf Probleme der Passung und das ganze Sortiment der Dilemmata, die mit den Positionen extremer Minderheiten verbunden sind (→ Kapitel 4 in Band 1).

> *Und das Organigramm habe ich mir jetzt schon mal angeschaut, da ist nicht eine Frau. Wir haben 14 Niederlassungen in Deutschland, sämtliche Niederlassungsleiter sind Männer!*

Frauen haben Glück, Männer haben Fähigkeiten

Unser Wahrnehmungs- und Beurteilungsvermögen arbeitet im Sinne der herrschenden Männlichkeits- und Weiblichkeitsideale selektiv. Erinnerungslücken im Beurteilungsprozess füllt unser Gehirn z. B. mithilfe der Geschlechtsrollenstereotype auf, und zwar mit Informationen, denen in der Wirklichkeit keinerlei Beobachtungen entsprechen.[54] Informationen, die Führungspotenzial anzeigen, werden bei der Beurteilung einer Frau eher „ignoriert", weil sie nicht in das Schema passen. Oder sie werden uminterpretiert: Gute Führungsleistungen von Frauen werden mit „Glück" oder mit „außergewöhnlicher Anstrengung", keinesfalls aber – wie bei Männern – mit „Fähigkeit" erklärt.[55] Das belegen Forschungsergebnisse und auch die Erfahrungen vieler Frauen.

Beurteilungen: Bleiben die Richtigen?

In den wenigsten Unternehmen liegen den Leistungsbeurteilungen Führungsleitbilder zugrunde, die Vielfalt unterstützen – nicht einmal auf dem Papier. Man muss vermuten, dass die gängigen männlich konnotierten Prototypen in den Köpfen der Entscheiderinnen und Entscheider ein zu stark vereinfachtes oder falsches Bild von den tatsächlichen Anforderungen an Führungskräfte vermitteln.

So sind z. B. Verlässlichkeit, Berechenbarkeit, Durchsetzungsvermögen und Passung sehr geschätzte Eigenschaften in Führungsetagen. Schaut man auf die Praxis, so zeigt sich aber, dass im oberen Management eher Flexibilität benötigt wird oder die Bereitschaft, ausgetretene Pfade zugunsten neuer Chancen am Markt zu verlassen. Abweichende Ideen und Kreativität sind manchmal ertragreicher als der Marsch auf der Hauptstraße kollektiver Idealvorstellungen.

Solange Anforderungen an Führungskräfte nur in allgemeiner Form und eigenschaftsbezogen formuliert vorliegen, kann man nicht wissen, welche Funktion die Beurteilungen der Vorgesetzten tatsächlich haben: Bestärken sie gute Leute oder vertreiben sie sie? Frauen rechnen häufiger damit, den Arbeitgeber zu wechseln, als Männer.[56] Das ist besonders so auf

Durch diese Faktoren werden doppelte Standards in der Leistungsbeurteilung begünstigt

- Similar-to-me-Effekt (Ähnlichkeit): Dieser psychische Mechanismus führt an vielen Stellen des Beurteilungsprozesses zu diskriminierenden Bewertungen.
- Think manager, think male: Mit Führungsrollen wird eher ein hegemonial männlicher Habitus verbunden als ein weiblicher (→ KASTEN „Hegemoniale Männlichkeit", S. 43).
- Geschlechtsstereotype Wahrnehmungs- und Beurteilungsmuster.
- Männer werden aufgrund ihrer Möglichkeiten beurteilt, Frauen aufgrund der bereits demonstrierten Kompetenz (→ siehe Cornelia Edding, *Was wünschen sich Frauen von ihrer Arbeit?*, Band 5 in diesem Schuber, Seite 19).
- Unbewusste Wahrnehmungsfehler wie Hierarchieeffekt, Fremdgruppenbeurteilung, Altersdiskriminierung können Männer wie Frauen betreffen. Aufgrund von Gendereffekten treffen sie aber Frauen häufiger und stärker.
- Extreme Minderheit (→ Kapitel 4 in Band 1).
- Diskriminierungsanfällige Beurteilungskriterien: Persönliche Eigenschaften oder Kompetenzen – z. B. Belastbarkeit oder Durchsetzungsvermögen – sind anfällig für diskriminierende Beurteilungen. Weniger diskriminierungsanfällig sind Beurteilungen, die sich auf Aufgaben oder Arbeitsergebnisse beziehen.
- Diskriminierungsanfällige Verfahren: Freie Beurteilungen oder Beschreibungshilfen für die Beurteilung sind anfälliger als standardisierte Beurteilungskriterien.
- Bewusste Fehleinschätzungen, etwa um die Wirkung einer Quote zu unterlaufen oder um dem eigenen Kandidaten den Zugang zu einflussreichen Sponsoren zu erleichtern.
- Klebeeffekt: Frauen erhalten anspruchsvolle, aber wenig imageträchtige Aufgaben. Ihre Vorgesetzten behalten sie gern wegen der guten Zuarbeit. Zu lange auf einer Position zu bleiben führt zu negativeren Beurteilungen.

männlich dominierten Arbeitsfeldern und angesichts der systematisch kritischeren Leistungsbeurteilungen kein Wunder. Das Gefühl, ungerecht behandelt zu werden, ist nur schwer erträglich.

Ich habe durch Zufall mitgekriegt, dass mein Kollege, der den gleichen Job macht, 30% mehr verdient. Da war ich wirklich gekniffen, das war genau das Thema: Ungerechtigkeit. Ja, ich war sauer! Und mein Chef hat schließlich auch zugegeben, dass ich von allen Gruppenleitern am wenigsten verdiene. Da dachte ich mir: Daran musst du was ändern. Das ist einfach ungerecht! Ich habe meine Forderung dann auch durchgekriegt.

Besonders in wenig strukturierten Leistungsbeurteilungen werden Wesenszüge beurteilt, bei denen unklar ist, ob sie für die erfolgreiche Bewältigung von Führungsaufgaben wichtig sind. Eigenschaften wie z. B. Durchsetzungsfähigkeit sind zudem sehr anfällig für genderspezifische Beurteilungsfehler.[57] Außerdem verstehen Menschen in der Regel ganz Unterschiedliches unter „Durchsetzungsvermögen". So bleiben Beurteilungen und die Verständigung darüber vielen Zufällen überlassen (→ Kapitel 9 in diesem Band).

Anpassung oder Diversität?

Selbst wenn ein Unternehmen talentierten Frauen in Zukunft mehr imageträchtige Aufgaben geben und mehr Frauen ins Management aufnehmen würde, hätte es damit nicht automatisch größere Vielfalt in der Belegschaft und bei den Führungskräften hergestellt. Frauen, die unter den gegebenen Verhältnissen für Managementpositionen gewonnen werden können, sind eine sehr selektierte Gruppe: Es sind diejenigen, denen die Anpassung an die männlichen Normen besonders gut gelungen ist. Die kulturell verankerten Vorstellungen von Erfolg und Führung und das traditionell herrschende Leitbild der „hegemonialen Männlichkeit" wären allein mit vermehrter Einstellung von Frauen noch keineswegs verändert.

Will ein Unternehmen nachhaltige Inklusion und Diversität in den Führungsetagen – will man also die besonderen Fähigkeiten nutzen, die eine weibliche Sozialisation in unserer Gesellschaft hervorbringt oder die z. B. Managerinnen mit anderen kulturellen Hintergründen bieten –, müssen sich die stereotyp männlich konnotierten Prototypen und Leitbilder von Erfolg im Management verändern. Es ist also auch Kulturarbeit nötig.

Was tun?

- Entwickeln Sie unterschiedliche Leitbilder von Führung. Diskutieren Sie vielfältige Führungsleitbilder und -vorstellungen in internen Teilöffentlichkeiten und Entscheiderkreisen.
- Überarbeiten und professionalisieren Sie Anforderungsprofile: Nutzen Sie Aufgabenbeschreibungen und beurteilen Sie nicht Wesenszüge.
- Schulen Sie Führungskräfte in Management-Diagnostik, Gender-Kompetenzen und Gesprächsführung für Beurteilungs- und Feedback-Gespräche.
- Detaillieren Sie das Controlling: Welche Unterschiede in den jährlichen Beurteilungen bestehen zwischen Frauen und Männern? Wie sind die jeweiligen Beförderungsquoten? Welche generellen Unterschiede bestehen in den Beurteilungen auf der ersten und zweiten Führungsebene? Welche im mittleren Management? Wie schneiden alleinerziehende Führungskräfte im Schnitt ab? Wie Teilzeitkräfte im Vergleich zu Vollzeitführungskräften? Welche Abteilungen oder Niederlassungen lassen besonders deutlich Gender-Segregation erkennen? Wie werden attraktive Aufgaben und Projekte vergeben? Wie ist die Teilnahme an Fortbildungsveranstaltungen?

ZUM WEITERLESEN

Gertraude Krell, „Diskriminierungs- und Gleichstellungspotenzial von Leistungsbeurteilungen". Gertraude Krell, Renate Ortlieb und Barbara Sieben (Hrsg.), *Chancengleichheit durch Personalpolitik. Gleichstellung von Frauen und Männern in Unternehmen und Verwaltungen.* 6. Auflage, Wiesbaden 2011, S. 261–274.
Der Artikel gibt – wie alle Artikel in diesem Buch – einen sehr guten Überblick über die Fallstricke der Leistungsbeurteilung.

9

Auswahl und Diskriminierung

„Hired by competence, fired by personality“[58] – mit diesem ironischen Kommentar markieren Personalleute eines der zentralen Probleme der Personalauswahl: Selbstdarstellung ist häufig wichtiger als Kompetenz (→ KASTEN „Weniger Selbstdarsteller!“).

Weniger Selbstdarsteller!

„Weg von der bisher dominierenden Promotion mikropolitisch geschickter Selbstdarsteller, hin zur Beförderung von mitarbeiterorientierten und produktiven Führungskräften" – so fasst 2013 der Herausgeber des Standardwerks *Management-Diagnostik,* Werner Sarges, seine Überzeugung zusammen, dass die Beförderungspraxis für die oberen und obersten Hierarchiestufen angesichts des internationalen Wettbewerbs mit mehr Professionalität betrieben werden sollte. Für qualifizierte Führungsfrauen wäre eine solche Ausrichtung der firmeninternen Auswahlverfahren günstig.

Nur mit sehr viel Glück kann die tatsächliche Kompetenz von Kandidaten im Auswahl- oder im Potenzialverfahren eingeschätzt werden. Einen Schlüssel zur 100-prozentigen Trefferquote gibt es nicht, Fehlentscheidungen sind üblich. Wirtschaftszeitungen berichten nicht ohne Grund regelmäßig von hochrangigen Fehlbesetzungen im Management.

Diskriminierung ist gesetzlich verboten

Eine von Diskriminierung freie Personalauswahl ist einklagbar: Das Allgemeine Gleichbehandlungsgesetz (AGG) regelt das Verbot der Diskriminierung und fordert Transparenz der Verfahren. Für die öffentliche Verwaltung gilt das Bundesgleichstellungsgesetz (BGleiG). Es schreibt vor, dass Frauen bei gleicher Eignung bevorzugt bei der Besetzung von Arbeitsplätzen zu berücksichtigen sind, sofern sie im jeweiligen Bereich unterrepräsentiert sind. Für Wirtschaftsbetriebe gibt es eine solche Vorschrift nicht.

Auswahlverfahren sind anfällig für Diskriminierung

Ganz gleich, ob jemand von außen eingestellt werden soll oder ob es um interne Beförderungen geht, Auswahlverfahren sind in jedem Fall anfällig für geschlechtsspezifische Diskriminierungen. Standardisierte Verfahren sind etwas weniger gefährdet. Aber auch sie führen in der Regel nicht zu einem geschlechtsneutralen Ergebnis.

1. **Anforderungsprofile:** Forschungsergebnisse zeigen, dass Expertenvorstellungen von Führungskompetenz für unbewusste Diskriminierungen anfällig sind (→ KASTEN „Diskriminierungsanfällige Führungseigenschaften“). Die wenigsten Unternehmen erstellen ihre Kriterienlisten mithilfe von Aufgaben- und Faktorenanalysen. Meist werden für Anforderungsprofile bisherige Stelleninhaber/-innen oder Vorgesetzte befragt. Ihre Beschreibungen sind unweigerlich stark subjektiv geprägt. Hier kommen die Mechanismen der „gläsernen Decke“ und des „unconscious bias“ stark zum Tragen.

   Wenn statt Fähigkeiten und Persönlichkeitseigenschaften in erster Linie Aufgaben und Arbeitsanforderungen als Auswahlkriterien genutzt werden, gewinnen die Auswahlentscheidungen an Zuverlässigkeit und

Diskriminierungsanfällige Führungseigenschaften

Eigenschaft/Kriterium	Geschlechtsrollenstereotype
Belastbarkeit	Männer sind nervenstärker und belastbarer. Vor allem doppelt belastete Frauen können „nicht ihren Mann stehen".
Intellektuelle Fähigkeiten	Männer sind rationaler und weisen eine höhere theoretische und technische Intelligenz auf.
Durchsetzungsfähigkeit	Frauen sind konfliktscheuer und nachgiebiger, während Männer eher zäh, hartnäckig und konsequent ihr Ziel verfolgen.
Entscheidungsfähigkeit	Frauen entscheiden emotional und intuitiv, Männer rational. Frauen benötigen unangemessen viel Zeit und Abstimmung.
Soziale Kompetenz	Frauen haben mehr Einfühlungsvermögen und kommunikative Fähigkeiten; sie sind kooperativer.

Aus: Andrea Jochmann-Döll und Karin Tondorf, „Leistungsabhängige Entgeltdifferenzierung auf dem gleichstellungspolitischen Prüfstand". Gertraude Krell, Renate Ortlieb und Barbara Sieben (Hrsg.), *Chancengleichheit durch Personalpolitik. Gleichstellung von Frauen und Männern in Unternmehmen und Verwaltungen.* 6. Auflage, Wiesbaden 2011, S. 369

| BertelsmannStiftung

werden etwas weniger anfällig für geschlechtsspezifische Diskriminierungen. Voraussetzung ist aber eine relativ aufwändige Aufgabenanalyse. Nur die wenigsten Unternehmen unterziehen sich dieser Mühe.

Besonders schwierig gestalten sich die Anforderungen an zukünftige Führungskräfte: Sie beziehen sich auf den Prototyp einer Führungsposition, denn um konkrete Positionen geht es z. B. bei Potenzialanalysen noch gar nicht. Als Maßstab dient also eine kollektive Phantasiegestalt. Jedes Unternehmen hat seine eigene Liste von Kriterien. Ob sie wirklich dazu geeignet sind, Potenzialträger/-innen zu erkennen, ist meistens ungewiss.

2. **Personalgewinnung:** Vielfach wird die Personalsuche über informelle Kanäle, also den Freundes- und Bekanntenkreis aller Beteiligten oder über persönliche Netzwerke, betrieben. Forschungsergebnisse zeigen, dass Frauen seltener als Männer über solche Kanäle rekrutiert werden.[59]

   Aber auch die professionelle Suche über Headhunter verstärkt vielfach das Diskriminierungspotenzial des Verfahrens. Headhunter haben sich in Deutschland noch kaum auf die Ansprüche der Unternehmen im Bereich Diversity eingestellt. Sie behaupten nicht selten vorschnell, es gebe keine qualifizierten Frauen (→ Kapitel 7 in diesem Band).

> ❞ *Und ich glaube, vorher haben die sich die Aufsichtsratsposten so gesucht aus ihrem Umfeld, das sie kannten, so von der Jagd, Rotary-Club, Bankers-Dinner irgendwas. Und jetzt heißt es: Ich kenne ja gar keine Frauen! (lacht) Stellen Sie mit Ihrer Abteilung was zusammen. Und dann haben wir einen Ordner gemacht mit Lebensläufen von Frauen aus der Branche, die gut sind. Und plötzlich fängt der an, sich mit denen zu treffen, weil er weiß, er muss irgendwie ein paar organisieren.*

3. **Die Vorauswahl:** Bei der Sichtung der Bewerbungsunterlagen beeinflussen Familienstand und Alter der Kinder die Entscheidung erheblich. Kinder aktivieren Vorurteile: Vorgesetzte vermuten geringeres Engagement, geringere Verfügbarkeit, geringere Verlässlichkeit, geringere Mobilität und befürchten unverhältnismäßige Kosten für das Unternehmen. Das gilt besonders für alleinerziehende Mütter und Väter.

   Frauen müssen in der Regel deutlich höhere Kompetenzstandards erfüllen, um den eher kritischen Erwartungen zu entsprechen. Physische Attraktivität hilft dabei – Männern nützt gutes Aussehen aber deutlich mehr als Frauen.[60] In vielen Unternehmen gilt noch die wenig plausible Regel: Je kontinuierlicher der Karriereverlauf, umso potenter der Manager. Dementsprechend wichtig ist die Kontinuität des Karriereverlaufes für die Vorauswahl von Führungsfrauen.
4. **Die Auswahl:** Auch wenn die Kandidierenden viele Schritte der Eignungsdiagnostik durchlaufen, bleiben Auswahl und Entscheidungsfindung anfällig für Diskriminierung, denn durch alle Stationen des Auswahlprozesses hindurch bleibt die Frage der Passung und der Ähnlichkeit mit denjenigen, die entscheiden, akut. Sie führt meistens zu verdeckten

Formen der Diskriminierung. Häufig wird die Frage der Passung gar nicht oder aber erst am Ende des Verfahrens thematisiert, wenn entschieden werden muss (→ Kapitel 6 in diesem Band).

Das Problem der Passung

Passt die Kandidatin oder der Kandidat in die Firma? Wird sie oder er schnell bei Kunden, Mitarbeitern und Kollegen Akzeptanz finden? Diese Fragen lassen sich nicht mit rationalen Auswahlkriterien oder allein durch den Abgleich von fachlichen Anforderungen klären. Es sind eher gefühlsmäßige, intuitive Einschätzungen, die in erheblichem Maße auf soziokulturellen Leitbildern und unbewussten geschlechtsspezifischen Prototypen beruhen.

Je höher die Position – und je härter der Konkurrenzkampf, in dem sich das Unternehmen befindet –, umso mehr verengen sich die intuitiven Toleranzen aller Beteiligten und umso mehr kommt der „Similar-to-me-Effekt" zur Wirkung. Erfahrungsgemäß werden qualifizierte Frauen unter solchen Bedingungen kritischer beurteilt als ihre männlichen Kollegen.

Der Trugschluss der optimalen Passung

Der Vorstellung von der optimalen Passung liegt ein mechanistisches Modell zugrunde: Das heißt, ein Unternehmen wird wie ein kompliziertes Uhrwerk betrachtet, für das ein passendes Rädchen gesucht wird. Aber so funktionieren Unternehmen und vor allem die darin arbeitenden Menschen nicht: Führung und Management lernt man wie Klavierspielen oder Schwimmen – indem man es tut und dabei Unterstützung bekommt. Erfahrungsgemäß zeigen Menschen in neuen Positionen Fähigkeiten, die sie vorher nicht hatten. Keiner weiß, welche neuen Fähigkeiten jemand in einer neuen Position entwickeln wird. Selbst Psychologen können über die zukünftigen Fähigkeiten von Menschen nur Vermutungen anstellen. Wenn also in Auswahlverfahren oder Potenzialbeurteilungen von „Passung" gesprochen wird, ist eigentlich nur von vagen Mutmaßungen die Rede. Hier können die negativen Mechanismen der gläsernen Decke besonders leicht greifen (→ Kapitel 10 in Band 1).

Frauen treffen im Management zurzeit meist noch auf einen exklusiven Herrenclub. Ob talentierte Frauen die Chance bekommen, in entsprechenden Positionen die nötigen Fähigkeiten zu entwickeln, hängt vermutlich in erster Linie davon ab, inwieweit „männerbündisches Handeln" ganz automatisch und bedenkenlos üblich ist oder ob bereits ein solides Maß an Gender-Sensibilität die Handlungsmuster der Entscheider bestimmt.

Was tun?

- Überprüfen Sie die Auswahlverfahren auf Praktiken, die besonders diskriminierungsanfällig sind. Die Verfahren sollten für die Kandidierenden transparent gestaltet sein (→ Kapitel 8 und Kapitel 10 in diesem Band).
- Erstellen Sie Anforderungsprofile möglichst fachkundig mithilfe von Arbeitsanalyseverfahren und Faktorenanalysen.
- Controlling: Verfolgen Sie die Karrieren der ausgewählten Kandidatinnen und Kandidaten kontinuierlich über mehrere Jahre hinweg im Hinblick auf ihren tatsächlichen Erfolg.

10 Härtetest Assessment-Center

Assessment-Center (ACs) sind in der Management-Diagnostik sehr beliebte Auswahlinstrumente. Obgleich ihre Ergebnisse schon seit jeher nur von mäßiger Qualität sind und zusätzlich Jahr für Jahr an Aussagekraft verlieren, wächst ihre Anwendung kontinuierlich[61] (→ KASTEN „Wachsende Beliebtheit von Assessment-Centern“). Sie sind zudem Einfallstore für genderspezifische Verzerrungen.

Wachsende Beliebtheit von Assessment-Centern

Große und mittlere Unternehmen nutzen zunehmend ACs für die Auswahl von Führungskräften und Trainees, obgleich ihre Aussagekraft sinkt:

- **1983:** 20 % der befragten Unternehmen
- **1990:** 39 % der befragten Unternehmen
- **2003:** 57,6 % der befragten Unternehmen

Aus: Heinz Schuler, *Assessmentcenter zur Potenzialanalyse.* Göttingen 2007, S. 4 | BertelsmannStiftung

Was ist ein Assessment-Center?

ACs werden zur Auswahl neuer Mitarbeiterinnen und Mitarbeiter und zur Potenzialanalyse zukünftiger Führungskräfte genutzt. Es ist ein Gruppenverfahren mit fünf bis acht Kandidierenden, die bei der gemeinsamen Bearbeitung von Aufgaben beobachtet und beurteilt werden. Zum Beispiel beobachten sechs interne hochrangige, männliche Führungskräfte und zwei Referenten der Personalabteilung sieben Kandidaten und eine Kandidatin dabei, wie sie angesichts verschiedener Aufgaben miteinander umgehen und zu welchen Ergebnissen sie gelangen.

Was leisten Assessment-Center und was nicht?

Schon in den 20er Jahren wurden ACs zur Beurteilung von Offizieren genutzt. Bis heute allerdings muss man an ihrer Leistungsfähigkeit und Zuverlässigkeit zweifeln. Ihre Methodik stagniert seit den 60er Jahren.[62] Die Kontrolle ihrer Qualität ist besonders in Deutschland unzureichend[63] – ihre Aussagekraft wird erheblich überschätzt, war schon immer sehr gering und sinkt stetig,[64] denn Ratgeberliteratur und Vorbereitungsseminare verhelfen den Kandidaten zur Einübung von AC-Aufgaben. Im Vergleich zu anderen Auswahlmethoden wie z. B. einfachen Bewerbungsinterviews[65] sind die Ergebnisse aus ACs etwas treffsicherer. Sie übertreffen aber nicht die prognostische Aussagekraft von biographischen Fragebögen.[66]

Gefahren der Diskriminierung

Man weiß nicht genau, was im AC beobachtet wird. Empirische Forschungsergebnisse legen die Vermutung nahe, dass es keineswegs die Verhaltensweisen sind, die auf der Checkliste stehen.[67] Da der Beurteilungsprozess weitgehend unbewusst verläuft, entzieht er sich der direkten Kontrolle und ist schwer zu erforschen. Gelegentlich sagen die Einschätzungen von Beurteilern mehr über ihre eigenen Konzepte von Leistung, von Führung oder von Erfolg, von Männlichkeit und Weiblichkeit aus als über das tatsächliche Verhalten der zu beurteilenden Kandidatinnen oder gar über ihre Potenziale.

Unter Fachleuten hat niemand Zweifel daran, dass Beurteilende von unbewussten Wahrnehmungsfehlern beeinflusst werden. Tradierte Vorstellungen von Männlichkeit und Weiblichkeit spielen dabei eine erhebliche Rolle (→ KASTEN „Häufige Beurteilungsfehler“, S. 55). Seminare, die für diese Beurteilungsfehler sensibilisieren, verbessern die Qualität von ACs ebenso wie der Einsatz von Fachleuten als Beobachter (z. B. Psychologen).

Bislang fehlen jedoch verlässliche Daten. Die wenigen vorliegenden Ergebnisse sind widersprüchlich. Sie deuten darauf hin, dass Kandidatinnen im AC nicht systematisch schlechter beurteilt werden als ihre männlichen Kollegen, manchmal sogar besser.[68]

Der sekundäre Gewinn: Selbsttäuschungen und Illusionen

Ausgewiesene Experten wie z. B. Oswald Neuberger[69] oder Heinz Schuler[70] fragen sich seit Jahren, warum Assessment-Center trotz sehr bescheidener Aussagekraft und angesichts hoher Kosten und großen Aufwands so beliebt sind. Sie erklären es sich mit sekundären Gewinnen: Der Glaube an die

Häufige Beurteilungsfehler

- Halo-Effekt: Attributions- oder Zuschreibungsfehler durch die Aktivierung impliziter, d. h. weitgehend unbewusster privater Persönlichkeitstheorien.
- Erinnerungslücken der Beurteiler werden vom Gehirn den eigenen Prototypen und persönlichen Erfahrungen entsprechend aufgefüllt.
- Mitglieder einer Gruppe beurteilen die eigenen Leute positiver als die Mitglieder einer fremden Gruppe. Frauen werden im AC vermutlich doppelt kritisch beurteilt: Sie sind für die meist männlichen Beurteiler Mitglieder einer Fremdgruppe.
- Frauen in Führungspositionen werden generell kritischer beurteilt als Männer – und zwar von männlichen wie von weiblichen Vorgesetzten (→ Kapitel 8 in diesem Band).
- Die erhöhte Sichtbarkeit extremer Minderheiten beeinflusst vermutlich im Einzelfall das Beurteilerverhalten mal zu Ungunsten oder mal zu Gunsten der Frauen. Verlässliche Forschung gibt es nicht.

Aus: Gertraude Krell, „Diskriminierungs- und Gleichstellungspotenzial von Leistungsbeurteilungen". Gertraude Krell, Renate Ortlieb und Barbara Sieben (Hrsg.), *Chancengleichheit durch Personalpolitik. Gleichstellung von Frauen und Männern in Unternmehmen und Verwaltungen.* 6. Auflage, Wiesbaden 2011, S. 261 | BertelsmannStiftung

Objektivität des Verfahrens entlastet Führungskräfte und Personalabteilung von ihrer Verantwortung für Personalentscheidungen (Rationalitätsmythos). Selbst wenn das Verfahren fehlerhaft verläuft, ist man als Entscheider geschützt und bietet niemandem im alltäglichen Konkurrenzgerangel der Firma eine Angriffsfläche.

Zudem ist das Verfahren nur mit soliden Statistikkenntnissen infrage zu stellen.[71] Veranstalter und Beurteiler müssen sich somit kaum kritischen Fragen von Teilnehmern stellen. Die Forderung nach Transparenz für die Beurteilten, wie sie das Allgemeine Gleichbehandlungsgesetz (AGG) aufstellt, ist mit dieser Methode schlecht zu erfüllen.

Weitere sekundäre Gewinne von ACs:

- Sie stärken die Position der Personalabteilung als „Herrin des Verfahrens".
- Sie tragen zur Glorifizierung der Führungsebene bei.
- Sie fördern den Irrglauben, dass es darauf ankomme, sich allein durch Leistung zu profilieren.
- Es werden in erster Linie Sekundärtugenden erfasst, die ein hohes Maß an Anpassungsbereitschaft erkennen lassen: Cleverness, Belastbarkeit, Individualismus, Ehrgeiz, Aufstiegsstreben, erfolgreiche Selbstdarstellung usw. ACs tragen damit dazu bei, dass „Leute vom selben Schrot und Korn" Führungskräfte werden (homosoziale Reproduktion).
- Fachliches Können und die Pflege von Mitarbeiterbeziehungen spielen häufig keine große Rolle.

Welcher Schaden entsteht dem Unternehmen?

Bei einer guten Vorauswahl der Kandidaten hat das Unternehmen vielleicht nur unnütz Geld und Zeit investiert (→ KASTEN „Faktoren, die die Qualität eines Assessment-Centers beeinflussen“). Im ungünstigen Fall handelt es sich zwei Arten von Schäden ein: Angesichts der geringen Aussagekraft von ACs kann man sicher sein, dass in der Regel dabei auch Kandidierende ausgewählt werden, die sich im Laufe der Zeit als nicht sehr talentierte Führungskräfte erweisen. Viel brisanter ist aber, dass mit Sicherheit auch Menschen abgewiesen oder nicht befördert werden, die ein sehr gutes Potenzial besitzen. Niemand wird diesen Fehler bemerken, denn die Kandidaten tauchen nirgends wieder auf. Angesichts von Arbeitsmärkten, auf denen gute Fach- und Führungskräfte rar sind, verursacht eine solche Fehleinschätzung für Unternehmen einen besonders großen Schaden.

Da man zurzeit nicht garantieren kann, dass ACs weder Frauen noch Männer benachteiligen – ganz zu schweigen von der Benachteiligung von Menschen mit fremdem kulturellen Hintergrund –, sollten einfachere Verfahren mit ähnlicher oder besserer Aussagekraft und mehr Transparenz genutzt werden, z. B. biografische Interviews[72]. Als Beispiel mag eine amerikanische Tochterfirma der Daimler AG aus den USA dienen. Die dortigen Personalverantwortlichen haben ein Auswahlverfahren entwickelt, in dem Kandidierende eine ganze Reihe von Auswahlinterviews durchlaufen: Zunächst sind zwei Frauen Gesprächspartner, dann zwei Männer, dann zwei Farbige usw. In der anschließenden Diskussion aller Gesprächspartner werden alle Eindrücke zu einem gemeinsamen Bild zusammengefügt.[73]

Faktoren, die die Qualität eines Assessment-Centers beeinflussen

Ob ein AC Menschen erkennt, die in Zukunft erfolgreich sein werden, hängt von einer positiven Antwort auf folgende Fragen ab:

- Ist die Vorauswahl gut?
- Welches sind im Alltag die erfolgsrelevanten Aufgaben, die die Führungskraft bewältigen muss? → Liegt ein verlässliches Anforderungsprofil vor?
- Welches Konzept von Führung ist für das Unternehmen prägend? Wie sieht die ideale Führungskraft aus? → Entspricht sie der tatsächlich üblichen Führungskultur?
- Werden im AC unterschiedliche diagnostische Methoden genutzt?
- Ist das AC in der Konstruktionsphase auf seine Aussagekraft überprüft worden?
- Gibt es im Unternehmen eine differenzierte Qualitätskontrolle für das Verfahren?
- Werden den Teilnehmenden Ziele und Vorgehensweisen transparent gemacht?
- Nehmen ausreichend Frauen teil? Es sollten jeweils zur Hälfte Frauen sein, mindestens aber drei, um sie nicht in die Position einer extremen Minderheit zu bringen (→ Kapitel 4 in Band 1).

Was tun?

- Schaffen Sie ACs ab und schulen Sie Ihre Führungskräfte und Personalentwickler in einfacheren Verfahren, z. B. biographischen Interviews und fachkundig standardisierten Fragebögen.
- Wenn Sie ACs weiterhin zur internen oder externen Auswahl nutzen wollen, sorgen Sie dafür, dass das Beurteilungsgremium aus erfahrenen Frauen und Männern besteht, die gering ausgeprägte geschlechtsrollenstereotype Vorstellungen haben.
- Sorgen Sie dafür, dass sich Frauen weder unter den Beurteilern noch unter den Kandidaten in einer extremen Minderheitenposition befinden.
- Schulen und sensibilisieren Sie die Beurteilenden sorgfältig in Bezug auf unbewusst auftretende Wahrnehmungsverschiebungen in Sachen Gender.
- Statistik: Lassen Sie systematisch und langfristig den Erfolg Ihrer Auswahlverfahren überprüfen.

ZUM WEITERLESEN

Oswald Neuberger, *Führen und führen lassen. Ansätze, Ergebnisse und Kritik der Führungsforschung*. 6. Auflage, Stuttgart 2002, S. 273–289.

Der Psychologe Oswald Neuberger war von 1980 bis 2007 Professor an der Universität Augsburg. Er hat die Theorieentwicklung der vergangenen 30 Jahre in den Themenbereichen „Führung“ und „Mikropolitik“ dokumentiert und kritisch kommentiert. Hier beschäftigt er sich eingehend mit den Methoden des Assessment-Centers.

11 Gendersensible Fortbildung

Fortbildung hat nur einen sehr begrenzten Einfluss auf das Verhalten zwischen Männern und Frauen in Unternehmen (→ Kapitel 3 in diesem Band). Wesentliche Lernprozesse, die eine Führungskraft formen – Männer wie Frauen –, finden im alltäglichen Geschäft statt. Trotzdem können Maßnahmen der Personalentwicklung eine ideale Unterstützung für Veränderungsprojekte im Unternehmen sein.

Personalentwicklung allein bewirkt keine Veränderung

Die ungleichen Erfolgschancen zwischen den Geschlechtern sind Teil der Strukturen und des Regelwerks eines Unternehmens (→ Kapitel 1 in Band 2). Wenn man Glück hat, gelingt es, mithilfe von Fortbildungen auf einzelne Teilnehmende so einzuwirken, dass sie in Zukunft gendersensibler führen. Die meisten guten Vorsätze aus Fortbildungsveranstaltungen aber geraten im Alltag schnell unter die Räder. Der alltägliche Erfolgsdruck und die gewohnten Abläufe verhindern in weiten Bereichen, dass individuelle Lernprozesse die Organisation beeinflussen. Es sei denn, die Fortbildung ist Teil einer allgemeinen Veränderungsstrategie im Unternehmen.

Fortbildungsveranstaltungen zum Thema Gender-Diversity gehen implizit immer mit einem Veränderungsinteresse der Veranstalter einher. Wenn es aber bei der Firmenleitung kein explizites Interesse daran gibt, laufen die Veranstaltungen ins Leere. Ist jedoch kultureller Wandel geplant und von der Geschäftsführung gewollt, können Fortbildungsveranstaltungen und alle anderen Formen von Personalentwicklung eine ideale Unterstützung für Schritte der Veränderung sein – sofern sie so konzipiert sind, dass sie einflussreiche Gruppierungen im Unternehmen in Bewegung bringen.

Flankierende Programme

Fortbildungsprogramme, die Veränderungsvorhaben zum Thema Diversity flankieren, wenden sich an sehr spezifische, fest umschriebene Zielgruppen, die auch im Alltag in der einen oder anderen Weise zusammenarbeiten, z. B. speziell an die Führungskräfte der ersten und zweiten Ebene, an die Mitglieder eines aktiven Netzwerks oder an einzelne Teams. Ziel solcher Aktivitäten ist es, dass alle in der jeweiligen Zielgruppe auf einen gemeinsamen Wissensstand kommen oder die gleichen Arbeitstechniken nutzen. Das erleichtert die Zusammenarbeit in Change-Projekten.

Zu Beginn eines Veränderungsvorhabens in Richtung Diversity-Management kann es zudem Ziel von Fortbildungsveranstaltungen sein, Diskussionen zum Thema zu unterstützen, um so Aufmerksamkeit und Problembewusstsein zu schaffen. Mit Awareness-Workshops z. B. soll deutlich gemacht werden, dass Gender-Diversity strategisch sinnvoll und notwendig ist. Es geht um die Beschreibung der Ist-Situation des Geschlechterverhältnisses im Unternehmen mit nüchternen Zahlen sowie um zukünftige Entwicklungen in den Geschäftsfeldern des Unternehmens. Diskussionen zum Stand der Dinge schärfen die Wahrnehmung der Teilnehmenden für die vielen Mechanismen der Marginalisierung von kompetenten Frauen.

Fortbildung speziell für Frauen ist heikel!

Fortbildungsveranstaltungen speziell für Frauen sind heikel, häufig sogar kontraproduktiv. Sie unterstellen, die ungünstigen Karrierechancen weiblicher Führungskräfte in den oberen Etagen des Unternehmens hätten die Frauen selbst zu verantworten. Tatsächlich sind es überwiegend männliche Führungskräfte, die sich als „Hüter der gläsernen Decke" engagieren (→ Kapitel 10 in Band 1). Wenn man als erste Maßnahme eines Change-Projektes ein Schulungsprogramm für Frauen anbietet, sorgt man – meist unbeabsichtigt – dafür, dass das Projekt Probleme haben wird, im Unternehmen ernst genommen zu werden. Die symbolische Mitteilung solchen Vorgehens wird unter Umständen so verstanden: Die Frauen müssen das erst lernen, was Männer schon können. Eine solche Mitteilung ist selbst dann, wenn sie gut gemeint ist, für niemanden motivierend.

Das klingt alles wunderbar! Wenn aber die eigenen Vorgesetzten sagen: Na, warst du mal bei dieser Tussi-Veranstaltung, alles super? Dann funktioniert's einfach nicht. Also von daher denke ich schon, dass es eine ganz große Rolle spielt, wie Führungskräfte damit umgehen. ”

> *Wir waren ja die Pilotgruppe. Es war handverlesen ausgewählt worden, wer da hingehen durfte, und es war sehr undercover. Also, nicht so richtig offiziell im Unternehmen bekannt. Da kam schon die Frage auf: Was macht ihr eigentlich da, Kaffeetrinken? Oder: Wann kriegen wir denn ein Männerseminar? Und von den Frauen natürlich: Ja, finde ich toll, dass es so was gibt! Oder auch so dumme Sprüche wie: Ah, jetzt wird es wohl langsam Zeit für eine Geschlechtsumwandlung, als Mann hast du ja keine Chance mehr.*

Veranstaltungen speziell für weibliche Führungskräfte können nur dann punktuell sinnvoll sein, wenn sie in ein breites Angebot von Aktivitäten zur Verbesserung der Gender-Balance im Unternehmen eingebunden sind.

Fortbildung für Männer und Frauen

Gute, maßgeschneiderte Programme zum Thema Gender-Diversity wenden sich an Männer und Frauen:

1. Sie schaffen Aufmerksamkeit für die Phänomene der gläsernen Decke (→ Kapitel 10 in Band 1). Sie tragen dazu bei, dass die Teilnehmerinnen und Teilnehmer ihren eigenen Ausblendungsstrategien auf die Spur kommen, und sorgen für eine Neujustierung der Wahrnehmung.
2. Sie qualifizieren und befähigen Führungskräfte dazu, in kontroversen Debatten ihren Gesprächspartnern mit qualifiziertem Know-how die Augen für den tatsächlichen Stand der Dinge in den internen Gender-Verhältnissen zu öffnen.
3. Sie verfolgen das Ziel „gendersensibler Führung", indem sie die Inhalte der schon vorhandenen Führungskräftefortbildungen entsprechend ausbauen oder neue Veranstaltungen zum Thema bieten. Sie qualifizieren Führungskräfte zur Führung von heterogenen Teams (→ Kapitel 6 und Kapitel 13 in Band 1).
4. Sie transportieren Konzepte von kulturellem Wandel und Veränderungsprozessen in Unternehmen.

Führungskräfte brauchen Gender-Kompetenz

Zur Entwicklung größerer Vielfalt im Unternehmen benötigen alle Führungskräfte – Männer wie Frauen – spezifische Fähigkeiten, die heute unter den Stichwörtern „Gender-Kompetenz", „Diversity-Kompetenz" oder „Management von Mixed Teams" zusammengefasst werden.

Die Förderung weiblicher Führungskräfte, die Bindung der Generation Y oder die Integration der hochqualifizierten älteren Belegschaft konfrontieren Führungskräfte in Zukunft mit neuen kommunikativen Herausforderungen: Wie viel Teilzeit oder Home-Office ist für das Unternehmen verträglich und wie viel für das Personal nötig? Arbeits- und Anwesenheitszeiten sind in ganz neuem Ausmaß von Führungskräften individuell zu verhandeln: Welche Form der Elternzeit passt im Einzelfall? Ist es gerecht, auf Familienpflichten von Mitarbeitern Rücksicht zu nehmen? Und wie reagieren die Kollegen und Kolleginnen darauf? Wie kann die Abteilung Sabbaticals von relevanten Kompetenzträgern verkraften? Sexuelle Belästigung bei der Arbeit: Welche Aufgaben haben hier Führungskräfte? Welche Form des kulturellen Wandels ist für die zukünftige Entwicklung des Unternehmens bzw. für die eigene Abteilung nützlich? Wie ist die Beeinflussung von unbewussten Ausgrenzungsprozessen möglich? Wie mit extremen Minderheiten umgehen?

Gängige Fortbildungsprogramme zum Thema „Führung“, „Change-Management“ oder „Projektmanagement“ behandeln diese Themen bisher kaum oder gar nicht.

Was tun?

- Qualifizierung von Führungskräften und Projektleitungen für kulturellen Wandel und Diversity: Welche Instrumente und Verfahren sind nützlich? Wie behandelt man die begleitenden Konflikte?
- Awareness-Workshops: Achten Sie darauf, dass alle Führungskräfte für genderspezifische Themen und Praktiken sensibilisiert werden.
- Konzipieren Sie spezifische Fortbildungsprogramme als flankierende Maßnahme für Change-Konzepte.
- Erweitern Sie Fortbildungsprogramme für Führungskräfte um gendersensible Themen: Mixed Teams – wie müssen sie gemanagt werden?; Flexibilisierte Karrierewege – Konsequenzen für alltägliche Abläufe; Gendersensible Führung, Verhandlungskompetenz, Kommunikation.

ZUM WEITERHÖREN

Im Sinne einer Fortbildung zum Thema gendersensible Führung:
Jochen Geppert und Cornelia Edding, *(Ver-)Führung zur Chancengleichheit. Ein Wegweiser für Führungskräfte.* Bertelsmann Stiftung (Hrsg.), Gütersloh 2013.
Hörproben finden Sie auf www.creating-corporate-cultures.org/chancengleichheit

Quellenverzeichnis

1 „Frauen in Führungspositionen, Entwicklung und Zielsetzungen der 30 Dax-Unternehmen, Statusbericht 2012", www.bmfsfj.de/RedaktionBMFSFJ/Abteilung4/Pdf-Anlagen/statusbericht-dax-30-unternehmen-juni-2012,property=pdf,bereich=bmfsfj,sprache=de,rwb=true.pdf (letzter Zugriff 06.01.2014).

2 Edding, Cornelia, *Was wünschen sich Frauen von ihrer Arbeit?*. Literaturrecherche für die Bertelsmann Stiftung, Band 5 in diesem Schuber, Gütersloh 2014.

3 Edding, Cornelia, *Was wünschen sich Frauen,* a. a. O., S. 10 f.

4 Ulbricht, Susan, „Die Berufseinmündung von Absolventinnen und Absolventen wirtschaftswissenschaftlicher Studienrichtungen". Gertraude Krell, Daniela Rastetter und Karin Reichel (Hrsg.), *Geschlecht Macht Karriere in Organisationen.* Berlin 2012, S. 59 ff.

5 Döge, Peter, „Männer – auf dem Weg zu aktiver Vaterschaft?". *Aus Politik und Zeitgeschichte,* 7/2007, S. 29.

6 Holst, Elke, Anna Busch und Lea Kröger, *Führungskräfte-Monitor 2012,* Update 2001–2010. DIW Berlin, Berlin 2012 (Politikberatung kompakt 65), S. 68.

7 Ulbricht, Susan, *Berufseinmündung,* a. a. O.

8 Ebd.

9 Hermann, Anett, und Guido Strunk, „Wichtig? Unwichtig? Welche Rolle spielt Geschlecht in der Karriere?". Gertraude Krell, Daniela Rastetter und Karin Reichel (Hrsg.), *Geschlecht Macht Karriere in Organisationen.* Berlin 2012, S. 51.

10 Holst, Elke, Anna Busch und Lea Kröger, *Führungskräfte-Monitor 2012,* a. a. O., S. 5.

11 Geppert, Jochen, und Cornelia Edding, *(Ver-)Führung zur Chancengleichheit. Ein Wegweiser für Führungskräfte.* Bertelsmann Stiftung (Hrsg.), Gütersloh 2013.

12 Henn, Monika, *Die Kunst des Aufstiegs. Was Frauen in Führungspositionen kennzeichnet.* 2., aktualisierte Auflage, Frankfurt/Main 2012.

13 Carter, Nancy M., und Christine Silva, *The Myth of the Ideal Worker: Does Doing All the Right Things Really Get Women Ahead?*. New York 2011. www.catalyst.org/knowledge/myth-ideal-worker-does-doing-all-right-things-really-get-women-ahead (letzter Zugriff 06.01.2014).

14 Zu dieser Erkenntnis kommt die Langzeituntersuchung von:
Mayrhofer, Wolfgang, Michael Meyer und Johannes Steyrer, *Macht? Erfolg? Reich? Glücklich? Einflussfaktoren auf Karrieren.* Wien 2005.

Die Ergebnisse werden bestätigt durch eine neuere Untersuchung der gemeinnützigen Organisation Catalyst, die MBA-Absolventen und -Absolventinnen in Europa, Asien und Nordamerika seit 2008 in ihrer beruflichen Entwicklung begleitet und regelmäßig befragt:
Catalyst: *The Promise of Future Leadership: A Research Program on Highly Talented Employees in the Pipeline*. Das Projekt läuft zurzeit noch. Catalyst veröffentlicht aus diesen Befragungen in unregelmäßigen Abständen Ergebnisse zu verschiedenen Themen (www.catalyst.org/knowledge.center, letzter Zugriff 06.01.2014).

15 Die erste Veröffentlichung über das Modell und seine Entstehung stammt von den Kollegen McCalls:
Lombardo, Michael M., und Robert W. Eichinger, *The Career Architect Development Planner*. Minneapolis 1996.

16 Catalyst begleitet diese Gruppe seit 2008 in einer Langzeituntersuchung und stellt ihr immer wieder Fragen zu unterschiedlichen Themen. Hier geht es um die Teilstudie von Christine Silva, Nancy M. Carter und Anna Beninger, *Good Intentions, Imperfect Execution? Women Get Fewer of the „Hot Jobs" Needed to Advance*, 2012. (www.catalyst.org/knowledge.center, letzter Zugriff 06.01.2014).

17 Kim, Soohan, Alexandra Kalev und Frank Dobbin, „Progressive Corporations at Work: The Case of Diversity Programs". *Review of Law and Social Change* 36, 2012, S. 171–213.
Foust-Cummings, Heather, Sarah Dinolfo und Jennifer Kohler, *Sponsoring Women to Success*, Catalyst, 2011.
www.catalyst.org/knowledge/sponsoring-women-success (letzter Zugriff 06.01.2014).

18 Ibarra, Herminia, Nancy M. Carter und Christine Silva, „Why Men Still Get More Promotions Than Women". *Harvard Business Review*, September 2010, S. 80–85.

19 Carter, Nancy M., und Christine Silva, *Mentoring: Necessary But Insufficient for Advancement*, Catalyst, 2010.
www.catalyst.org/knowledge/mentoring-necessary-insufficient-advancement (letzter Zugriff 06.01.2014).

20 Scheidegger, Nicoline, *Der Einfluss von Netzwerkstrukturen auf den Karriereerfolg im Management: Bridging oder Bonding Ties? Netzwerkanalyse in einem Schweizer Dienstleistungsunternehmen*. München 2010.
Scheidegger, Nicoline, „Wirkung struktureller Löcher auf den Karriereerfolg im Management: eine kontingente Betrachtung". Christian Stegbauer (Hrsg.), *Netzwerkanalyse und Netzwerktheorie*. Wiesbaden 2008, S. 503–516.

21 Scheidegger, Nicoline, und Margit Osterloh „Organisation und Geschlecht – eine Netzwerkperspektive: Welche Netzwerkstruktur fördert die Karrieremobilität?". Gertraude Krell (Hrsg.), *Betriebswirtschaftslehre und Gender Studies. Analysen aus Organisation, Personal, Marketing und Controlling*. Wiesbaden 2005, S. 139–156.

[22] Über Netzwerke im Rahmen mikropolitischen Handelns mehr bei: Rastetter, Daniela, und Doris Cornils, „Networking: Aufstiegsförderliche Strategien für Frauen in Führungspositionen". *Gruppendynamik und Organisationsberatung* 43(1), 2012, S. 43–60.

[23] Ein Überblick über den Einsatz von Netzwerken bei Unternehmen in Deutschland findet sich im Gender-Dax: www.genderdax.de/download/genderdaxUebersicht.pdf (letzter Zugriff 06.01.2014). Interessante amerikanische Beispiele sind bei Catalyst.org genauer beschrieben: „DuPont Women's Network", „IBM Canada – Enhancing Inclusion Through Critical Relationships and Cultural Awareness", „General Electric – Developing Women Leaders: Synergistic Forces Driving Change", „The Goldman Sachs Group, Inc. – Securing Talent and Excellence in the Pipeline: The Senior Women's Initiative". www.catalyst.org/knowledge (letzter Zugriff 06.01.2014).

[24] Zum Beispiel bei Gersick, Connie, und Kathy E. Kram, „High-Achieving Women at Midlife: An Exploratory Study". *Journal of Management Inquiry*, 11, Nr. 2, 2002, S. 104–127.

[25] Eine gründliche Auseinandersetzung mit der Fachlaufbahn einschließlich vieler Praxisbeispiele bei: Domsch, Michael E., und Désirée H. Ladwig (Hrsg.), *Fachlaufbahnen*. Neuwied 2010.

[26] Benko, Cathleen, und Molly Anderson, *The Corporate Lattice. Achieving High Performance In the Changing World of Work*. Boston, Mass., 2010.

[27] Mehr Information bei www.corporatelattice.com (letzter Zugriff 06.01.2014).

[28] Benko, Cathleen, und Molly Anderson, *The Corporate Lattice*, a. a. O., S. 54.

[29] Benko, Cathleen, und Anne C. Weisberg, *Mass Career Customization. Aligning the Workplace with Today's Nontraditional Workforce*. Boston 2007.

[30] Benko, Cathleen, und Molly Anderson, *The Corporate Lattice*, a. a. O., S. 73 ff.

[31] Aus: Lange, Katrin, „Aufsichtsräte und Vorstände: aktuelle Zahlen". *Aktionärinnen fordern Gleichberechtigung – 2012*. Bundesministerium für Familie, Senioren, Frauen und Jugend/djb. Berlin 2012, S. 21 und 25.

[32] Michael Hartmann forscht seit Jahrzehnten über deutsche Eliten. Wir beziehen uns hier auf sein Buch *Der Mythos von den Leistungseliten. Spitzenkarrieren und soziale Herkunft in Wirtschaft, Politik, Justiz und Wissenschaft*. Frankfurt/M. 2002.

[33] Hartmann, Michael, *Mythos*, a. a. O., S. 87.

[34] Ebd., S. 122.

[35] Erfurt Sandhu, Philine, *Selektionspfade im Topmanagement. Homogenisierungsprozesse in Organisationen*. Wiesbaden 2014.

[36] Kanter, Rosabeth Moss, *Men and Women of the Corporation*. New York 1977.

[37] Dazu und zu anderen Merkwürdigkeiten unseres Denkens hat Daniel Kahneman ein unterhaltsames Buch geschrieben: *Schnelles Denken, langsames Denken.* München 2012.

[38] Janis, Irving L., *Groupthink. Psychological Studies of Policy Decisions and Fiascoes.* Boston 1982.

[39] Rost, Katja, und Margit Osterloh, *You Pay a Fee for Strong Beliefs: Homogeneity as a Driver of Corporate Governance Failure* (20. November 2008). http://ssrn.com/abstract=1304719 (letzter Zugriff 06.01.2014).

[40] Nach ebd.

[41] Daniela Rastetter beschreibt diesen genauer in ihrem Aufsatz über Männerbünde: „Gleichstellung contra Vergemeinschaftung: Das Management als Männerbund". Gertraude Krell (Hrsg.), *Betriebswirtschaftslehre und Gender Studies. Analysen aus Organisation, Personal, Marketing und Controlling.* Wiesbaden 2005, S. 247–266.

[42] Solch ein Fall war kürzlich bei Siemens zu beobachten. Die einzige Frau im Vorstand unterlag einem Vorstandskollegen, der seine persönlichen Interessen durchsetzte. Das Recht war auf ihrer Seite – aber die Kollegen waren es offenbar nicht (*Süddeutsche Zeitung*, 17.9.2013).

[43] Wippermann, Carsten, „Personalberatungen – Gatekeeper oder Türöffnende für mehr Frauen in Führungspositionen?". *Aktionärinnen fordern Gleichberechtigung – 2012.* Bundesministerium für Familie, Senioren, Frauen und Jugend/djb. Berlin 2012, S. 86–106.

[44] Ebd., S. 92.

[45] Ebd., S. 95.

[46] Ebd., S. 99.

[47] Davies, Mervyn, *Women on Boards*, 2011 www.bis.gov.uk/assets/biscore/business-law/docs/w/11-745-women-on-boards (letzter Zugriff 31.12.2013).

[48] www.gov.uk/government/uploads/system/uploads/attachment_data/file/208464/voluntary-code-of-conduct-for-executive-search-firms.pdf (letzter Zugriff 31.12.2013).

[49] Equality and Human Rights Commission, *Gender Diversity on Boards: the Appointment Process and the Role of Executive Search Firms*, Research Report 85, 2012. www.equalityhumanrights.com/uploaded_files/research/rr85_final.pdf (letzter Zugriff 31.12.2013).

[50] Friedel-Howe, Heidrun, „Probleme der Führungspotenzialbeurteilung bei Frauen". Werner Sarges (Hrsg.), *Management-Diagnostik.* 2. Auflage, Göttingen 1995, S. 98.

[51] Krell, Gertraude, „Diskriminierungs- und Gleichstellungspotenzial von Leistungsbeurteilungen". Gertraude Krell, Renate Ortlieb und Barbara Sieben, *Chancengleichheit durch Personalpolitik. Gleichstellung von Frauen und Männern in Unternehmen und Verwaltungen.* 6. Auflage, Wiesbaden 2011, S. 261.

52 Lyness, Karen S., und Madeline E. Heilman, „When Fit is Fundamental: Performance Evaluations and Promotions of Upper-Level Female and Male Managers". *Journal of Applied Psychology*, Vol. 91, Nr. 4, 2006, S. 777–785.

53 Regnet, Erika, „Weibliche Führungskräfte". Werner Sarges (Hrsg.), *Management-Diagnostik*. 4. Auflage, Göttingen 2013, S. 532.

54 Friedel-Howe, Heidrun, *Führungspotenzialbeurteilung*, a. a. O., S. 98.

55 Ebd., S. 99.

56 Edding, Cornelia, *Was wünschen sich Frauen von ihrer Arbeit?*. Eine Literaturrecherche, Band 5 in diesem Schuber, Gütersloh 2014, S. 20 ff.

57 Jochmann-Döll, Andrea, und Karin Tondorf, „Leistungsabhängige Entgeltdifferenzierung auf dem gleichstellungspolitischen Prüfstand". Gertraude Krell, Renate Ortlieb und Barbara Sieben (Hrsg.), *Chancengleichheit durch Personalpolitik. Gleichstellung von Frauen und Männern in Unternehmen und Verwaltungen*. 6. Auflage, Wiesbaden 2011, S. 369.

58 Sarges, Werner, und Fritz Westermann, „Management-Audits". Werner Sarges (Hrsg.), *Management-Diagnostik*. 4. Auflage, Göttingen 2013, S. 878.

59 Charles, Maria, und David B. Grusky, *Occupational Ghettos. The Worldwide Segregation of Women and Men*. Stanford 2004, zitiert nach: Rosemarie Kay, „Gewinnung und Auswahl von MitarbeiterInnen". Gertraude Krell, Renate Ortlieb und Barbara Sieben (Hrsg.), *Chancengleichheit durch Personalpolitik. Gleichstellung von Frauen und Männern in Unternehmen und Verwaltungen*. 6. Auflage, Wiesbaden 2011, S. 249.

60 Krell, Gertraude, *Diskriminierungs- und Gleichstellungspotenzial*, a. a. O., S. 261.

61 Schuler, Heinz (Hrsg.), *Assessment Center zur Potenzialanalyse*. Göttingen 2007, S. 4.

62 Neuberger, Oswald, *Führen und führen lassen. Ansätze, Ergebnisse und Kritik der Führungsforschung*. Stuttgart 2002, S. 273.

63 Krause, Diana E., Diether Gebert und George C. Thornton III, „Interkulturelle Unterschiede in der Assessment Center-Anwendung". Heinz Schuler, *Assessment Center zur Potenzialanalyse*. Göttingen 2007, S. 374.

64 Schuler, Heinz, *Assessment Center*, a. a. O., S. 26.

65 Kleinmann, Martin, *Assessment-Center*. Göttingen 1997.

66 Gemeint sind Fragebögen, die die Vergangenheit des Probanden in den Blick nehmen: Aus vergangenen Ereignissen wird auf zukünftiges Verhalten geschlossen, das in der zukünftigen Position erfolgskritisch sein wird. Bernd Marcus, „Biografische Fragebögen". Werner Sarges (Hrsg.), *Management-Diagnostik*. 4. Auflage, Göttingen 2013, S. 570 ff.

67 Schuler, Heinz, *Assessment Center*, a. a. O., S. 12.

[68] Kay, Rosemarie, „Gewinnung und Auswahl von MitarbeiterInnen". Gertraude Krell, Renate Ortlieb und Barbara Sieben (Hrsg.), *Chancengleichheit durch Personalpolitik. Gleichstellung von Frauen und Männern in Unternehmen und Verwaltungen.* 6. Auflage, Wiesbaden 2011, S. 256.

[69] Neuberger, Oswald, *Führen und führen lassen,* a. a. O., S. 273 ff.

[70] Schuler, Heinz, *Assessment Center,* a. a. O.

[71] Neuberger, Oswald, *Führen und führen lassen,* a. a. O., S. 276–280.

[72] Gemeint sind Interviewmethoden, die die Vergangenheit des Probanden in den Blick nehmen: Aus vergangenen Ereignissen wird auf zukünftiges Verhalten geschlossen, das in der zukünftigen Position erfolgskritisch sein wird. Werner Sarges, „Interviews". Werner Sarges (Hrsg.), *Management-Diagnostik.* 4. Auflage, Göttingen 2013, S. 582 ff.

[73] Persönliche Mitteilung von Ursula Schwarzenbart, Director Global Diversity Office and Performance & Potential Management der Daimler AG, April 2013.

BAND 1
Führung – Frauen und ihre Chefs

Einleitung 10
1 Die Macht der kleinen Dinge 12
2 „Die Frauen wollen ja nicht …" 16
3 Das Sichtbarkeitsdilemma 21
4 Extreme Minderheiten und extreme Mehrheiten 24
5 Führen Frauen wirklich anders? 30
6 Mixed Teams 36
7 Ein guter Chef bindet 41
8 Gender Pay Gap – bitte schließen! 46
9 Vermeidbare Verluste 54
10 Die gläserne Decke 59
11 Der Sprung ins Top-Management 64
12 Vorsichtig in der Führungsrolle 70
13 Der Nonkonformist – ein Wunschbild 74

BAND 2
Das Unternehmen – Schrittmacher der Veränderung

Einleitung 6
1 Doing Gender – die Macht der Unternehmenskultur 8
2 Wie Mythen den Alltag prägen 17
3 Business Case Frauen 21
4 Quote als Chance 25
5 Gender-Controlling – erstaunliche Zahlen 33
6 Strategien gegen das Versanden 39
7 Starker Hebel Task-Force 43
8 Ohne Störung keine Neuerung 47
9 Welche Maßnahmen sind erfolgreich? 52
10 Förderprogramme – was sagen die Frauen? 58

BAND 4
Karriere und Privatleben – Es muss im Leben mehr als alles geben

Einleitung 6
1 Lebensphasen und Karriereentscheidungen 8
2 Familienfreundlichkeit – Return on investment 11
3 Der Gewinn der Zertifizierung 18
4 Wiedereinstieg: immer anders 23
5 Die Rabenmutter 31
6 Generation Y 36
7 Teilzeit pro und kontra 41
8 Die Unsichtbaren 48
9 Und die Männer: Was tut sich da? 51

Die Autorinnen

Dr. Cornelia Edding

Dr. Cornelia Edding arbeitet in freier Praxis als Beraterin und Coach für Profit- und Non-Profit-Organisationen. Sie beschäftigt sich seit vielen Jahren mit der Dynamik von Teams und Organisationen. Die berufliche Entwicklung von Frauen liegt ihr besonders am Herzen. Sie ist Psychologin, Trainerin für Gruppendynamik (DGGO), Supervisorin (DGSv) und Mitglied des Fortbildungsinstituts TOPS München-Berlin e.V. Sie lebt und arbeitet in Berlin und auf dem Hof zur Linde in der Uckermark.

In den letzten Jahren hat sie mehrere Buchprojekte zu Gruppendynamik und Teamarbeit abgeschlossen. In Zusammenarbeit mit der Bertelsmann Stiftung sind unter ihrer maßgeblichen Mitwirkung zwei Hörbücher im Themenkomplex Gender-Diversity entstanden:

- „Der Erfolg steht Ihnen gut" – Karrierestrategien für Frauen
- „(Ver-)Führung zur Chancengleichheit" – ein Wegweiser für Führungskräfte

Gisela Clausen

Gisela Clausen ist als diplomierte Psychologin und Gründerin von Clausen + Co seit 1982 als Trainerin, Coach und Organisationsberaterin tätig. Kleinere mittelständische Unternehmen, öffentliche Verwaltungen und Non-Profit-Organisationen sowie große Wirtschaftsbetriebe zählen zu ihren Klienten. Sie ist außerdem Ausbilderin für Gruppendynamik (DAGG) und Supervisorin (DGSv). Zusätzlich ist sie Dozentin für „Change" und „Konfliktmanagement" an der Westfälischen Wilhelms-Universität Münster. Ihr Lebensmittelpunkt ist Hamburg.

Zu ihren Veröffentlichungen zählen Aufsätze und Artikel in den Themenkreisen „Führung" und „Arbeitsfähigkeit von Gruppen und Gremien".

BAND 4

Karriere und Privatleben
Es muss im Leben mehr als alles geben

| Verlag BertelsmannStiftung

Bibliografische Information der Deutschen Nationalbibliothek

Die Deutsche Nationalbibliothek verzeichnet diese Publikation in der Deutschen Nationalbibliografie; detaillierte bibliografische Daten sind im Internet unter http://dnb.d-nb.de abrufbar.

MIX
Papier aus verantwortungsvollen Quellen
FSC® C022573

Verantwortlich: Martina Schwenk
Lektorat: Viola Eigenberz, Hamburg
Herstellung: Sabine Reimann
Gestaltung: Visio Kommunikation GmbH, Bielefeld
Umschlagfoto: Katrin Biller, k.zwo, Bielefeld
Bildnachweis innen: Cartoons: Dirk Meissner, Köln;
Foto S. 64 oben: Frank Nürnberger, Berlin;
Foto S. 64 unten: Kristina Jentzsch, Halblech Berghof
Druck: Hans Kock Buch- und Offsetdruck GmbH, Bielefeld
ISBN 978-3-86793-514-2

www.bertelsmann-stiftung.de/verlag

Inhalt

Lese-Hinweise ... 4

Einleitung ... 6

1 Lebensphasen und Karriereentscheidungen ... 8

2 Familienfreundlichkeit – Return on investment ... 11

3 Der Gewinn der Zertifizierung ... 18

4 Wiedereinstieg: immer anders ... 23

5 Die Rabenmutter ... 31

6 Generation Y ... 36

7 Teilzeit pro und kontra ... 41

8 Die Unsichtbaren ... 48

9 Und die Männer: Was tut sich da? ... 51

Quellenverzeichnis ... 57

Inhaltsverzeichnisse Band 1, 2, 3 ... 62

Die Autorinnen ... 63

Lese-Hinweise

- Sie finden in diesem Schuber fünf Bände. Die ersten vier nähern sich der Fragestellung „Führungsfrauen – wie man sie findet und wie man sie bindet" jeweils im Fokus eines wichtigen Einflussbereichs an: die Führungskräfte der Frauen, das Unternehmen als Ganzes, das Personalmanagement sowie das Zusammenspiel von Karriere und Privatleben. Jeder Band steht für sich, sodass Sie sich je nach Interesse oder aktuellem Handlungsfeld einzelne Abschnitte heraussuchen können.

- Während der Vorbereitung dieser Texte haben wir uns für zwei Tage mit 15 Frauen der mittleren Führungsebene getroffen und mit ihnen über ihre Entwicklung, ihre Erfahrungen und ihre Vorhaben diskutiert. Immer wenn im folgenden Text von der „Fokusgruppe" die Rede ist, sind diese Frauen gemeint. Ihnen verdanken wir nicht nur zwei anregende Tage, sondern auch viele Erkenntnisse und zahlreiche prägnante Aussagen. Die Zitate sind in den Bänden 1–4 gekennzeichnet durch ❞ zu finden.

- In der Regel finden Sie am Ende jeden Kapitels den Abschnitt **Was tun?**. Hier bekommen Sie knappe, handlungsorientierte Empfehlungen an die Hand, wie mehr Frauen dauerhaft in Führungspositionen kommen und bleiben. Abgerundet wird jedes Kapitel mit weiterführenden Lese- oder Hörtipps **ZUM WEITERLESEN**. Alle benannten Studienergebnisse oder Publikationen, die im Internet öffentlich zugänglich sind, finden Sie gesammelt unter www.creating-corporate-cultures.org/fuehrungsfrauen zum Download in der Rubrik „Literatur“.

- Der fünfte Band ist eine Literaturrecherche zum Thema. Frau Dr. Edding hat sie 2012 im Auftrag der Bertelsmann Stiftung erstellt. Sie diente im ersten Schritt der Vorbereitung der hier vorliegenden Bände 1–4. Wer sie las, war begeistert und der Leserkreis wuchs an. Aufgrund der sehr positiven Resonanz haben wir uns entschlossen, sie hier als zusätzlichen, zitierfähigen Materialienband aufzunehmen.

EINLEITUNG

Karriere und Privatleben
Es muss im Leben mehr als alles geben

Die Grenzen zwischen Beruf und Privatleben sind in Bewegung, teilweise in Auflösung. Dazu haben nicht zuletzt technologischer Wandel und globalisierte Formen der Arbeit beigetragen. Diversity-Management – ganz gleich, ob es um Genderthemen, um kulturelle Vielfalt oder um Generationsfragen geht – hat sich mit diesen Grenzverschiebungen zu beschäftigen. Und das heißt auch: mit neuen Lösungen für die Balance von Organisationsanforderungen, Karrierewünschen und persönlichen Interessenlagen zu sorgen.

Zunehmend gefragt ist eine Unternehmenskultur, die familienfreundlich und für Personal und Kunden gleichermaßen attraktiv ist.

Mit diesem Band unterstützen wir die Leistungs- und Verantwortungsträger, die ihr Unternehmen in diese Richtung voranbringen wollen, und bieten hier schon mal einen Querschnitt der Ansatzpunkte:

Berufstätige Frauen fühlen sich in der Verantwortung für die Familie und für ihre berufliche Karriere; sie wollen beides. Was können bzw. sollten Unternehmen für sie tun? Zum Beispiel eine Vorstellung von der Bedeutung der Lebensphasen entwickeln: von den typischen Aufgaben, Krisen und Entscheidungen, die in den einzelnen Phasen anstehen. Natürlich auch von den Entwicklungschancen.

→ Kapitel 1

Seit gut fünfzehn Jahren entstehen Gesellschaften, die sich für mehr Gender-Gerechtigkeit in der Wirtschaft engagieren. Sie beraten Unternehmen, prämieren oder zertifizieren sie. Mal haben sie übergeordnet „Vereinbarkeit von Familie und Beruf" im Namen und Fokus, mal fordern sie unmissverständlich und zugespitzt: Frauen in die Aufsichtsräte! Hier sind einige der einflussreichsten von ihnen:
→ Kapitel 3

Junge Frauen, die selbstbewusst sagen: „Ich bin Karrierefrau und Mutter", findet man selten. Denn in Deutschland herrscht in vielen Köpfen offenbar immer noch die Vorstellung: Das Kind braucht seine Mutter, möglichst 24 Stunden täglich. Wer es anders macht, läuft Gefahr, als Rabenmutter stigmatisiert zu werden.

Zeit, etwas Wirkungsvolles für karrierebewusste junge Frauen zu unternehmen.
→ Kapitel 5

Was ist eigentlich mit den älteren Führungsfrauen? Sie sind erfahren, hochqualifiziert, voller Energie. Aber leider nicht auf dem Radarschirm des Personalwesens. Welch eine Verschwendung an Wissen, Erfahrung, Tatkraft – und welch ein Bedarf an Anti-Verschwendungs-Initiativen.
→ Kapitel 8

Wir wünschen uns, dass Sie in diesem Band Impulse finden, die Ihnen Lust auf erfolgreiche Projekte zwischen Arbeit und Privatleben vermitteln.

1

Lebensphasen und Karriereentscheidungen

Eine Personalpolitik, die sich an Lebensphasen orientieren will, braucht eine Vorstellung von diesen Phasen, vom Charakter jedes Lebensabschnitts und von den typischen Aufgaben und Entscheidungen, die in den einzelnen Phasen anstehen. Erst dann hat das Personalmanagement eine Grundlage, von der aus an einem sinnvollen Work-Life-Fit gearbeitet werden kann.

Eine Roadmap des Lebens

Den amerikanischen Psychologen Daniel Levinson hat die Frage fasziniert: Wie entwickeln sich eigentlich Erwachsene? Sind sie charakterlich und intellektuell ausgereift, wenn sie ausgewachsen sind, oder tut sich da noch etwas? Seine Forschung hat ihn davon überzeugt, dass Menschen bis an ihr Lebensende lernen und sich verändern: In jeder Lebensphase stellen sich ihnen besondere Lebensaufgaben, für die sie eine Lösung finden müssen.

Aus den gewonnenen Erkenntnissen hat er eine „Roadmap" des Erwachsenenlebens entwickelt.[1] Die runden Geburtstage sind jeweils der Beginn einer neuen Lebensphase – wahrscheinlich, so Levinson, weil wir selbst ihnen eine große Bedeutung zuschreiben. Um diese Geburtstage herum liegen Phasen der Unruhe, in denen sich eine Veränderung des Lebens anbahnt.

Jahrzehnte voller Entscheidungen

Die Zwanzigerinnen

Die jungen Frauen haben das Elternhaus verlassen und beginnen, auf eigenen Füßen zu stehen. Sie lernen, sie studieren; die Vorstellungen von ihrem Beruf sind vage – „vielleicht etwas mit Mathematik" –, sie stehen vor der

Aufgabe, in den Arbeitsmarkt hineinzukommen, oft beginnen sie ihre Berufstätigkeit zufällig in dem einen oder anderen Feld. Eine Karriere haben nur wenige im Sinn. Hier sind interessierte Unternehmen mit Orientierungsangeboten und Ermutigung gefragt (→ Kapitel 1 in Band 3). Gegen Ende dieser Dekade zeichnet sich ab, dass nun eine neue Lebensphase beginnt. Viele der späteren Führungsfrauen haben jetzt „Blut geleckt", sind begeistert von ihrer Arbeit und möchten sich dort stärker engagieren; zugleich leben viele in einer festen Beziehung – sie denken über Heirat und Familie nach.

Die Dreißigerinnen

In dieser Dekade, nicht umsonst als „Rushhour des Lebens" bezeichnet, drängen sich die Ereignisse; viele Entscheidungen müssen fallen. Die Entscheidung, sich fest zu binden und ein gemeinsames Leben zu führen, bringt für die jungen Frauen eine neue Verantwortung mit sich. Vielleicht hat das Paar sich schon für ein Kind entschieden, oder die Familie drängt auf Nachwuchs. Gleichzeitig hat die Frau die ersten beruflichen Hürden erfolgreich genommen – nun ist ihr Ehrgeiz geweckt, sie will schauen, was sie noch schaffen kann. Bekommt sie ein erstes Kind (heute durchschnittlich mit 30 Jahren[2]), ist die große Frage: Was wird aus der Karriere? Denn eigentlich müsste sie jetzt ihre ganze Kraft in die Berufsarbeit stecken.[3] Aber was sagt der Partner dazu, und wer übernimmt die Kinderbetreuung (→ Kapitel 4 in diesem Band)? In diesem Jahrzehnt ist die Spannung zwischen Familie und Karriere am größten.

Die Vierzigerinnen

Nun sind die beruflichen Weichen gestellt, zumindest eine erste Führungsposition ist erreicht. Das Paar hat eine Lebensform und Arbeitsteilung gefunden, die für beide akzeptabel ist – oder es hat sich getrennt. Das Kind oder die Kinder gehen in die Schule. Etwa ein Viertel der Haushalte mit Führungsfrauen und schulpflichtigen Kindern hat beschlossen, eine Haushaltshilfe zu beschäftigen.[4] Diese – relative – Entlastung im Bereich Familie erleichtert es den Frauen, mehr Energie in ihre Berufsarbeit zu stecken. Aber auch in diesem Jahrzehnt bleibt die Spannung zwischen Beruf und Familie ein potenzieller Konfliktbereich. Beruflich stehen sie jetzt auf dem Gipfel ihrer Leistungsfähigkeit und nehmen, wenn sie die Chance bekommen, noch einmal neue Herausforderungen an.

Die Fünfzigerinnen

Bei den meisten Frauen hat sich die familiäre Situation entspannt, weil die Kinder selbständiger sind. In diesem Fall überlegen sie, ob sie zufrieden sind mit dem, was sie geschafft haben, und welche Möglichkeiten sich ihnen bieten, die frei gewordenen Energien zu nutzen (→ Kapitel 8 in diesem Band). Es kann aber auch geschehen, dass sie durch ihre Teenager zu Hause noch einmal sehr gebraucht und gefordert werden – mit Konsequenzen für ihr berufliches Engagement.

Frauen in diesem Lebensjahrzehnt schauen weiter, über diese Dekade hinaus. Das Ende ihres Berufslebens ist schon zu sehen, und langsam wird die Zeit danach für die Frauen ein Thema.

Zwiespalt und doppelte Option

Seit Frauen erwerbstätig sind, haben sie die Möglichkeit, aber auch die Aufgabe, zwischen den Lebensschwerpunkten Familie und Beruf zu wählen – und dies nicht nur einmal, sondern mehrfach. Auch heute bei einer Erwerbsquote von 72 %[5] müssen und können Frauen entscheiden, ob sie ihre Karriere oder die Familie zum gegebenen Zeitpunkt ins Zentrum ihres Lebens stellen. Viele berufstätige Frauen fühlen sich in der Verantwortung für die Familie und für ihre berufliche Tätigkeit; sie wollen auch beides.[6]

Das Männerleben in Levinsons Studien zeichnet sich durch ziemlich lineare berufliche Entwicklung mit wenigen Brüchen aus. Im Leben der Männer, so fand er, hat die Arbeit über Jahrzehnte fraglos erste Priorität, Ehe und Familie kommen auf Platz zwei. Im Leben der Frauen dagegen zeigte sich oft eine innere Spannung zwischen zwei Rollen, die immer wieder neu austariert werden muss: auf der einen Seite die Versorgerin, die traditionelle Ehefrau und Mutter, auf der anderen die unabhängige berufstätige Frau, die selbstbestimmt ihren Weg geht. Mit diesen so unterschiedlichen inneren Frauenbildern ist es schwer, immer wieder neu eine befriedigende Lebensstruktur zu finden. In vielen Themen, die Führungsfrauen beschäftigen, findet sich ein Echo dieses Zwiespalts.

Was tun?

- Bitten Sie den Personalbereich, für jede Lebensphase der Frauen herauszuarbeiten, was die in dieser Phase anstehenden beruflichen und privaten Entscheidungen für das Unternehmen bedeuten.
- Prüfen Sie dann, was das Unternehmen tun kann, um die wichtigen Entscheidungen im Sinne eigener Interessen zu beeinflussen.

ZUM WEITERLESEN

Wer sich für das komplexe Thema „Lebensphasen“ interessiert, ist bei Levinsons Erkenntnissen gut aufgehoben:
Daniel J. Levinson, *Das Leben des Mannes. Werdenskrisen, Wendepunkte, Entwicklungschancen.* Köln 1990.
Sein Buch über weibliche Lebensphasen ist nicht übersetzt.

2

Familienfreundlichkeit – Return on investment

Wenn Unternehmen auf familiäre Belange und Interessen ihrer Belegschaft Rücksicht nehmen, bezeichnet man das als Familienfreundlichkeit. Maßnahmen zu ihrer Verbesserung verbinden Entscheider schnell mit der

Wirkungen betrieblichen Familienbewusstseins als betriebswirtschaftlicher Forschungsgegenstand

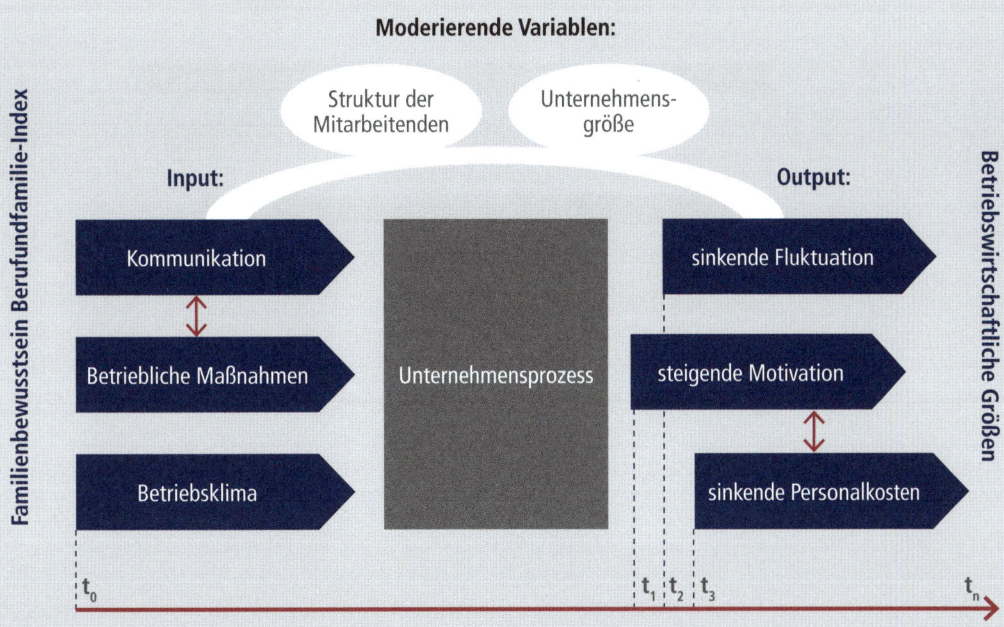

Irene Gerlach, Helmut Schneider, Ann Kristin Schneider und Anja Quednau, *Status quo der Vereinbarkeit von Beruf und Familie in deutschen Unternehmen sowie betriebswirtschaftliche Effekte einer familienbewussten Personalpolitik*. Forschungszentrum Familienbewusste Personalpolitik. Münster und Berlin 2013, S. 5 | BertelsmannStiftung

Vorstellung erheblicher Kosten. Tatsächlich aber sind sie ein Wettbewerbsvorteil, der sich rechnet (→ GRAFIK „Wirkungen betrieblichen Familienbewusstseins“, S. 11).

Familienfreundlichkeit gewinnt an Bedeutung

75–80 % aller Unternehmen schätzen gegenwärtig die Bedeutung von Familienfreundlichkeit für sich als wichtig oder sehr wichtig ein.[7] Angesichts des demographischen Wandels und des Fachkräftemangels sind Maßnahmen in diese Richtung nicht nur für die aktuell Beschäftigten von Bedeutung, sondern sie spielen auch für die Rekrutierung qualifizierter Fachkräfte und für das Ansehen des Unternehmens als Arbeitgeber eine wichtige Rolle. Viele Entscheider (ca. 30 %) sind davon überzeugt, dass die Bedeutung des Themas in ihrem Unternehmen in den nächsten Jahren noch weiter zunehmen wird[8] (→ GRAFIK „Bedeutung der Familienfreundlichkeit“).

Bedeutung der Familienfreundlichkeit für Unternehmen, Belegschaft und Führungskräfte

Anteil der Unternehmen, die zugestimmt haben (wichtig/eher wichtig)

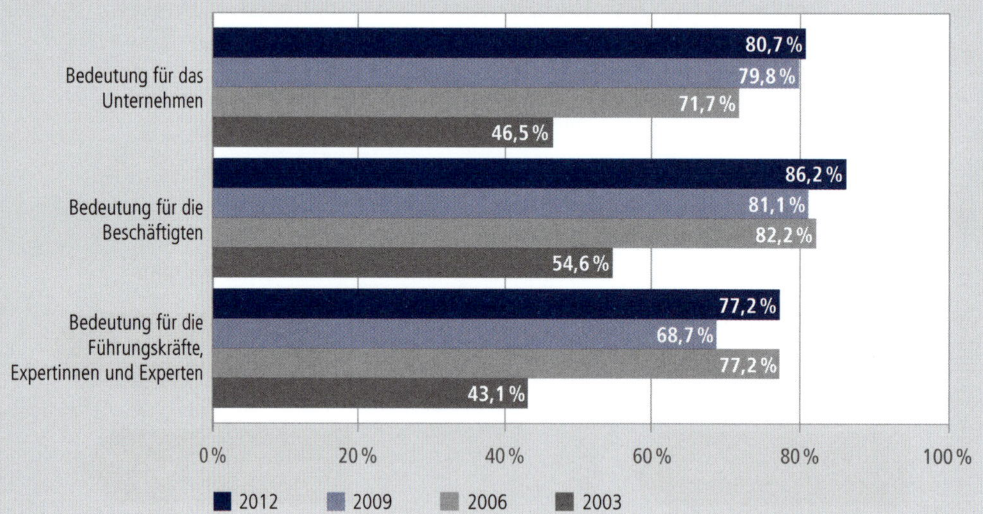

Unternehmensmonitor Familienfreundlichkeit 2013. Bundesministerium für Familie, Senioren, Frauen und Jugend. Berlin 2013, S. 11

| BertelsmannStiftung

Von Familienfreundlichkeit kann erst dann gesprochen werden, wenn ein Unternehmen der Belegschaft über alle Hierarchiestufen hinweg ein reiches Sortiment an Maßnahmen in folgenden Bereichen zur Verfügung stellt (→ GRAFIK „Familienfreundliche Maßnahmen in vier ausgewählten Handlungsfeldern im Überblick“, S. 14/15):

- Arbeitszeitflexibilisierung: z. B. Telearbeit, Home-Office, Vertrauensarbeitszeit
- Elternzeit / Elternförderung: z. B. Wiedereinstiegsprogramme, Patenprogramme
- Kinder- und Angehörigenbetreuung: z. B. betriebliche Kinderbetreuung
- Familienservice: z. B. Essen für Mitarbeiterkinder in der Kantine oder Angebote von haushaltsnahen Dienstleistungen

Das nennt sich, glaube ich, „Keep in touch", dass man auch während der Elternzeit mit 10–20 % weiterbeschäftigt wird, dass man an Seminaren teilnehmen kann, in Kontakt bleibt mit seinen Leuten. Viele Möglichkeiten, um auf dem Laufenden zu bleiben und nicht den Anschluss zu verlieren. Und ich muss sagen, davon war ich begeistert. ”

Laut „Unternehmensmonitor Familienfreundlichkeit 2013" des Bundesministeriums für Familie, Senioren, Frauen und Jugend bietet ein knappes Viertel aller Unternehmen ihren Mitarbeiterinnen und Mitarbeitern zehn oder mehr solcher Maßnahmen an, die im Einzelfall flexibel eingesetzt werden können.[9] Wie in allen Bereichen des Diversity-Managements ist für den Erfolg familienfreundlicher Maßnahmen ausschlaggebend, dass sie Teil eines strategisch verankerten Konzeptes sind und von der Unternehmensführung mit Entschiedenheit vertreten werden. Das scheint sich in den meisten Unternehmen herumgesprochen zu haben: Jüngste Untersuchungen deuten darauf hin, dass inzwischen viele ein ganzheitliches, d. h. das ganze Unternehmen betreffendes, und strategisch gesichertes Konzept verfolgen.[10]

Wie rechnet sich das?

Tatsächlich haben Unternehmen mit ausgeprägt familienfreundlicher Kultur eine um 12 % bzw. 22 % niedrigere Fehlzeiten- und Krankheitsquote als der Durchschnitt der Unternehmen.[11] Familienfreundliche Personalpolitik schlägt sich in sinkenden Fluktuationsraten nieder, in steigender Motivation und in sinkenden Personalkosten, weil weniger Aufwand für Bewerbungsverfahren, Einarbeitung und Vertretungsregelungen betrieben werden muss. Ein weiterer Effekt ist die größere Loyalität der Mitarbeiter zum Unternehmen: Die Elternzeit ist im Schnitt kürzer, und es kehren im Schnitt mehr Mitarbeiter nach der Elternzeit ins Unternehmen zurück. Es gibt seltener Eigenkündigungen, und auch die Kundenbindung scheint besser zu sein. Ebenso die Bewerberqualität, denn familienfreundliche Unternehmen sind attraktiv für junge, hochqualifizierte Bewerberinnen und Bewerber. Diese Zusammenhänge sind 2007 und 2011 vom Forschungszentrum Familienbewusste Personalpolitik untersucht worden. In allen genannten Punkten haben sich die Effekte der Familienfreundlichkeit in diesem Zeitraum verstärkt.[12]

Familienfreundliche Maßnahmen in vier ausgewählten Handlungsfeldern im Überblick

Anteil der Unternehmen mit einer bestimmten familienfreundlichen Maßnahme

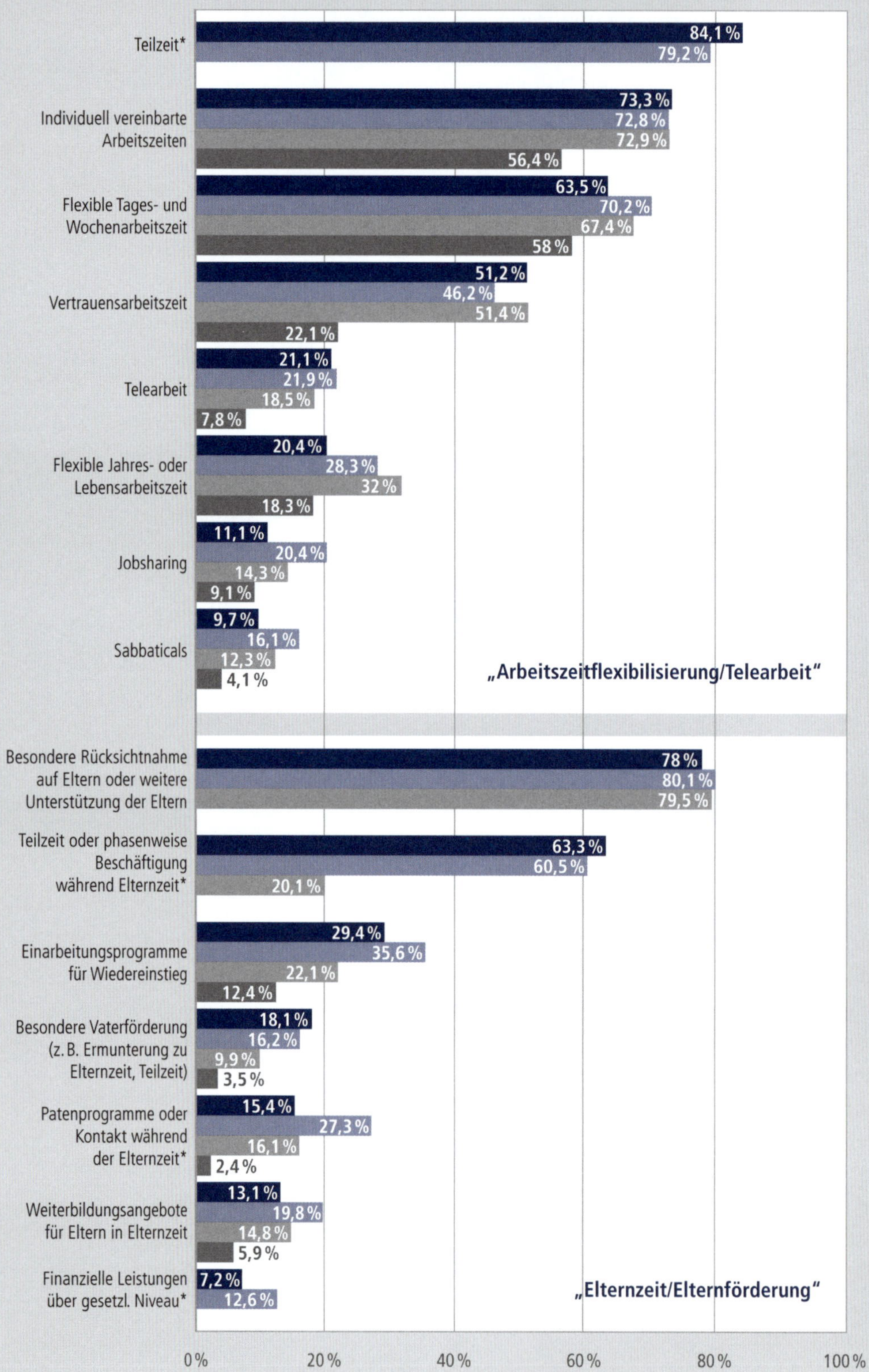

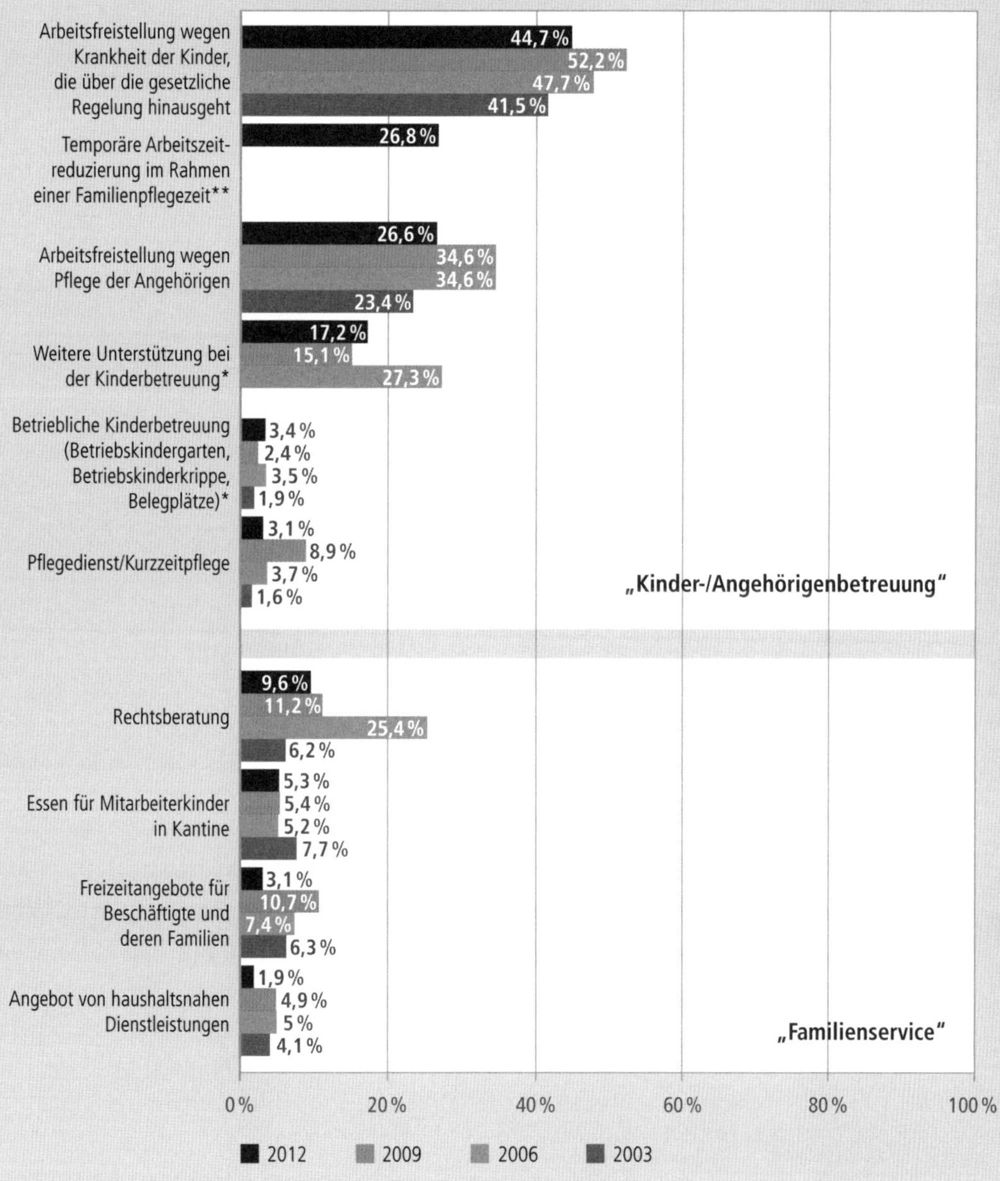

* Im Unternehmensmonitor 2010 neu aufgenommene Maßnahmen oder Maßnahmen, deren Vergleichbarkeit zu den Vorgängererhebungen eingeschränkt ist.

** Im Unternehmensmonitor Familienfreundlichkeit 2013 neu aufgenommene Maßnahmen.

Nach: *Unternehmensmonitor Familienfreundlichkeit 2013*.
Bundesministerium für Familie, Senioren, Frauen und Jugend. Berlin 2013, S. 10

| BertelsmannStiftung

Entscheidend für den Erfolg: die nichtmonetären Aufwendungen

Die Ergebnisse der Untersuchung belegen eindrücklich, dass es nicht die monetären Aufwendungen sind, die den Unterschied zwischen mehr oder weniger familienbewussten Unternehmen ausmachen, sondern die nichtmonetären Investitionen.[13] Entscheidend für den Erfolg der Maßnahmen scheint die inzwischen erheblich stärkere Sensibilisierung der Personalverantwortlichen und der Geschäftsführungen zu sein: Sie haben die Bedürfnisse der Belegschaft klarer im Blick. Deshalb sind auch die Informations- und Kommunikationsstrategien der Unternehmen für den Erfolg der Maßnahmen seit 2007 sehr viel professioneller geworden: Mitarbeiter und Führungskräfte sind heute besser informiert. Flexible Lösungen für die Balance von Beruf und Familie sind in den seit Jahren engagierten Firmen zur Normalität geworden.[14]

Auf den ersten Blick irritierend ist vielleicht die Tatsache, dass das Betriebsklima in vielen Unternehmen etwas schlechter geworden ist.[15] Tatsächlich ist es eher ein gutes Zeichen: Die Spannungen und gegebenenfalls die Konflikte zwischen Mitarbeitern mit und ohne Familienpflichten werden häufiger thematisiert – nachhaltige Veränderungen sind ohne Interessenkonflikte nicht zu haben. Gleichzeitig wurde durch die Untersuchungsergebnisse aber auch deutlich, dass sich die Führungskultur und die Entwicklungschancen der Mitarbeiter mit Familie positiv entwickelt haben. Gendersensible Führung hat ganz allgemein bessere Formen der Kommunikation zwischen Führungskraft und Geführten zur Folge.

Die empirische Forschung kommt zu dem Schluss, dass eine familienfreundliche Unternehmenskultur das „Ergebnis von Informationsprozessen, dynamischem und flexiblem Maßnahmeangebot und ganzheitlicher Akzeptanz familialer Verpflichtungen"[16] ist. Das heißt, Unternehmen müssen hier mehr tun, als nur Maßnahmen und Gelder zur Verfügung zu stellen. Sie müssen dafür sorgen, dass die Angebote angenommen werden und dass die Führungskultur entsprechend ausgebaut wird. Um Spannungen zwischen Mitarbeitern mit und ohne Familienpflichten möglichst gering zu halten und Konflikte zu lösen, sollte auch für diejenigen, die keine Familienpflichten haben, die Möglichkeit der flexiblen Arbeitszeitgestaltung bestehen.

Was tun?

- Sorgen Sie dafür, dass Ihr Unternehmen Mitarbeitern und Führungskräften ein breites Sortiment an Maßnahmen bietet.
- Controlling: Wie viele Maßnahmen werden in welchem Ausmaß genutzt? Wie verläuft die Entwicklung über die Jahre? Wie akzeptiert ist Elternzeit für Väter?
- Best Practice: Richten Sie eine feste Rubrik in Ihren internen Kommunikationsmedien ein, in der die Vielfalt der möglichen Modelle für die Ausbalancierung von Karriere und Privatleben anhand von gelungenen Beispielen dargestellt wird.
- Sorgen Sie dafür, dass Ihre Führungskräfte eine familienfreundliche Haltung einnehmen und über ihre Gestaltungsmöglichkeiten im Rahmen der vorhandenen Maßnahmen gut informiert sind.

ZUM WEITERLESEN

Irene Gerlach, Helmut Schndeider, Ann Kristin Schneider und Anja Quednau, *Status quo der Vereinbarkeit von Beruf und Familie in deutschen Unternehmen sowie betriebswirtschaftliche Effekte einer familienbewussten Personalpolitik*. Forschungszentrum Familienbewusste Personalpolitik (Hrsg.), Münster und Berlin 2013.
Die Arbeit gibt einen guten Einblick in die Ausbreitung und Ergebnisse familienfreundlicher Maßnahmen in Unternehmen. Sie vergleicht den Zustand 2007 bis 2012.
Zum Download auf www.creating-corporate-cultures.org/fuehrungsfrauen

ZUM WEITERHÖREN

Zum Thema gendersensible Führung:
Jochen Geppert und Cornelia Edding, *(Ver-)Führung zur Chancengleichheit. Ein Wegweiser für Führungskräfte*. Bertelsmann Stiftung (Hrsg.). Gütersloh 2013.
Hörproben unter www.creating-corporate-cultures.org/chancengleichheit

3

Der Gewinn der Zertifizierung

Seit gut fünfzehn Jahren haben sich verschiedene Gesellschaften gebildet, die sich für mehr Gender-Gerechtigkeit in der Wirtschaft engagieren. Sie beraten Unternehmen, prämieren oder zertifizieren sie. Sie bieten den Firmen damit ein Forum zur Selbstdarstellung im Internet. Zugleich verschaffen sie Menschen, die den Arbeitgeber wechseln wollen, eine gute Orientierung.

TOTAL E-QUALITY

Die erste dieser Organisationen war 1996 TOTAL E-QUALITY Deutschland e. V. Der Verein wurde von der Unternehmerin Eva Maria Roer mit dem Ziel gegründet, Chancengleichheit zu etablieren und nachhaltig zu verankern. Potenziale und Kompetenzen beider Geschlechter sollen gleichermaßen anerkannt und gefördert werden. „Frauen und Führung" ist daher das Schwerpunktthema dieser Organisation: „Wenn wir die Gesellschaft transformieren wollen, dann brauchen wir Frauen an der Macht."[17] TOTAL E-QUALITY Deutschland wurde von Anfang an vom Bundesministerium für Familie, Senioren, Frauen und Jugend unterstützt.

Vorstand, Beirat und Kuratorium vertreten den „Who is Who" zum Thema „Genderbalance/Chancengleichheit". Der Verein zeichnet Organisationen aus Wirtschaft, Wissenschaft und Verwaltung aus, die sich nachweislich und langfristig für Chancengleichheit im Beruf einsetzen. Die Unternehmen können mit der Auszeichnung innerhalb und außerhalb der Organisation werben. Das Prädikat wird für drei Jahre verliehen. 2013 wurden z. B. 14 Unternehmen neu ausgezeichnet, und 47 Organisationen erhielten das Prädikat erneut.[18]

Berufundfamilie GmbH

Die Hertie-Stiftung gründete 1998 die berufundfamilie GmbH. Der Name war Programm: Die Stiftung hatte sich bereits seit 1995 dem Thema der Vereinbarkeit von Familie und Beruf gewidmet. Sie war aufgrund eigener Forschung überzeugt, dass eine Unternehmensstrategie, die Beruf und Familienleben in Einklang bringt, sich nachhaltig positiv auf den Unternehmenserfolg auswirkt (→ Kapitel 2 in diesem Band). Dreh- und Angelpunkte für eine bessere Vereinbarkeit von Familie und Beruf sind – so ihre Forschungsergebnisse[19] – die Verbesserung der Führungskompetenz und die flexible Gestaltung der Arbeitsorganisation.

Berufundfamilie berät und auditiert Unternehmen. Inzwischen gibt es über tausend Zertifikatsträger. Das Audit berufundfamilie hat sich als maßgebendes Qualitätssiegel für Familienbewusstsein in der deutschen Wirtschaft etabliert und wird seit 2001 von den Spitzenverbänden der deutschen Wirtschaft empfohlen.[20] Die GmbH richtet sich an private Unternehmen und öffentliche Institutionen mit dem Angebot, die Unternehmen mittel- und langfristig auf ihrem Weg zu familienbewusster Personalpolitik zu unterstützen. Sie bildet Auditoren aus, betreibt eine Akademie für Personalverantwortliche und Führungskräfte und veranstaltet Kongresse wie auch regelmäßige Netzwerktreffen der auditierten Betriebe.

Audit berufundfamilie

Acht Handlungsfelder für die Vereinbarkeit von Beruf und Familie

1. Arbeitszeit
2. Arbeitsorganisation
3. Arbeitsort
4. Informations- und Kommunikationspolitik
5. Führungskompetenz
6. Personalentwicklung
7. Entgeltbestandteile, geldwerte Leistungen
8. Service für Familien

Genderdax

Als Nächstes wurde im Jahr 2004 der Genderdax gegründet. Der Gründung war eine öffentliche Debatte zwischen Politik und Wirtschaft vorausgegangen, die 2001 zu einer ersten Vereinbarung der Regierung mit Spitzenverbänden der deutschen Wirtschaft führte.

Der Genderdax ist eine Plattform, die vom Institut für Personalwesen und Internationales Management der Helmut-Schmidt-Universität Hamburg eingerichtet wurde. Er richtet sich eigens an Hochschulabsolventinnen, weibliche Fach- und Führungskräfte, Nachwuchskräfte und Wiedereinsteigerinnen.[21] Er bietet einen Überblick über Beschäftigungsmöglichkeiten und Entwicklungschancen bei ca. 50 Unternehmen, die im Genderdax gelistet sind. Für Großunternehmen, mittelständische Unternehmen und Forschungseinrichtungen bietet er eine Plattform, auf der diese sich detailliert darstellen können. Außerdem erwerben sie das Recht, das Genderdax-Logo für Informations- und Werbezwecke zu nutzen. Die Unternehmen können sich kostenlos bewerben. Ein Expertenteam entscheidet.

Frauen in die Aufsichtsräte (FidAR) e. V.

In Reaktion auf das Scheitern des Gleichstellungsgesetzes 2001 und die im gleichen Jahr geschlossene, recht unverbindliche „Vereinbarung zwischen der Bundesregierung und den Spitzenverbänden“ schlossen sich 2005 hochrangige Frauen aus Wirtschaft, Wissenschaft und Politik zusammen und gründeten 2006 FidAR e. V. Der Verein hat zum Ziel, den Frauenanteil in den Aufsichtsräten deutscher Unternehmen nachhaltig zu erhöhen.[22]

Die Mitglieder halten es unternehmerisch, volkswirtschaftlich und politisch für nicht hinnehmbar, dass in Deutschland Frauen und Männer zwar gleich hoch qualifiziert werden, dass aber nur 8,2 % der Aufsichtsratspositionen[23] auf Anteilseignerseite mit Frauen besetzt sind. Sie treten für eine Verbesserung der Unternehmenskontrolle ein und fordern eine gesetzlich geregelte Mindestquote von 30 % auf Anteilseignerseite sowie Sanktionen bei Nichtbeachtung. Sie setzen sich zudem für die fachliche Qualifizierung von Aufsichtsratsmitgliedern ein.

Antidiskriminierungsstelle des Bundes

2006 wurde auf Initiative der Europäischen Union in Deutschland das Allgemeine Gleichbehandlungsgesetz (AGG) verabschiedet. Mit Inkrafttreten dieses Gesetzes wurde die Antidiskriminierungsstelle des Bundes eingerichtet und beim Bundesministerium für Familie, Senioren, Frauen und Jugend angesiedelt. Sie beschäftigt 25 Mitarbeitende und hat ein Budget von 2,6 Millionen Euro.[24] Ihre Aufgaben sind:

- Beratung von Menschen, die glauben, benachteiligt zu werden
- Einholung von Stellungnahmen von Arbeitgebern
- Beratung von Unternehmen, Verbänden und Gewerkschaften
- Information von Wissenschaftlerinnen
- Vernetzung von Beratungsstellen
- Prävention

- Öffentlichkeitsarbeit
- Forschung

Das Allgemeine Gleichbehandlungsgesetz (AGG)

Es sichert den einheitlichen Diskriminierungsschutz im Arbeits- und Zivilrecht: Jeder Mensch, unabhängig von ethnischer Zugehörigkeit, Geschlecht, Behinderung, Religion oder Weltanschauung, Alter und sexueller Identität, hat gleiche Rechte.

Quelle: AGG Abschnitt 1–3 | BertelsmannStiftung

Charta der Vielfalt

Die Charta der Vielfalt wurde 2006 von der Deutschen BP, Deutschen Bank, Deutschen Telekom und Daimler gegründet. Sie ist ein Bekenntnis der unterzeichnenden Organisationen zu Fairness und Wertschätzung, verbunden mit der Selbstverpflichtung, Aktivitäten zur Anerkennung und Integration von Vielfalt in ihren Unternehmen zu ergreifen.[25] Die Bundeskanzlerin übernahm die Schirmherrschaft.

Die Charta setzt sich für Diversity-Management und für bessere Führung und Zusammenarbeit in einer vielfältigen Belegschaft ein. Sie will dazu beitragen, die Wertschätzung von Vielfalt auf breiter Basis in der Gesellschaft zu verankern. Dazu veranstaltet sie einmal im Jahr einen DiversityTag. Sie bietet den Unternehmen eine Plattform zur Selbstdarstellung, führt Konferenzen durch und veröffentlicht Best-Practice-Beispiele nachhaltiger Aktivitäten von Unternehmen zum Thema Diversity. Inzwischen hat die Charta Unterschriften von mehr als 800 Organisationen aufzuweisen (→ KASTEN „Selbstverpflichtung der Unterzeichner der Charta der Vielfalt“, S. 22).

Seit 2011 zeichnet die Bertelsmann Stiftung Unternehmen mit dem Qualitätssiegel „Familienfreundlicher Arbeitgeber“ für familienbewusste Personalpolitik aus. Vorausgegangen war ein dreijähriges Projekt „Netzwerk Familie-Arbeit-Mittelstand im Münsterland“. Die Bertelsmann Stiftung wendet sich in erster Linie an mittelständische Unternehmen. Sie werden im Hinblick auf folgende fünf Bereiche bewertet: Unternehmens- und Führungskultur, Kommunikation, Arbeitsorganisation, Unterstützungsangebote, Strategie und Nachhaltigkeit.

Das Zertifizierungsverfahren ist schlank konzipiert und geschieht in folgenden Schritten:

1. Sensibilisierung und Information der Mitarbeiter
2. Durchführung einer Mitarbeiterbefragung
3. Vor-Ort-Termin
4. Abschlussbericht und Zertifizierung

Selbstverpflichtung der Unterzeichner der Charta der Vielfalt

Im Rahmen dieser Charta werden wir

1. eine Organisationskultur pflegen, die von gegenseitigem Respekt und Wertschätzung jeder und jedes Einzelnen geprägt ist. Wir schaffen die Voraussetzungen dafür, dass Vorgesetzte wie Mitarbeiterinnen und Mitarbeiter diese Werte erkennen, teilen und leben. Dabei kommt den Führungskräften bzw. Vorgesetzten eine besondere Verpflichtung zu.
2. unsere Personalprozesse überprüfen und sicherstellen, dass diese den vielfältigen Fähigkeiten und Talenten aller Mitarbeiterinnen und Mitarbeiter sowie unserem Leistungsanspruch gerecht werden.
3. die Vielfalt der Gesellschaft innerhalb und außerhalb der Organisation anerkennen, die darin liegenden Potenziale wertschätzen und für das Unternehmen oder die Institution gewinnbringend einsetzen.
4. die Umsetzung der Charta zum Thema des internen und externen Dialogs machen.
5. über unsere Aktivitäten und den Fortschritt bei der Förderung der Vielfalt und Wertschätzung jährlich öffentlich Auskunft geben.
6. unsere Mitarbeiterinnen und Mitarbeiter über Diversity informieren und sie bei der Umsetzung der Charta einbeziehen.

Auszug aus: www.charta-der-vielfalt.de/charta-der-vielfalt/die-charta-im-wortlaut.html | BertelsmannStiftung

4

Wiedereinstieg: immer anders

Frauen, die nach einer Unterbrechung ihrer Erwerbstätigkeit in den Beruf zurückkehren, stehen vor einer neuen, komplexen Aufgabe. Sie müssen in ihre Arbeit zurückfinden, sie müssen Familienaufgaben managen, und sie müssen immer wieder Arrangements zwischen den Ansprüchen der Arbeit und denen der Familie finden.

Zur Bewältigung dieser Komplexität brauchen sie das Engagement des Arbeitgebers im Prozess des Wiedereinstiegs. Was kann das Unternehmen tun?

Das Unternehmen profitiert

Tatsächlich kommt der Wiedereinstieg qualifizierter Frauen dem Unternehmen in mehrfacher Hinsicht zugute:

Bindung: Der Arbeitgeber hat in die Entwicklung der Mitarbeiterin investiert. Einen Ersatz zu suchen und einzuarbeiten ist aufwendig und teuer. Jedes Unternehmen sollte daran interessiert sein, gut ausgebildetes und gut eingearbeitetes Personal zu halten, auch nach einer Arbeitsunterbrechung.

Motivation: Wiedereinsteigerinnen wollen sich und anderen zeigen, dass sie es schaffen. Selbst nach einer Elternzeit von nur drei Monaten ist die Umstellung vom Familien- in den betrieblichen Alltag groß. Die Rückkehrerin muss sich wieder einfinden und neu bewähren.

Kompetenz: Frauen mit Familie werden zu Hause anders gefordert als Singles und haben andere Aufgaben zu lösen. Die Kompetenzen, die sie dort entwickeln, sind ein Zugewinn für das Unternehmen. Forschungen zeigen,[26] wie sehr die im Familienmanagement erworbenen Fähigkeiten der Führungsaufgabe zugutekommen (Krisenfestigkeit, Stressresistenz, Improvisations- und Kompromissfähigkeit etc.).

Reputation: Der Ruf der Familienfreundlichkeit liegt im Interesse des Unternehmens. Ein guter Platz im entsprechenden Ranking[27] macht das Unternehmen für qualifizierte Frauen und zunehmend auch für ebensolche Männer attraktiv (→ Kapitel 6 in diesem Band). Darauf verweist noch einmal der neueste Report zum Thema Mitarbeiterbindung des Recruiting-Spezialisten Hays.[28]

Strategien der Bewältigung

Bei dem Versuch, Kräfte und Zeitbudget neu zu justieren, gehen Wiedereinsteigerinnen unterschiedliche Wege. Der Sozialwissenschaftler Carsten Wippermann fand in einer repräsentativen Untersuchung des Wiedereinstiegs drei Bewältigungsstrategien:[29]

- **Steigerung:** Viele, insbesondere Führungsfrauen, begegnen den Problemen des Wiedereinstiegs durch erhöhten Ressourceneinsatz. Sie arbeiten mehr, schlafen weniger und versuchen, häusliche und betriebliche Arbeiten effizienter zu erledigen. Diese Strategie führt zu Erschöpfungszuständen und nicht selten zum Ausstieg aus dem Wiedereinstieg.
- **Verzicht:** Die Wiedereinsteigerin verzichtet auf Freizeit; sie reduziert ihre Ansprüche, vor allem zu Hause, und versucht, mit den Mängeln, die sie dabei empfindet, zu leben. Das macht sie auf die Dauer unzufrieden.
- **Arbeitsteilung:** Die Wiedereinsteigerin schafft Platz für anspruchsvolle Erwerbsarbeit durch Helfer und Helferinnen. Manchmal reduziert der Ehemann eine Zeitlang seine Arbeitsbelastung, und externe Dienste übernehmen Haushaltsaufgaben. So gelingt es am ehesten, eine neue Balance zu finden.

(→ GRAFIK „Ressourcen und Handlungsoptionen für Wiedereinsteigerinnen“, S. 25)

Teilzeitlösungen sind für Führungsfrauen mit Karriereambitionen nur in Ausnahmefällen eine Option (→ Kapitel 7 in diesem Band). Daher ist die Delegation von Familien- und Haushaltsaufgaben für diese Wiedereinsteigerinnen die Methode der Wahl. Viele Frauen zögern, externe Dienste in Anspruch zu nehmen, wenn sie vor ihrem Wiedereinstieg danach gefragt werden. Nach ihrer Rückkehr ins Unternehmen steigt jedoch ihre Zustimmung zu dieser Lösung steil an.[30]

> *Was wirklich enorm wichtig ist: dass man sich Helfer organisiert. Es war für mich ein langer Lernprozess, da hinzukommen. Mittlerweile haben wir einmal die Woche eine Putzfrau … Das ist schon ein Umdenken, es ist mir nicht leichtgefallen, mir jemanden zu holen, der wäscht und meine Sachen saubermacht. Aber es funktioniert, und ich bin sehr froh drum.*

Auch Befragungen zeigen: Im Rückblick halten hochrangige Führungsfrauen den Weg der Delegation für richtig und zufriedenstellend.[31]

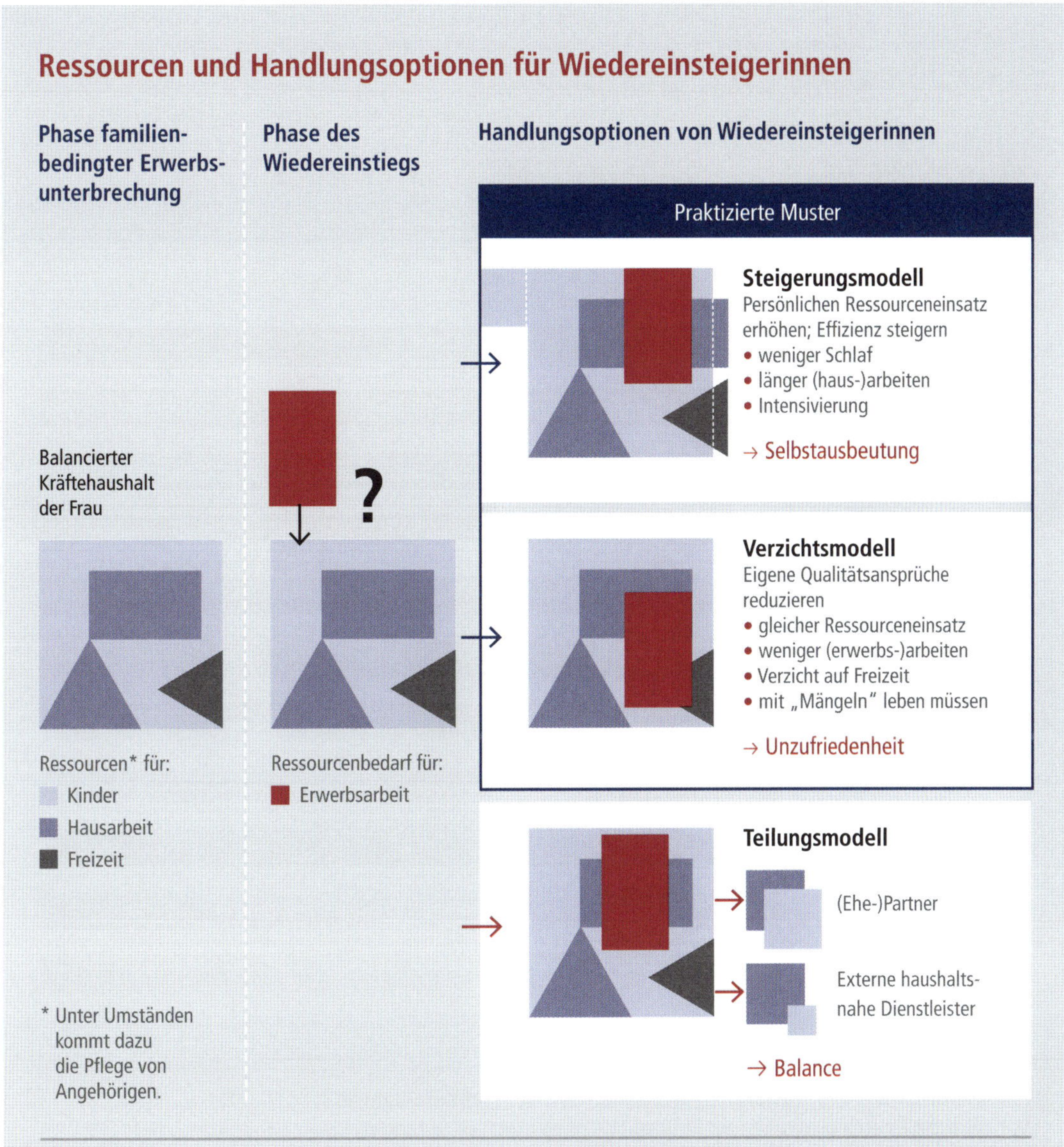

Nach: Carsten Wippermann, *Zeit für Wiedereinstieg – Potenziale und Perspektiven.* Bundesministerium für Familie, Senioren, Frauen und Jugend. Berlin 2011, S. 12

Der Beitrag des Arbeitgebers

Wenn eine Führungsfrau aus der Elternzeit zurückkehrt, muss sie eine neue Balance finden zwischen ihrer Verantwortung in der Familie und ihren Zielen im Unternehmen. Dies gelingt ihr nur, wenn der Arbeitgeber sie unterstützt – vor der Elternzeit, während ihrer Abwesenheit und nach ihrer Rückkehr. Sie braucht die aufmerksame und flexible Begleitung durch Personalabteilung und ihren Vorgesetzten. Auf Seiten der Unternehmen steht eine ganze Batterie von Maßnahmen bereit, die hier eingesetzt werden können. Eine Umfrage der Deutschen Gesellschaft für Personalführung (DGFP) vermittelt einen Eindruck von Art und Umfang der Maßnahmen[32] (→ GRAFIK „DGFP-Studie: Wiedereinstieg nach der Elternzeit – Maßnahmen der Unternehmen“).

DGFP-Studie: Wiedereinstieg nach der Elternzeit – Maßnahmen der Unternehmen

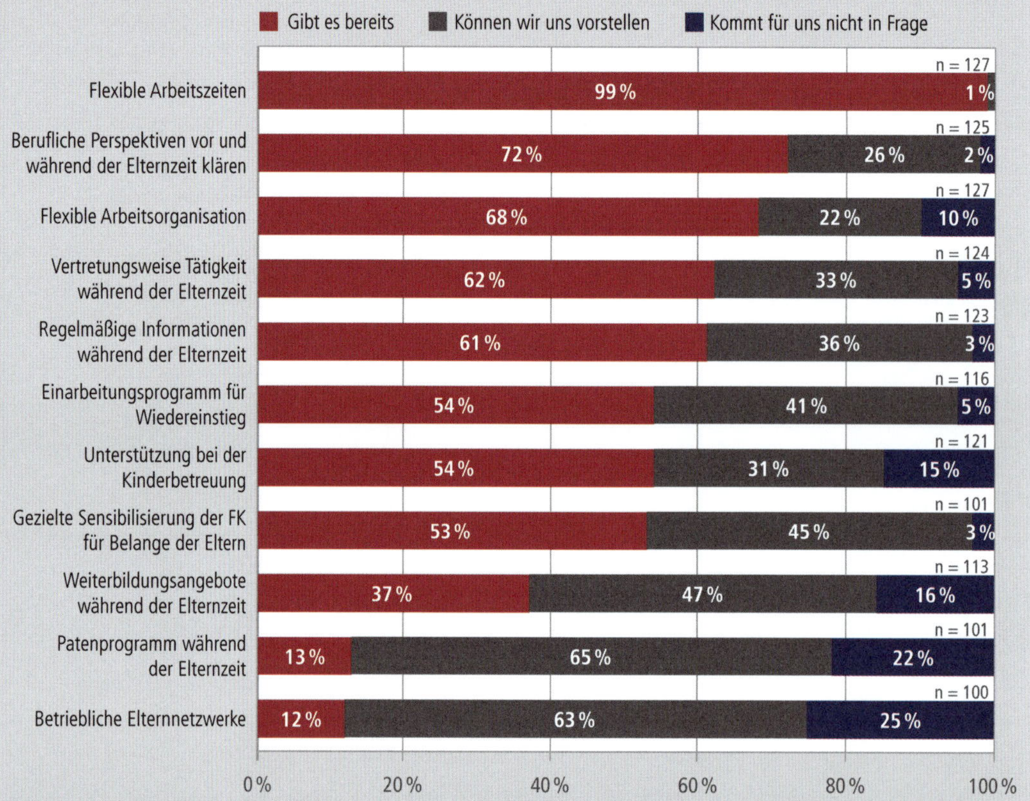

Flexible Arbeitszeiten existieren in fast jedem befragten Unternehmen.
Betriebliche Elternnetzwerke und Patenprogramme werden hingegen kaum angeboten.

Deutsche Gesellschaft für Personalführung, *Wiedereinstieg nach der Elternzeit – Maßnahmen der Unternehmen*, 2013, S. 4 | BertelsmannStiftung

99 % der 129 befragten Unternehmen bieten den Wiedereinsteigenden flexible Arbeitszeiten an, 72 % führen mit der Mitarbeiterin oder dem Mitarbeiter vor und auch während der Elternzeit Gespräche über die berufliche Perspektive. 68 % bieten verschiedene Möglichkeiten der Arbeitsorganisation und 61 % binden das Personal während der Elternzeit in unternehmensinterne Kommunikation ein und halten Kontakt. Wiedereinstiegsmentoren – hier „Paten“ genannt – oder betriebliche Elternnetzwerke sind dagegen bisher kaum verbreitet. Das Interesse der Unternehmen, den Wiedereinstieg zu erleichtern, ist groß, denn 72 % der befragten Firmen wünschen sich die Veröffentlichung von Best-Practice-Beispielen aus diesem Bereich (→ KASTEN „Checkliste für Vorgesetzte von Wiedereinsteigerinnen“, S. 27).

Checkliste für Vorgesetzte von Wiedereinsteigerinnen

- Haben Sie vor der Elternzeit mit der Mitarbeiterin über ihre Karriere gesprochen?
- Ist mit der Mitarbeiterin vereinbart, ob und wie Sie während der Elternzeit Kontakt mit ihr halten?
- Wie werden die Aufgaben der Mitarbeiterin während der Elternzeit verteilt?
- Wie sehen die Home-Office-Regelungen aus?
- Ist die Arbeitszeit flexibel?
- Ist ein besprechungsfreier Tag oder eine besprechungsfreie Tageszeit vorgesehen?
- Ist für den Fall einer ungeplanten Abwesenheit der Wiedereinsteigerin die Vertretung klar geregelt?
- Wie oft haben Sie mit der Mitarbeiterin seit ihrer Rückkehr über ihre Situation gesprochen?
- Haben Sie sich tatsächlich an die Vereinbarungen gehalten? Haben sich andere wichtige Akteure daran gehalten?
- Wie halten Sie es selbst mit der Präsenzkultur?

Wiedereinsteigerinnen brauchen die Beweglichkeit des Unternehmens nicht nur in Bezug auf Arbeitszeit und Arbeitsort:

- Das Unternehmen ist gut beraten, wenn es nicht nur ein Routineprogramm für Wiedereinsteigerinnen entwickelt, sondern auch individuelle Lösungen ermöglicht. Dazu bedarf es eines achtsamen Vorgesetzten. Bisher aber ist „gezielte Sensibilisierung" der Führungskräfte nur bei der Hälfte der befragten Unternehmen im Programm und steht bei der Frage nach der Wichtigkeit von Maßnahmen auf dem achten von elf Plätzen. Hier unterschätzen die Unternehmen die Schlüsselrolle der Vorgesetzten.
- Kinder, und vor allem kleine Kinder, sorgen für Unvorhergesehenes. Ein familienfreundliches Unternehmen ermöglicht es Mitarbeiterinnen und Mitarbeitern, darauf zu reagieren. Besonders aktive Unternehmen haben eine Kinderbetreuung für Ausnahme- und Notfälle (z. B. Commerzbank: Kids & Co[33]).

Die Aussteigerinnen

Etwa ein Drittel der Wiedereinsteigerinnen denkt über einen Ausstieg aus dem Wiedereinstieg nach.[34] Tatsächlich finden ca. 6 % der Wiedereinsteigerinnen zwischen 30 und 40 Jahren, die weniger als ein Jahr unterbrochen haben, keinen anderen Ausweg, um den Konflikt zwischen betrieblicher und familiärer Beanspruchung zu lösen.[35] Diese Entscheidung ist bitter für die betreffenden Frauen und teuer für das Unternehmen. Die „Vertreiber" der Wiedereinsteigerinnen sind folgende:

Die Unterstützung durch das private Umfeld gelingt nicht in dem notwendigen Umfang. Besonders wichtig sind Haltung und Verhalten des Partners.[36] Außerdem muss die Wiedereinsteigerin lernen, ihre Ansprüche an die Erledigung häuslicher Aufgaben zu verändern. Das ist in der Regel notwendig, wenn andere diese Aufgaben übernehmen sollen, gelingt aber häufig nicht.

Im Betrieb hapert es allzu oft mit der Einhaltung der getroffenen Vereinbarungen. In der Beratung von Führungsfrauen ist immer wieder zu hören, dass trotz Stundenreduktion der Arbeitsumfang gleich bleibt, dass den Frauen Schuldgefühle gemacht werden, wenn sie pünktlich gehen, dass der Vorgesetzte gern kurz vor Dienstschluss mit einer dringlichen Erledigung kommt, dass Besprechungen in die Abendstunden gelegt werden.[37] Vorgesetzte und Kollegen, deren Lebenssituation ganz anders ist, können sich oft nicht vorstellen, wie zerbrechlich die Balance zwischen Beruf und Familie den betroffenen Frauen vorkommt. Die Ergebnisse einer repräsentativen Befragung junger amerikanischer Frauen erinnern daran: Jede zusätzliche Arbeitsstunde verschärft den Konflikt zwischen Beruf und Privatleben, jede Stunde mehr Zeit für sich selbst mindert ihn[38] (→ GRAFIK „Wichtigste Motive von Frauen für den Berufsausstieg", S. 29).

Was tun?

- Sprechen Sie regelmäßig mit der Wiedereinsteigerin über mögliche Probleme.
- Sensibilisieren Sie Ihre Führungskräfte für das Thema.
- Sorgen Sie für die Sammlung und Verbreitung von Best-Practice-Beispielen.
- Überprüfen Sie Art und Umfang der in Ihrem Unternehmen angebotenen Maßnahmen zur Erleichterung des Wiedereinstiegs; verändern oder erweitern Sie diese, orientiert an Best-Practice-Beispielen.
- Bestehen Sie auf aussagekräftigen Zahlen, die das innerbetriebliche „Schicksal" von Frauen in Elternzeit und von Wiedereinsteigerinnen transparent machen.

Wichtigste Motive von Frauen für den Berufsausstieg

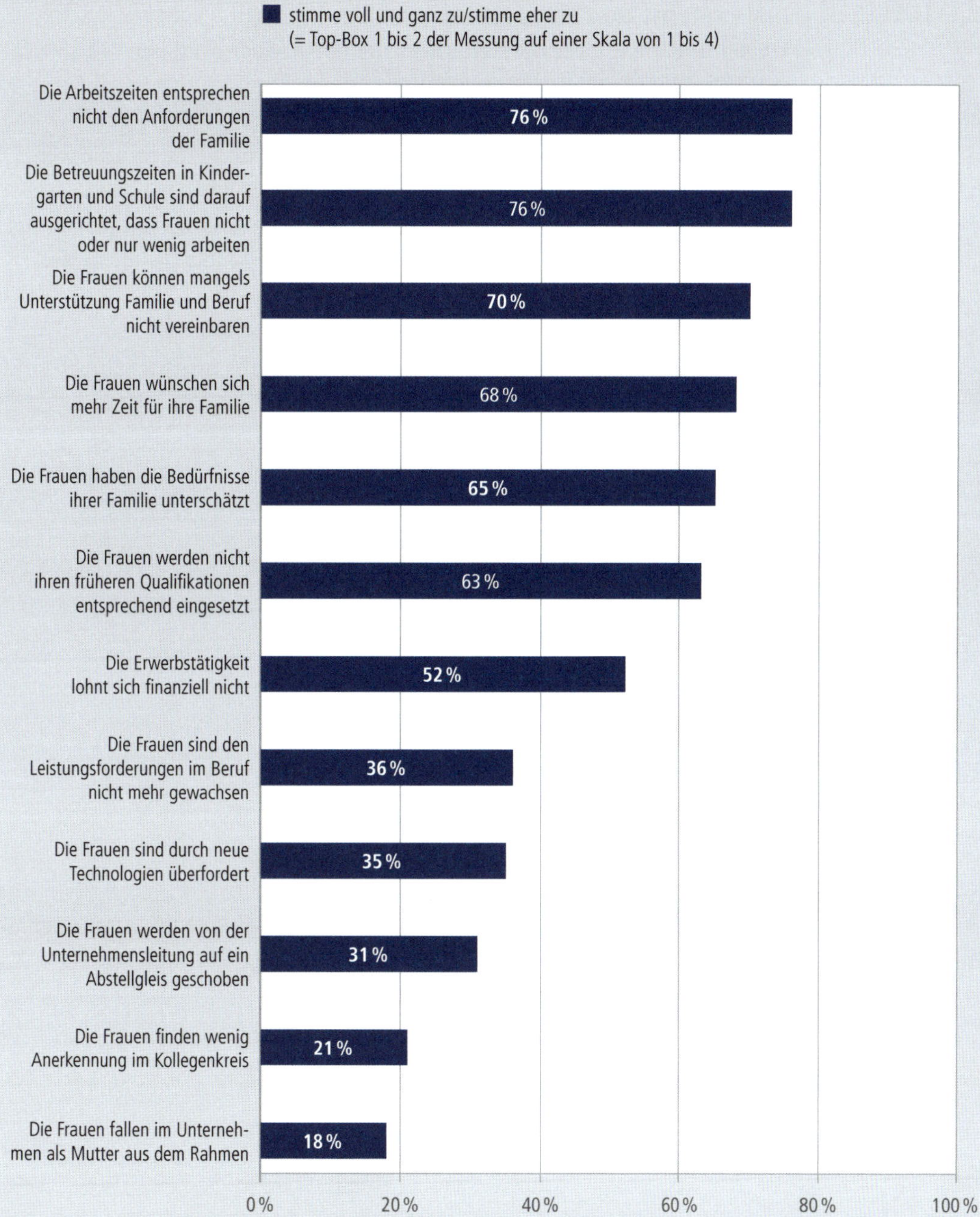

Basis: Frauen, die eine familienbedingte Erwerbsunterbrechung erlebt haben und danach in den Beruf zurückgekehrt sind (n = 273)

Katja Wippermann und Karsten Wippermann, *Perspektive Wiedereinstieg. Ziele, Motive und Erfahrungen von Frauen vor, während und nach dem beruflichen Wiedereinstieg*. Quantitative Repräsentativuntersuchung von Sinus Sociovision im Auftrag des Bundesministeriums für Familie, Senioren, Frauen und Jugend. 4. Auflage, Berlin 2010, S. 47

| BertelsmannStiftung

ZUM WEITERLESEN

Das Bundesministerium für Familien, Senioren, Frauen und Jugend (BMFSFJ) hat zum Thema Wiedereinstieg zwei sehr lesenswerte Umfragen und die interessante Auswertung eines Modellversuchs vorgelegt.

BMFSFJ: *Zeit für Wiedereinstieg – Potenziale und Perspektiven*, 2011
BMFSFJ: *Perspektive Wiedereinstieg – Ziele, Motive und Erfahrungen von Frauen vor, während und nach dem Wiedereinstieg*, 2008
BMFSFJ: *Beruflicher Wiedereinstieg von Frauen nach längerer familienbedingter Erwerbsunterbrechung*. Ergebnisse der Evaluation des ESF-Programms „Perspektive Wiedereinstieg", 2013

Zum Download auf www.creating-corporate-cultures.org/fuehrungsfrauen

5

Die Rabenmutter

... ist eine abwertende Bezeichnung für eine Mutter, die ihre Kinder vernachlässigt. Der Begriff wird insbesondere für berufstätige Frauen, die sich angeblich ungenügend um ihre Kinder kümmern, verwendet.

Der Ausdruck geht auf die Beobachtung zurück, dass junge Raben ähnlich wie junge Stare nach dem Verlassen des Nestes am Boden sehr unbeholfen erscheinen und als zu früh sich selbst überlassen beurteilt wurden. Junge Raben sind zwar Nesthocker, verlassen aber vor Erlangen der Flugfähigkeit aus eigenem Antrieb das Nest. Geläufig ist der Begriff seit Luther, der das Alte Testament (Buch Hiob, 38, 41) übersetzte und entsprechend interpretierte. Auf diesen Hintergründen kam es zu den Begriffen „Rabeneltern" und „Rabenmutter"; es ist aber ein Trugschluss, dass Raben keine fürsorglichen Eltern seien. Die Elternvögel füttern die bettelnden Jungvögel tatsächlich einige Wochen lang und warnen und schützen ihre Jungen vor Feinden. (http://de.wikipedia.org/wiki/Rabenmutter)

Kinder sind kein Karrierehindernis – sie werden dazu gemacht. In vielen Ländern bekleiden Mütter anspruchsvolle hohe Posten – die Frauen sind zufrieden, die Kinder gedeihen, und keiner findet etwas dabei. In Deutschland ist das anders. Hier herrscht in allzu vielen Köpfen immer noch die Vorstellung: Das Kind braucht seine Mutter, und das möglichst 24 Stunden täglich. Bezeichnungen wie „Rabenmutter" verunsichern Frauen und halten sie womöglich von einer Karriere ab – oder davon, ein Kind zu bekommen. Können die Frauen solche Sprüche nicht einfach überhören?

Das innere Echo

Kritische Äußerungen anderer sind dann besonders wirksam, wenn sie bei dem Empfänger ein inneres Echo auslösen, also auf einen eigenen Zweifel treffen. Eine ehrgeizige und beruflich erfolgreiche junge Frau, die bald nach der Geburt ihres Kindes wieder auf ihre Position zurückkehrt und ihr

Kind in guten Händen weiß, sollte eigentlich gegen die Unterstellung, ihr Kind zu vernachlässigen, gefeit sein. Sie ist es aber oft nicht. Möglicherweise zweifelt sie selbst, ob sie als Mutter gut genug ist.

Der Lebensphasenforscher Levinson[39] geht davon aus, dass in jeder Lebensphase eine Aufgabe im Mittelpunkt steht, die gelöst werden muss, um für diese Phase eine befriedigende Lebensform zu finden (→ Kapitel 1 in diesem Band). Die junge Mutter muss entscheiden, welchen Platz sie ihrer Karriere und welchen ihrer Mutterrolle einräumen will. Für Männer ist Berufstätigkeit und Karriere eine Aufgabe, die sie zweifelsfrei während mehrerer Lebensphasen in den Mittelpunkt stellen können. Frauen dagegen können zwar auch berufstätig sein und Karriere machen, aber es gibt für sie immer noch ein zweites Feld, in dem sie Verantwortung tragen – die Familie. Karriere machen heißt für sie oft: nur unter der Bedingung, dass die Familie nicht leidet und die Kinder nicht zu kurz kommen.

Frauen, die sich für Karriere und Familie entscheiden, haben Mühe, dafür eine gute Lebensform zu finden, denn sie können nicht eine einzige Aufgabe in den Mittelpunkt ihres Lebens stellen. Immer wieder neu bringen die beiden Pole Beruf und Familie die Frauen in einen Konflikt. Das Gefühl ständigen Ungenügens begleitet viele von ihnen. Es wird von ihren Verwandten möglicherweise noch geschürt, wenn bei Besuchen und Familienfeiern Bemerkungen über „die armen Kinder" gemacht werden, die mit Hilfe von Kinderfrauen, Großeltern und Freundinnen groß werden und ihre Mutter zu selten sehen. Auch kinderlose Kolleginnen beteiligen sich daran, wenn sie erstaunt feststellen: „Was, du stillst noch?", oder fragen: „Warum schläft dein Kind denn nicht durch?" Die junge Mutter hört da rasch einen Vorwurf und fühlt sich moralisch unter Druck gesetzt.

Nach der Geburt habe ich relativ schnell wieder angefangen zu arbeiten, und da kamen dann Bemerkungen, die haben mich wirklich verletzt. Da wurden so Stiche losgelassen in Richtung: Die Rabenmutter lässt abends ihre Kinder daheim und schließt sie wahrscheinlich in den Keller ein. Das war jedenfalls mein Gefühl.

Also, es entstanden Fronten. Die einen, die sagten: Mensch, das ist so klasse, dass du das machst! Ich bewundere dich, und ich hoffe, dass du das durchziehst. Gerade auf der Kollegenebene. Und andere haben gesagt: Also, wie kann man das tun, wie kann man ein Kind allein daheimlassen? Verletzen tut es mich mittlerweile nicht mehr, aber früher hat es mich verletzt.

Junge Frauen, die selbstbewusst sagen: „Ich bin Karrierefrau und Mutter", findet man selten, aber es gibt sie. Petra Justenhoven, seit Juli 2013 Mitglied des Vorstands von PricewaterhouseCoopers AG: „Unsere Kinder waren von Anfang an daran gewöhnt, dass sie von uns, unserer Kinderfrau, den Großeltern oder meiner Schwester betreut wurden. In der Schule wird immer deutlich, dass sie besonders aufgeschlossen sind und ohne Scheu auf andere zugehen."

Eine gute Familie

Deutschland ist eine moderne Industrienation mit einem Familienleitbild – also einer Vorstellung davon, wie Familienleben normalerweise aussehen sollte –, das nicht so ganz in die heutige Zeit passt. Jedenfalls für junge Frauen, die ohne schlechtes Gewissen Karriere machen möchten. Die deutschen Vorstellungen vom Familienleben und von der Rollenverteilung innerhalb der Familie haben immer noch viel Ähnlichkeit mit dem Bild, das vor hundert Jahren gültig war. Damals herrschte ungebrochen die Vorstellung vom männlichen Alleinverdiener; ab 1933 konnten Frauen bei Heirat und wenn sie ihre Arbeit aufgaben sogar ein „Ehestandsdarlehen" beantragen, das sie mit der Geburt eines Kindes um jeweils 25 % tilgen konnten („abkindern").[40] Und bis heute wirkt der Anspruch, dass eine Frau mit Kindern möglichst viel Zeit zu Hause verbringen sollte.

Eine Umfrage aus dem Jahr 2013 bestätigt dies erneut. Zwar waren die befragten jungen Leute der Meinung, beide Ehepartner sollten berufstätig sein – aber die Frau sollte nachmittags zu Hause sein, um die Schularbeiten zu beaufsichtigen.[41] Das lässt sich schlecht mit einer Karriere verbinden.

Bei europäischen Nachbarn – hier vor allem Frankreich und Schweden – sehen die Familienleitbilder anders aus. Es wird als selbstverständlich betrachtet, dass die Frauen arbeiten und die Kinder in Krippe und Kindergarten soziale Erfahrungen machen. Auch hierzulande wandeln sich die Vorstellungen langsam; allerdings sind Einstellungen, die dem tradierten Familienbild widersprechen, bisher vor allem auf der Ebene der Grundsätze zu finden. Wenn es um die praktische Umsetzung geht, bleibt immer noch meist die Frau für Familie und Haushalt, der Mann für ein sicheres Einkommen zuständig.[42]

Die Politik sorgt für stabile Verhältnisse

Die Vorstellungen in den Köpfen werden durch Gesetze abgesichert und gleichzeitig noch einmal bestätigt. Die deutschen Gesetze zur Familie zeichnen sich durch zwei Besonderheiten aus:

- Die im Grundgesetz festgelegte Gleichberechtigung von Mann und Frau galt bis vor wenigen Jahrzehnten nicht in der Ehe. So kann zum Beispiel erst 1977 eine Frau auch ohne Einwilligung ihres Mannes berufstätig sein, erst seit 1997 dürfen Ehemänner ihre Frauen nicht mehr ungestraft vergewaltigen.
- Die Familie gilt als staatlich zu fördernde Form des Zusammenlebens, sie wird finanziell unterstützt – im Unterschied zu Schweden zum Beispiel. Dort wird die Familie als Form des Zusammenlebens überhaupt nicht gefördert – das Individuum dagegen kann maximale Unterstützung erwarten.[43]

Auch wenn vielfältigere Lebensformen langsam akzeptiert werden und auch wenn es jetzt einen Anspruch auf einen Platz in der Kindertagesstätte gibt, darf man daran zweifeln, dass Politik und Gesellschaft sich tatsächlich von einem traditionellen Familienmodell verabschiedet haben. Einen deutlichen Hinweis darauf lieferte in jüngster Zeit die Diskussion um das Betreuungsgeld („Herdprämie“).

Die Gesellschaft will Kinder, das Unternehmen will qualifizierte Kräfte

Junge Frauen, die Karriere machen und auf eine Familie nicht verzichten wollen, müssen viele Bälle gleichzeitig in der Luft halten. Sie brauchen viel Kraft, um ihrer Verantwortung für Arbeit **und** Familie gerecht werden zu können. Dabei hilft ihnen eine unterstützende, nicht eine diffamierende Umwelt. Es wird immer Einzelne geben, die solche Lebensentscheidungen für falsch halten und entsprechende Bemerkungen machen. Schwer erträglich wird die Situation allerdings, wenn alle oberen Führungskräfte in Ehen mit traditioneller Arbeitsteilung leben, dies für die einzig richtige Lebensform halten und es entsprechend ins Unternehmen hinein kommunizieren.

Mütter, die Karriere machen wollen, mögen in Unternehmen hierzulande (noch) nicht normal sein. Aber ungewöhnlich ist nicht gleich ungehörig. Wenn Mütter das Gefühl bekommen, man begegne ihnen mit Vorbehalten und ihre Anstrengungen würden nicht wertgeschätzt, Kollegen und Vorgesetzte machen ihnen vielmehr Schuldgefühle, dann werden sie nicht bleiben und schon gar nicht aufsteigen.

Was tun?

- Laden Sie Führungsfrauen mit Kindern in die Firma ein und lassen Sie sie erzählen, wie das Unternehmen auf ihre Situation reagiert. So lernen sich die Frauen auch untereinander kennen und können vergleichen, wie sie mit den Konflikten zwischen Arbeit und Familie umgehen.
- Unterbinden Sie in Ihrem Führungskreis abfällige Bemerkungen über Karrierefrauen mit Kindern oder „teilnehmende Nachfragen“ – insbesondere solche mit falschem Zungenschlag – bei den anwesenden Führungsfrauen.

6

Generation Y

Nachwuchskräfte der jüngsten Generation erwarten anderes von ihren Arbeitgebern, als diese es bisher gewohnt waren. Mit der demographischen Entwicklung im Rücken können viele von ihnen unter interessanten Angeboten auswählen.

Arbeitgeber sollten sich mit dieser Entwicklung vertraut machen. Denn der „Generation Y" geht es um mehr als um Vereinbarkeitsregelungen. Männer und Frauen, ob sie nun Familie haben oder nicht, wollen „das ganze Leben". Unternehmen, die exzellente junge Kräfte wollen, müssen schauen, wie sie sich als Arbeitgeber attraktiv machen.

Was heißt „Generation Y"?

Die Gesellschaft verändert sich und mit ihr verändern sich auch die Einstellungen und Werte der Arbeitenden. Soziologen untersuchen diesen Wandel.[44] Die einzelnen Generationen bekommen dabei Namen zur raschen Verständigung – da ist die Nachkriegsgeneration, die mit dem Wiederaufbau beschäftigt war; da sind die 68er, viel diskutiert; die Babyboomer, die ganz in ihrer Arbeit aufgingen; die Generation Golf schließt sich an, manche nennen sie Generation X; und nun ist die Generation Y in den Beruf eingetreten (→ KASTEN „Bezeichnungen der Generationen", S. 37).

„Arbeit ist eine Sache und nicht ein Ort"

Der Generation Y – geboren ab etwa 1980 – eilt der Ruf voraus, sie wolle alles, und das sofort: eine tolle Arbeit, gute Bezahlung, schnelle Beförderung und viel Freizeit. Sie sei faul und genusssüchtig. Wodurch auch im-

Bezeichnungen der Generationen

- **Lost Generation:** die während des Ersten Weltkrieges Aufgewachsenen
- **68er-Generation:** die Jahrgänge 1940–1950, benannt nach der Studentenbewegung der späten 1960er
- **Babyboomer:** die geburtenstarken Jahrgänge vor dem Pillenknick in den USA
- **Generation Golf:** der Mainstream der Jahrgänge 1965–1975 in Westdeutschland
- **Generation C64:** die „Digital Natives", welche mit digitalen Technologien aufgewachsen sind
- **Null-Bock-Generation:** Jugendliche in den späten 1980er Jahren in Westdeutschland
- **Generation Praktikum (auch Generation Prekär):** junge Akademiker in zunehmend unsicheren beruflichen Verhältnissen bzw. Sackgassen
- **Generation X:** geboren zwischen 1960 und 1980
- **Generation Y (auch Millennials):** die nach 1980 Geborenen [45]

mer dieser Ruf entstanden ist – er entspricht nicht dem, was genauere Untersuchungen zutage fördern.

Wenn man den Ergebnissen verschiedener Befragungen folgt,[46] unterscheidet sich die Generation Y vor allem in folgenden Punkten von ihren Vorgängerkohorten:

- **Gute Aussichten:** Sie wollen eine herausfordernde Arbeit und Entwicklungsmöglichkeiten. Wenn die Realität nicht ihren Vorstellungen entspricht, sind sie schneller bereit, das Unternehmen zu wechseln.
- **Finanzielle Anerkennung:** Sie wollen fair und gut bezahlt werden; wenn sie Hochleistungen erbringen, soll das auch finanziell anerkannt werden.
- **Work-Life-Balance:** Arbeit ist für sie wichtig, aber nicht ihr Lebensmittelpunkt. Ihr Privatleben mit Familie, Freunden und Hobbys ist ihnen ebenso wichtig – und dafür brauchen sie Zeit.
- **Flexibilität:** Sie möchten selbstbestimmt arbeiten. Die Leistung soll zählen, meinen sie, nicht die Anwesenheit. Eine Unternehmenskultur, die sie in ein in ihren Augen unsinniges Normensystem presst, lehnen sie ab.
- **Kultur der Wertschätzung und der Zusammenarbeit:** Und schließlich muss das soziale Umfeld stimmen: Vom Vorgesetzten wird viel Aufmerksamkeit und schnelles Feedback erwartet, Kollegen sollen Freunde werden, und Teamarbeit wird großgeschrieben.

Abschied von der Einheitslösung – neue Möglichkeiten schaffen

Die jungen Leute der Generation Y leben vor, wie vielfältig die Lebensentwürfe der Menschen in unserer Gesellschaft geworden sind und weiter werden.

Die Arbeitsteilung zwischen den Geschlechtern ist dabei, sich langsam, aber sicher zu verändern. Die Zahl der berufstätigen Frauen wächst; immer mehr sind hochqualifiziert und an einer Karriere interessiert. Sie wollen deswegen auf Familie und Kinder nicht verzichten (wenn auch die Familiengründung immer später erfolgt). Sie suchen und finden Partner, die sich die Familienaufgaben mit ihnen teilen.

Junge Väter möchten eine Elternzeit nehmen und vielleicht darüber hinaus für eine begrenzte Zeit ihre Arbeitsstunden reduzieren, ohne deswegen verspottet zu werden. Sie möchten anschließend ihre Arbeit wieder voll aufnehmen können, ohne Nachteile für ihre Karriere zu erleiden.

High Potentials wollen vielleicht nach einigen Jahren ihre Belastung vermindern und für unbestimmte Zeit zwar engagiert, aber mit geringerer Verantwortung arbeiten;

Junge Führungskräfte wollen ihre Position vielleicht im Jobsharing wahrnehmen;

Männer oder Frauen wollen vielleicht ein Jahr aussetzen, um die Welt zu bereisen, fertig zu promovieren, ihren alten Eltern beizustehen oder sich ihren Kindern in einer schwierigen Phase zu widmen.

All diese Abweichungen von der Erwerbstätigkeit, wie sie jahrzehntelang als normal galt, muss das Unternehmen möglich machen, wenn es gute junge Leute gewinnen und halten will.

Das erfordert auf Seiten der Firma viele Veränderungen:

Arbeitsbedingungen: Eine Technik-affine Generation erwartet entsprechend gestaltete Arbeitsplätze, IT-orientierte Kooperation und Problemlösung. Stärkerer Einsatz von Projekt- und Teamarbeit ermöglicht „mehr Beziehung". Erwünscht sind häufige Rückmeldungen von Vorgesetzten und Kollegen zur Arbeitsleistung und zu den eigenen Vorstellungen und Ideen. Größere Zeitsouveränität der Mitarbeiter und freiere Ortswahl muss ermöglicht und organisiert werden.

Vorgesetzte müssen ihren Führungsstil überdenken, und nicht wenige werden ihn revidieren müssen. Damit steht ihr Selbstverständnis als Führungskraft infrage, und auch ihre Sozialkompetenz gehört auf den Prüfstand.

Bei der Generation Y können sie nicht mit frageloser Unterordnung rechnen. Junge Mitarbeiter wollen vielmehr Beziehungen auf Augenhöhe, Offenheit und Gespräch. Sie erwarten, dass die Leistung des Einzelnen gesehen und wertgeschätzt wird, dass der Chef nach Ergebnissen fragt und nicht nach im Büro verbrachten Stunden. Auch der Anspruch auf mehr Transparenz bei Bezahlung und Beförderung dürfte für viele Vorgesetzte einem Tabubruch gleichkommen. Zusätzlich stellen sich neue Steuerungsaufgaben, wenn Mitarbeiter selbständig in Projekten arbeiten.

Die **Personalabteilung** steht vor der Aufgabe, das Unternehmen als attraktiv für junge Nachwuchskräfte am Markt zu positionieren.[47] Personalmarketing und -recruiting sind neu auszurichten. Das Unternehmen braucht alternative Karriere- und Entwicklungspfade, die unterschiedliche Wege nicht nur zulassen, sondern anbieten und die Arbeitsunterbrechungen ebenso verkraften können wie Führung in Teilzeit. Bestehende Incentive-Modelle sind zu überprüfen.

Dies alles gilt natürlich nur, wenn es die Generation Y wirklich gibt. Manche Personalverantwortliche halten sie für ein Medienprodukt.

ZUM WEITERLESEN

Generation Y – Die Gewinner des Arbeitsmarktes. Spiegel Online 7.6.2011 www.spiegel.de/karriere/berufsstart/generation-y-die-gewinner-des-arbeitsmarkts-a-766883.html – ein im eingängigen Spiegel-Stil verfasster Beitrag zum Stand der Diskussion.

Zwei Umfragen, die einen guten Einblick in das Denken und die Erwartungen der Generation Y bieten:

- PwC's NextGen: A Global Generational Study.
- Brigitte-Studie im Krisenjahr: Frauen auf dem Sprung. Das Update, September 2013.

Beide zum Download auf www.creating-corporate-cultures.org/fuehrungsfrauen

7

Teilzeit pro und kontra

Viele Führungskräfte nehmen als selbstverständlich an, dass Teilzeit-Arrangements Karrierekiller sind. Tatsächlich aber ist das nicht ganz so eindeutig. Vielfältigere Lebensentwürfe, längere Lebensarbeitszeiten, demographischer Wandel und Expertenmangel haben inzwischen in vielen Unternehmen ein Umdenken eingeleitet.

Acht Wochen nach der Entbindung bin ich wieder arbeiten gegangen. Mein Vorgesetzter hat mich da eher kritisch gesehen. Und dann hat man mir das Angebot gemacht: Wenn Sie es nicht schaffen, bieten wir Ihnen gerne Teilzeit an ... Es ist damals gerade neu gewesen, dass man auch als Führungskraft Teilzeit arbeiten durfte. Damals hatte ich den Eindruck, das ist jetzt so ein Versuch, mich zurückzudrängen. Da versucht man mich auf die Teilzeitschiene zu setzen, und dann heißt es: Na ja, das und das können wir dir nicht geben, du bist ja nicht so häufig da.

Lebenskonzepte werden vielfältiger

In wohlsituierten Kreisen Deutschlands herrschte bis in die zweite Hälfte des letzten Jahrhunderts die Tradition, dass Männer die Familie ernähren und Frauen sich um die Versorgung von Mann und Kindern kümmern.[48] Die Frauen stellten mit der Geburt des ersten oder zweiten Kindes ihre Berufstätigkeit ganz ein oder übernahmen die Rolle der Zuverdienerin mit einer stundenweisen Tätigkeit oder einer Halbtagsstelle. So geschieht es auch noch heute in vielen Familien. Daneben haben sich aber neue Lebensmodelle entwickelt: Alleinerziehende Mütter und Väter sind seit Jahren die am schnellsten wachsende soziale Gruppe. Ebenso wächst die Gruppe der Doppelverdiener-Paare. Erfolgreiche Frauen sind heute häufig auch alleinige Familienernährerinnen[49] (→ GRAFIKEN „Die ‚Doppelverdienerfamilie' ist das neue Ideal", S. 42; „Erwerbsmuster in Paarhaushalten mit und ohne Kinder", S. 43).

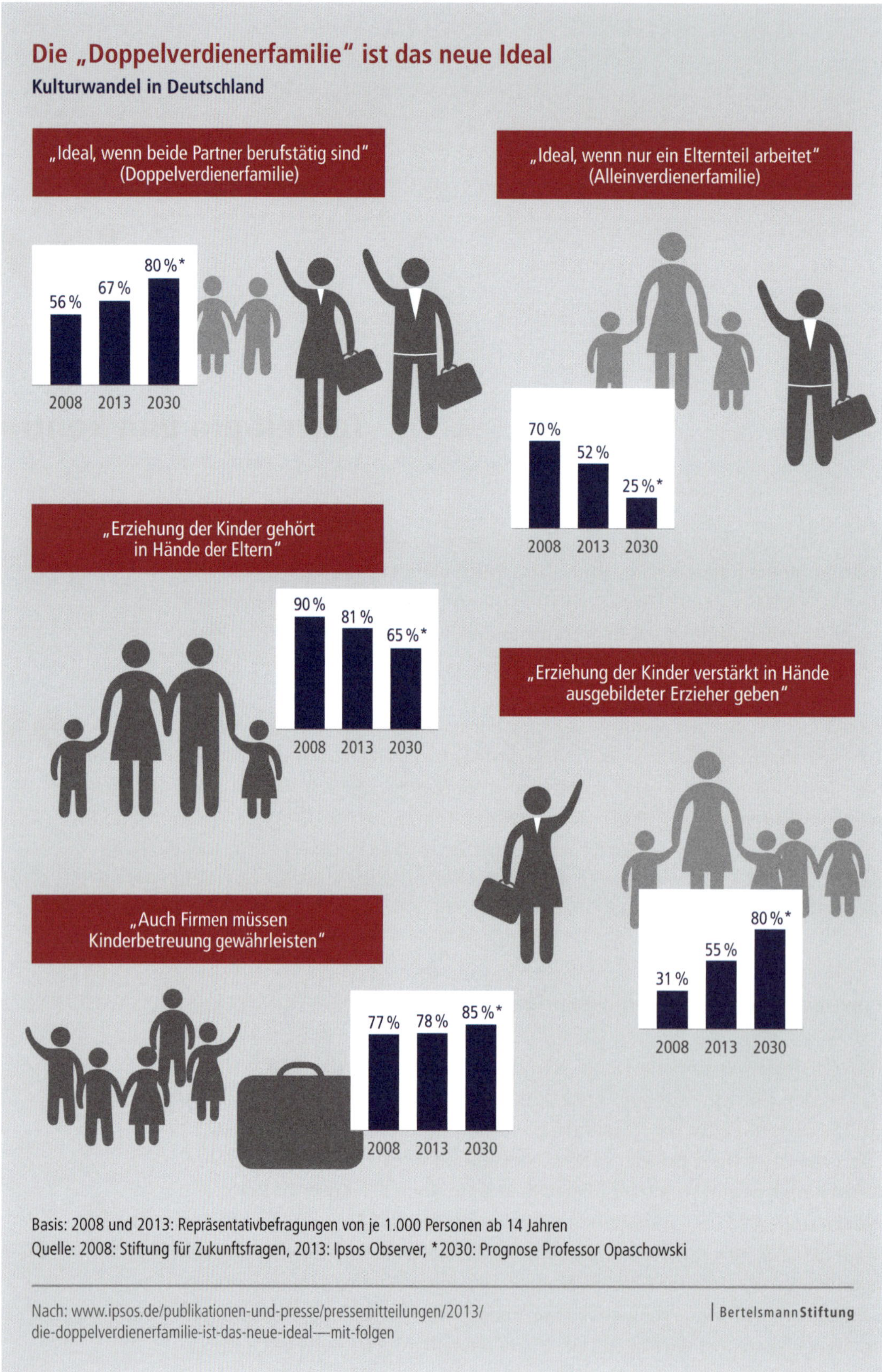
Die „Doppelverdienerfamilie" ist das neue Ideal
Kulturwandel in Deutschland
„Ideal, wenn beide Partner berufstätig sind" (Doppelverdienerfamilie)
56 %
67 %
80 %*
2008 2013 2030
„Ideal, wenn nur ein Elternteil arbeitet" (Alleinverdienerfamilie)
70 %
52 %
25 %*
2008 2013 2030
„Erziehung der Kinder gehört in Hände der Eltern"
90 %
81 %
65 %*
2008 2013 2030
„Erziehung der Kinder verstärkt in Hände ausgebildeter Erzieher geben"
31 %
55 %
80 %*
2008 2013 2030
„Auch Firmen müssen Kinderbetreuung gewährleisten"
77 %
78 %
85 %*
2008 2013 2030
Basis: 2008 und 2013: Repräsentativbefragungen von je 1.000 Personen ab 14 Jahren
Quelle: 2008: Stiftung für Zukunftsfragen, 2013: Ipsos Observer, *2030: Prognose Professor Opaschowski
Nach: www.ipsos.de/publikationen-und-presse/pressemitteilungen/2013/die-doppelverdienerfamilie-ist-das-neue-ideal-—-mit-folgen
| BertelsmannStiftung

Erwerbsmuster in Paarhaushalten mit und ohne Kinder (2007, in Prozent)

	Erwerbskonstellation	alle Paarhaushalte (ohne Alleinerziehende)			darunter mit Kind(ern) im Haushalt		
		Gesamt	West	Ost	Gesamt	West	Ost
1	Beide Vollzeit	24,0	21,3	37,8	15,4	10,9	37,0
2	Mann Vollzeit/ Frau Teilzeit	34,7	36,7	24,7	44,6	47,5	31,0
3	Mann Vollzeit/ Frau nicht erwerbstätig	18,8	21,3	6,8	23,0	26,2	7,2
4	Mann Vollzeit/ Frau arbeitslos	3,7	3,0	7,0	3,8	2,9	8,0
5	Mann Teilzeit/ Frau Teilzeit oder Vollzeit	4,0	4,3	2,9	3,1	3,2	2,6
6	Mann nicht erwerbstätig/ Frau Vollzeit oder Teilzeit	7,3	7,2	8,2	4,2	4,0	5,2
7	Mann arbeitslos/ Frau Vollzeit oder Teilzeit	2,9	2,6	4,6	2,4	2,2	3,5
8	Beide nicht erwerbstätig oder arbeitslos	3,1	2,5	6,2	2,6	2,2	4,5
9	Restliche Konstellationen	1,3	1,2	1,8	1,0	1,0	1,0
	Gesamt	100	100	100	100	100	100
	Weibliche Einverdiener-haushalte (Summe Zeile 6, 7)	10,2	9,8	12,8	6,6	6,2	8,7
	Alle Zweiverdienerhaushalte (Summe Zeile 1, 2, 5)	62,7	62,3	65,4	63,1	61,6	70,6

Bundesministerium für Familie, Senioren, Frauen und Jugend (Hrsg.), *Neue Wege – Gleiche Chancen. Gleichstellung von Frauen und Männern im Lebensverlauf*. Erster Gleichstellungsbericht. Berlin 2012, S. 118

| BertelsmannStiftung

Neue Arbeitszeitmodelle

Turbulente Märkte und Kundenwünsche konfrontieren Unternehmen mit neuen Anforderungen an die Flexibilität des Personals. Teilzeit ist heute nicht mehr als das Modell „halbtags“ zu verstehen, die Arbeitszeitmodelle sind vielfältiger geworden. Karrierebewusste Frauen nehmen z. B. vielfach nur kurze Auszeiten, wenn sie ein Kind bekommen, und reduzieren in Absprache mit ihrem Mann phasenweise auf 80 % ihrer Regelarbeitszeit. Handlungsspielräume dieser Art sind der wichtigste Erfolgsfaktor, wenn Unternehmen junge hochqualifizierte Menschen halten wollen.[50]

Das gilt auch für Männer und Frauen, die nicht familiär gebunden sind. Sabbaticals und flexible Arbeitszeiten z. B. bieten auch ihnen Spielräume für Lebensgestaltung. Beschränkt man die Flexibilisierung der Arbeitszeit auf junge Familien, schafft man unnötigen Zündstoff für die Zusammenarbeit in der Belegschaft.

Familienernährermodell – noch prägend bei Personalentscheidungen?

Die traditionellen Bilder vom Familienernährer und der Hausfrau sind in den Köpfen der Entscheider in den Unternehmen vielfach noch handlungsleitend. So wird etwa bei anstehenden Beförderungen häufig argumentiert, dass eine Frau wegen kleiner Kinder nur begrenzt verfügbar sei und deshalb für eine Führungsposition nicht infrage komme. In Hinblick auf einen männlichen Mitarbeiter wird dagegen umgekehrt argumentiert, dass dieser unbedingt befördert werden solle, weil er schließlich eine Familie ernähren müsse.

> *Ich bin auch die, die daheim organisiert, aber wir teilen es uns trotzdem. Also, mein Mann macht genauso sauber, er bringt genauso den Müll raus, er kauft auch ein. Aber ich bin dann meistens die, die den Anstoß gibt und sagt, so, es müsste mal wieder, und dann werden die Zettel geschrieben.*

In vielen jungen Familien herrschen heute ganz andere Verhältnisse. Je nach Lebensentwurf sind Frauen heute beruflich verfügbarer, Männer dagegen weniger verfügbar als traditionell üblich. Junge Paare weisen allerdings darauf hin, dass das berufliche Umfeld die entscheidende Barriere für die tatsächliche Nutzung flexibler Arbeitszeiten ist: Für ihre künftigen Karrierechancen als Führungskräfte sei ein hohes Maß an täglicher Anwesenheit entscheidend[51] (→ GRAFIK „Anteil der Teilzeitbeschäftigten an allen Beschäftigten und Anteil der Führungskräfte in Teilzeit", S. 45).

Menschen mit reduzierter Arbeitszeit erleben in ihren Unternehmen heute noch die verschiedensten Formen von Diskriminierung. Insbesondere alleinerziehende Mütter und Väter werden häufig nicht in Erwägung gezogen, wenn eine Führungsposition zu besetzen ist.

- Väter, die Elternzeit beanspruchen, treffen in vielen Firmen noch auf Unverständnis.
- Teammitglieder und Vorgesetzte reagieren vielfach genervt und abweisend. Sie unterstellen missbräuchliche Abwesenheitszeiten, wenn junge Mütter oder Väter ihre Arbeitszeit reduzieren.
- Teilzeitkräfte werden vielerorts nicht in die Jahresbeurteilungen einbezogen. Das schafft Nachteile für den Fall einer Beförderung.
- Reduzierte Arbeitszeiten sind ein großes Feld für Diskreditierungen: „Was macht eigentlich dein Kind den ganzen Tag, wenn du hier arbeitest?"
- Teilzeitpositionen sind häufig Dead-end-Positionen oder betreffen unattraktive Aufgaben.

Anteil der Teilzeitbeschäftigten an allen Beschäftigten und Anteil der Führungskräfte in Teilzeit 2001 und 2011 nach Geschlechtern

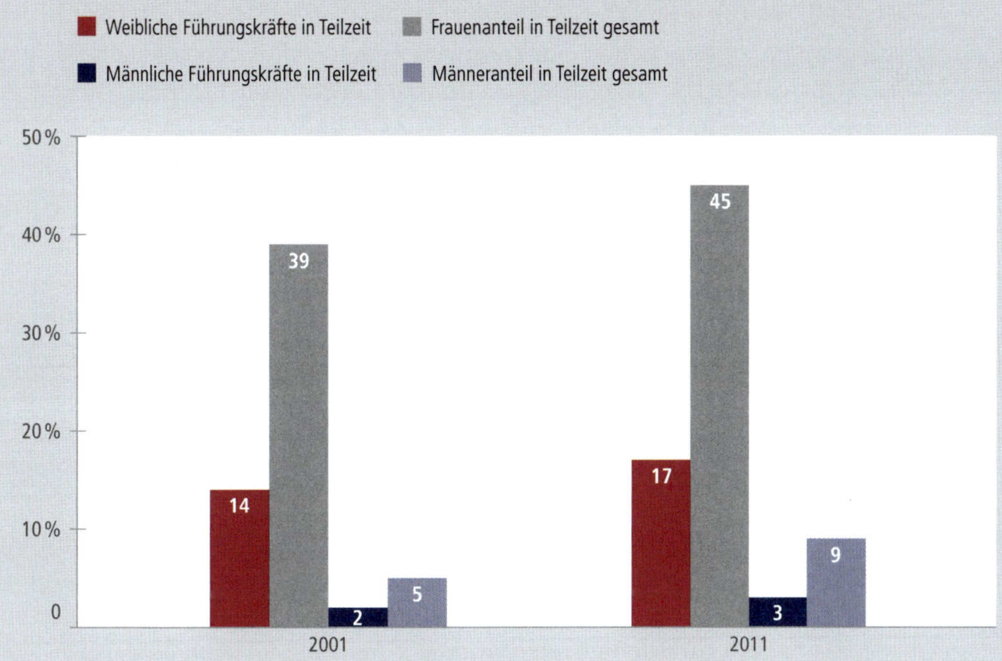

Nach: *5. Bilanz Chancengleichheit. Chancengleichheit auf einem guten Weg.* Bundesministerium für Familie, Senioren, Frauen und Jugend. Berlin 2013, S. 91 und 92

| BertelsmannStiftung

Wissenschaftliche Studien zeigen jedoch, dass „Vereinbarkeit von Beruf und Privatleben" und die Flexibilisierung der Arbeitsverhältnisse für die Produktivität einer Organisation von erheblicher Bedeutung sind (→ Kapitel 2 in diesem Band). Treten bei den Beschäftigten Konflikte zwischen persönlichen und beruflichen Prioritäten auf, ist dies eine Art Frühwarnsystem für Ineffizienz im Unternehmen. Bei der Analyse der Ursachen für eine unausgewogene Work-Life-Balance werden in der Regel organisatorische Schwachstellen sichtbar und damit veränderbar.[52]

Die Reaktionsmuster der Unternehmen

Unternehmen reagieren auf die neuen Anforderungen hinsichtlich Flexibilisierung der Arbeitsformen ganz unterschiedlich. Amerikanische Wissenschaftlerinnen und Wissenschaftler haben das im Jahr 2000 untersucht. Sie fanden drei typische, von Grund auf verschiedenartige Verhaltensweisen.[53] Je nachdem, in welchen Geschäftsfeldern und Branchen sich Unternehmen bewegen, ist einer der drei Wege besonders empfehlenswert:

1. **Individuelles Entgegenkommen:** Das Unternehmen geht auf Arbeitszeitverhandlungen mit Mitarbeitenden als persönliches Entgegenkommen und Ausnahme ein. Es zeigt im Einzelfall Kulanz, ist aber nicht daran interessiert, daraus eine generelle Politik abzuleiten. Die Kultur der Firma mit ihren Abläufen und Routinen bleibt weitgehend unberührt, und organisatorische Veränderungen finden praktisch nicht statt. Das Personal fürchtet in solchen Firmen oft zu Recht, dass Teilzeitarbeit oder Auszeiten Karrierekiller sind.
2. **Ergänzende Programme:** Firmen mit einer deklariert offenen Firmenpolitik zur „Familienfreundlichkeit" oder zu „Diversity" fördern alternative Arbeitszeit-Arrangements und schaffen neue Programme als Ergänzung zum Bestehenden. Die Grundstruktur der Arbeitszeitorganisation und der Karriereverläufe bleibt aber erhalten. Auf diesem Wege hofft man z. B. Diversity-Ziele leichter zu erreichen oder hochqualifiziertes Personal länger zu halten. Die Beschäftigten sind sich uneins bei der Einschätzung, ob Reduzierung der Arbeitszeit der Karriere schadet, denn „Familienfreundlichkeit" wird proklamiert, Vollzeit-Arbeit gilt aber weiterhin als wünschenswert.
3. **Transformation:** In diesen Unternehmen herrscht große Bereitschaft, sich vom Status quo zu lösen; sie sind Brüche in ihrer Entwicklung gewohnt und schätzen Routineverhalten gering. Neuerungen werden angesichts turbulenter internationaler Märkte und schnellen Technologiewandels als normal betrachtet und neue Wege der Arbeitsorganisation gesucht. Die Firmen nutzen Neuerungen für kulturelle und organisatorische Veränderungen. Dabei verfolgen sie in ihrer Personalpolitik langfristige Ziele: Die besten Leute, d. h. diejenigen, die „auf der Schnellspur" sind, wollen sie auf jeden Fall langfristig halten und für Top-Führungspositionen entwickeln und qualifizieren. Es herrscht große Familienfreundlichkeit.

Herausforderung für Führungskräfte: Es gibt kein Standardrezept

Im persönlichen Aushandlungsprozess haben die jeweiligen Vorgesetzten eine Schlüsselposition. Sie sind es, die entscheiden, ob eine Frau, die eine Auszeit nimmt, ihren Laptop und damit alle Zugänge zum internen Informationssystem abgeben muss oder ob regelmäßiger Kontakt für alle Beteiligten vorteilhafter ist. Die Vorgesetzten entscheiden, wie die Arbeit zu verteilen ist und ob befristet Ersatz gefunden werden muss. Sie haben erheblichen Einfluss darauf, wie sich Teamkollegen und andere Betroffene mit der Situation arrangieren. Sie entscheiden, ob sie den zusätzlichen Regelungsbedarf als unnütze Last behandeln oder ob sie ihn als Chance zur Steigerung der Flexibilität des gesamten Bereiches nutzen.

Was tun?

- Prüfen Sie, welches der drei Reaktionsmuster zum Thema „Beruf und Privatleben“ in Ihrem Unternehmen vorherrschend ist. Wie passt das zu Ihren Zukunftsperspektiven für das Unternehmen?
- Gründen Sie ein Netzwerk mit anderen Unternehmen, um von deren Erfahrungen mit einzelnen Maßnahmen zu profitieren.
- Gestaltungsspielräume für flexible Arbeitszeiten einräumen und mit ihren Mitarbeiterinnen und Mitarbeitern Gespräche über deren berufliche und private Zukunftsplanung führen.

ZUM WEITERLESEN

5. Bilanz Chancengleichheit. Chancengleichheit auf einem guten Weg. Hrsg. vom Bundesministerium für Familie, Senioren, Frauen und Jugend, Berlin 2013.
Die fünfte Bilanz der Vereinbarung zwischen der Bundesregierung und den Spitzenverbänden der deutschen Wirtschaft zur Förderung der Chancengleichheit von Frauen und Männern in der Privatwirtschaft aus dem Sommer 2013 bildet einen guten Einstieg ins Thema.
Zum Download auf www.creating-corporate-cultures.org/fuehrungsfrauen

Zum Thema „Doppelverdienerpaare“ gibt diese Untersuchung der Bertelsmann Stiftung einen guten Einblick:
Kathrin Walther und Helga Lukoschat, *Kinder und Karrieren: die neuen Paare.* Studie der Europäischen Akademie für Frauen in Politik und Wirtschaft Berlin e. V., Bertelsmann Stiftung. Gütersloh 2008

8 Die Unsichtbaren

Nein, natürlich sind erfahrene Managerinnen als Führungskräfte nicht unsichtbar. Als Adressaten von Überlegungen zu beruflicher Entwicklung sind sie jedoch nicht vorhanden. Und während ältere Arbeitnehmer beiderlei Geschlechts aufgrund ihrer zunehmenden Anzahl langsam ins Blickfeld des Personalmanagements rücken,[54] geraten ältere Führungsfrauen mit ihrem Wissen, ihrer Erfahrung und ihrer Tatkraft gar nicht erst auf den Radarschirm des Personalwesens.

Bis hierher – und wie weiter?

Mit etwa 50 Jahren machen diese Führungsfrauen Inventur. Vor ihnen liegt die letzte Phase ihres Berufslebens. Sie überdenken ihre Karriere, sie prüfen, ob die Anstrengungen sich gelohnt haben, und überlegen, was sie in den nächsten zehn Jahren tun wollen. Diese Frauen sind tüchtig und kenntnisreich. Sie haben sich in einem schwierigen Umfeld erfolgreich behauptet, sie sind hochqualifiziert und voller Insiderwissen über die Organisation. Aber werden diese Frauen gesehen und wahrgenommen? Werden sie geschätzt? Welche Herausforderungen hat das Unternehmen ihnen zu bieten?

Die Enttäuschten

Viele dieser Frauen waren Pionierinnen. Sie haben in Unternehmen, in denen zu der Zeit die Zahl der Führungsfrauen noch viel geringer war als heute, ihren Aufstieg durchgesetzt (nicht selten mit Unterstützung einflussreicher Männer). Sie mussten sich ohne Vorbilder in ihrer Führungsrolle zurechtfinden, aber sie waren mit Leidenschaft und Ehrgeiz bei der Arbeit. Nun, mit 50 Jahren, nach ihrer Zufriedenheit gefragt, liegen die Einschätzungen weit auseinander.

Die von Christiane Funken im Auftrag des Bundesministeriums für Familie, Senioren, Frauen und Jugend befragten Managerinnen zwischen 45 und 55 stellen fest:[55] Ihre Karriere stagniert, wenn auch auf hohem Niveau. Sie finden in ihrer Mehrheit, dass die beruflichen Anstrengungen, die sie unternommen, und die Opfer, die sie gebracht haben, sich nicht ausgezahlt haben. Sie fühlen sich in ihrer Entwicklung behindert. Sie haben ihre Karriereziele nicht erreicht. Die Zufriedenheit dieser Frauen mit ihrer beruflichen Situation schwindet von Jahr zu Jahr.

Aus ihrer Enttäuschung ziehen sie unterschiedliche Konsequenzen. Die Hälfte kämpft weiter um den beruflichen Erfolg, der ihnen – davon sind sie überzeugt – zusteht. Diesen Frauen geht es nicht in erster Linie um mehr Geld oder eine höhere Position. Was sie treibt, ist vielmehr das Gefühl, ungerecht behandelt und nicht wertgeschätzt zu werden.

Eine weitere große Gruppe der Befragten hat den Kampf aufgegeben. Sie haben sich damit eingerichtet, dass es für sie keine Entwicklung mehr geben wird. Sie wollen aber aus unterschiedlichen Gründen auf ihrer jetzigen Position bleiben und machen dort mehr oder weniger Dienst nach Vorschrift.

Die letzte Gruppe sind die Frustrierten; sie leiden unter einem Mangel an Herausforderungen und neuen Aufgaben. Diese Managerinnen fühlen sich unterfordert durch Arbeiten, die sich wiederholen und die ihnen vertraut sind. Ihr Ausweg: Sie verlassen das Unternehmen, um sich selbständig zu machen, oder sie engagieren sich innerhalb der Firma an anderer Stelle, zum Beispiel im Betriebsrat.

„50 ist noch nicht so alt!"

Anders die erfolgreichen amerikanischen Managerinnen in derselben Altersgruppe, mit denen Connie Gersick und Kathy Kram über ihre Berufsleben gesprochen haben.[56] Sie sind stolz auf das, was sie geschafft haben, sie sind zuversichtlich und voller Lebensfreude.

In ihren Vierzigern waren sie damit beschäftigt, eine gute Balance zwischen beruflichen und privaten Verpflichtungen zu finden und zu halten. Berufliche Herausforderungen mussten sie sorgfältig dosieren, um diese Balance nicht zu gefährden. Jenseits der 50 beginnt für sie ein neuer Lebensabschnitt, den sie ziemlich positiv sehen. Sie fühlen sich erfahren und leistungsfähig, jetzt könnten sie noch mal „zeigen, was sie wirklich draufhaben". Die familiären Pflichten haben abgenommen, und die Frauen haben das Gefühl, über mehr Freiräume zu verfügen. Sie fühlen sich „revitalisiert".

Was ihnen allerdings fehlt, ist eine unterstützende professionelle Beziehung. In jüngeren Jahren hatten die meisten von ihnen Mentoren, aber nun, da sie selbst Mentorinnen sind und diese Tätigkeit sehr befriedigend finden, gibt es für sie keine Mentoren mehr (→ Kapitel 11 in Band 1).

Wichtiger ist jedoch: Es fehlen ihnen berufliche Herausforderungen. Diese Frauen wollen nicht an die oberste Spitze. Die Männer, die sie dort erleben, sind ihnen kein Vorbild; die Einseitigkeit und die Rigorosität, mit der sie ihre Ziele verfolgen und die Konkurrenz niederkämpfen (so Frauen in der Untersuchung von Gersick/Kram), lässt sich nicht mit den Werten verbinden, die den Frauen etwas bedeuten. Aber etwas anderes hat das Unternehmen ihnen nicht zu bieten.

Das war's dann

Beide Gruppen verbindet das Erleben, dass sich beruflich für sie nichts mehr tut, obwohl sie es gern anders hätten. Sie haben noch mindestens zehn Berufsjahre vor sich, aber die herrschende Vorstellung, dass die Karriere eine Leiter sei, bietet ihnen nur die Möglichkeit, aufzusteigen. Wenn sie das nicht wollen oder für eine Top-Position den Entscheidern nicht geeignet erscheinen, gibt es für sie keine neuen Herausforderungen. Sie sind unsichtbar. Sie tun ihre Arbeit – und sie tun sie gut –, aber mit ihnen über ihre berufliche Zukunft zu sprechen scheint absurd. Also treten diese Frauen auf der Stelle, obwohl sie erfahren, hochqualifiziert und voller Energie sind. Was für eine Verschwendung!

Was tun?

- Gibt es in Ihrem Unternehmen solche erfahrene Managerinnen? Finden Sie sie! Machen Sie sich mit ihnen bekannt und finden Sie heraus, wie sie sich ihre berufliche Zukunft vorstellen.
- Sorgen Sie dafür, dass Ihr Unternehmen Entwicklungsmöglichkeiten oder berufliche Herausforderungen für diese Frauen bereitstellt, auch wenn sie nicht an die Spitze möchten.
- Finden Sie heraus, wie es den Männern im gleichen Alter und auf ähnlichen Positionen geht – möglicherweise genauso.

ZUM WEITERLESEN

Cathleen Benko und Molly Anderson, *The Corporate Lattice. Achieving High Performance In the Changing World of Work*. Boston, Mass., 2010. Die beiden Führungsfrauen von Deloitte stellen hier ein Karrierekonzept vor, das auch älteren Mitarbeitern Entwicklungsmöglichkeiten bietet.

9 Und die Männer: Was tut sich da?

Die Zeiten, in denen die Personalabteilung davon ausgehen konnte, dass männliche Angestellte dem Unternehmen treu bleiben bis zur Rente und während vieler Jahre selbstverständlich einer Vollzeittätigkeit nachgehen würden, sind vorbei. Ebenso ist die Bereitschaft qualifizierter Frauen gesunken, auf anspruchsvolle Berufstätigkeit zu verzichten. Gesellschaftlicher Wandel verändert die Partnerschaften und damit auch die Männerrolle. Unternehmen sind gut beraten, diesen Wandel und seine Folgen zur Kenntnis zu nehmen und ihm mit geeigneten Maßnahmen zu begegnen.

Basis-Typen männlicher Identität

Auf der Suche nach dem „neuen Mann“[57] hat das Sozialforschungsteam Wippermann, Calmbach und Wippermann Männer nach ihren Einstellungen und ihrem Verhalten befragt. Basierend auf einem vom Sinus-Institut für Markt- und Sozialforschung entwickelten Modell gruppieren die Forscher die Befragten nach Ähnlichkeit in Lebensweise und Lebensauffassung. Sie unterscheiden insgesamt zehn sogenannte soziale Milieus (→ KASTEN „Liste der Milieus“, S. 52).

Jedes dieser Milieus ist gekennzeichnet durch drei Bausteine:

- die soziale Lage einer Person (Einkommen, Bildung, Beruf, Wohn-/ Arbeitsumfeld)
- den jeweiligen Lebensstil (Verhalten: Gewohnheiten, Routinen, Rituale)
- die Werte (subjektive Einstellungen: Kognitionen, Orientierungen, Interessen)[58]

Rasch wird klar, „den Mann“ gibt es nicht. Das Spektrum der Einstellungen und Haltungen ist vielfältig. Individualität, Altersgruppe und soziales Milieu

Liste der Milieus

Gesellschaftliche Leitmilieus			
Sinus B1	(Etablierte)	10 %	Das selbstbewusste Establishment: Erfolgs-Ethik, Machbarkeitsdenken und ausgeprägte Exklusivitätsansprüche
Sinus B12	(Postmaterielle)	10 %	Das aufgeklärte Nach-68er-Milieu: liberale Grundhaltung, postmaterielle Werte und intellektuelle Interessen
Sinus C12	(Moderne Performer)	10 %	Die junge, unkonventionelle Leistungselite: intensives Leben – beruflich und privat, Multi-Optionalität, Flexibilität und Multimedia-Begeisterung
Traditionelle Milieus			
Sinus A12	(Konservative)	5 %	Das alte deutsche Bildungsbürgertum: konservative Kulturkritik, humanistisch geprägte Pflichtauffassung und gepflegte Umgangsformen
Sinus A23	(Traditionsverwurzelte)	14 %	Die Sicherheit und Ordnung liebende Kriegsgeneration: verwurzelt in der kleinbürgerlichen Welt bzw. in der traditionellen Arbeiterkultur
Sinus AB2	(DDR-Nostalgische)	5 %	Die resignierten Wende-Verlierer: Festhalten an preußischen Tugenden und altsozialistischen Vorstellungen von Gerechtigkeit und Solidarität
Mainstream-Milieus			
Sinus B2	(Bürgerliche Mitte)	15 %	Der statusorientierte moderne Mainstream: Streben nach beruflicher und sozialer Etablierung, nach gesicherten und harmonischen Verhältnissen
Sinus B3	(Konsum-Materialisten)	12 %	Die stark materialistisch geprägte Unterschicht: Anschluss halten an die Konsum-Standards der breiten Mitte als Kompensationsversuch sozialer Benachteiligung
Hedonistische Milieus			
Sinus C2	(Experimentalisten)	8 %	Die extrem individualistisch neue Bohème: Ungehinderte Spontaneität, Leben in Widersprüchen, Selbstverständnis als Lifestyle-Avantgarde
Sinus BC3	(Hedonisten)	11 %	Die Spaß-orientierte moderne Unterschicht/untere Mittelschicht: Verweigerung von Konventionen und Verhaltenserwartungen der Leistungsgesellschaft

Carsten Wippermann, Marc Calmbach und Katja Wippermann, *Männer: Rolle vorwärts – Rolle rückwärts? Identitäten und Verhalten von traditionellen, modernen und postmodernen Männern*. Opladen & Farmington Hills, MI, 2009

| BertelsmannStiftung

spielen eine Rolle. Eine Analyse der Daten aus der Repräsentativbefragung erlaubt jedoch eine Ordnung in vier Basis-Typen männlicher Identität. Es handelt sich dabei um die Selbstbeschreibung der Männer, nicht um eine Außensicht.

Basis-Typ 1: Starker Haupternährer der Familie (23 %)
Dieser Typ findet sich vor allem in den Milieus „traditioneller Mainstream" und „moderne Oberschicht". Der Mann ist zuständig für die Einkommens-

sicherung, die Frau für die Familienorganisation – sie ist höchstens Zuverdienerin. Die Männer sehen sich als verantwortungsbewusst, kompetent, stark. Als Pendant dazu ist die Frau „liebevolle Mutter, attraktive Ehefrau und kluge Hausfrau“[59]. Mehrheitlich sind diese Männer am Thema Gleichstellung nicht interessiert (52 %). Sie grenzen sich aber ab von hierarchisch-autoritären Männerrollen. Sie sehen sich als moderne Männer. 90 % sind der Meinung, dass die Partner in ihrer Ehe gleichberechtigt sind. Darunter verstehen sie, dass sie sich mit ihrer Partnerin einig sind, dass sie ähnliche Vorstellungen über Rechte und Pflichten in der Ehe haben.

Basis-Typ 2: Lifestyle-Macho (14 %)

Dieser Typ findet sich vor allem in der modernen Unterschicht, aber auch in der modernen Oberschicht – also an den Rändern. Der Lifestyle-Macho sieht sich als überlegenen, harten, unabhängigen Mann. Seine ideale Partnerin ist die fürsorgliche, aber auch erotische Frau, die sich unterordnet. Ob beruflich oder privat – immer gibt es ein hierarchisches Gefälle zwischen Männern und Frauen. Gleichstellung ist uninteressant. Das Lebensmodell ist eine Familie, in der der Mann arbeitet, die Frau sich allein um die Familie kümmert, vielleicht etwas dazuverdient. Der Mann ist von familiärer Verantwortung befreit. An die Stelle von Fürsorge treten Konsumlust und Erlebnishedonismus des Einzelnen.

Basis-Typ 3: Moderner „neuer“ Mann (32 %)

Der neue Mann definiert sich als Gegenentwurf zum traditionellen Mann. Er sieht sich als Teil eines Prozesses, in dem sowohl die alten Einstellungen infrage gestellt werden, aber auch die Männer aufbrechen zu neuen Formen des Mann-Seins. Leistung, Erfolg und Durchsetzungsvermögen sind ihm wichtig, aber er will ein ganzheitlicher Mann sein und auch seine weiche Seite leben. Diese Männer finden Gleichstellung sehr wichtig (66 %) und wollen mehr Gerechtigkeit für die Frauen. Ihre Idealfrau ist tough, selbstbewusst und berufstätig. Das attraktivste Lebensmodell für diesen Typ ist eine Partnerschaft, in der beide gleich viel arbeiten und sich gleich viel um Haushalt und Familie kümmern (42 %). Dieser Typ findet sich vor allem im postmateriellen Milieu, aber auch in der traditionellen und in der modernen Mitte.

Basis-Typ 4: Postmodern-flexibler Mann (31 %)

Das Ideal des postmodern-flexiblen Typs ist der starke Mann mit weiblichen Facetten. Obwohl diese Gruppe fast so groß ist wie die des neuen Mannes, ist sie nicht leicht zu fassen, weil voller Widersprüche und Unklarheiten. Sie lässt sich am besten als „anything goes“ beschreiben: Im Unterschied zum neuen Mann sieht er sich als bewusst männlichen Kerl, aber mit weiblichen Facetten – und seine ideale Partnerin ist selbstbewusst und zielstrebig, aber auch „ganz Frau“. Die Frage der Identität sieht er spielerisch und locker, traditionelle oder moderne Rollenverteilung ist eine Option, weder natürliche Gegebenheit noch politisches Ziel. Dieser Mann liebt den Tabu-

bruch, daher finden sich hier mehr als bei den anderen Typen solche, die sich eine Umkehrung der Rollen vorstellen können und sagen, dass sie zu Hause bleiben würden, wenn ein Kind käme.

Nur ca. 25 % dieses Typs leben diese Identität, die anderen sind eher verunsichert Suchende.

Das Ideal und die Wirklichkeit

Über 60 % der Männer finden eine gleichgestellte Partnerschaft erstrebenswert oder können sie sich gut vorstellen. Aber die Wirklichkeit sieht (noch) anders aus. Wenn ein Kind kommt, unterbrechen fast alle Frauen ihre Erwerbstätigkeit. Wenn die Frauen wieder einsteigen, dann am häufigsten in Teilzeit. Damit landen sie im Lebensmodell „Mann Haupternährer, Frau Zuverdienerin".

Männer übernehmen nur in seltenen Fällen für Haushalt und Familie Verantwortung.

Zwar fühlen sich 80 % der Frauen, die wieder in den Beruf einsteigen, von ihren Partnern unterstützt, aber eher in dem Sinne, dass die Männer sie in diesem Vorhaben bestärken. Praktische Hilfe bezieht sich meist auf

Zuarbeit durch die Übernahme einzelner Haushaltstätigkeiten. Wippermann et al. nennen das „selektive Mitarbeit zur Entlastung der Frau".[60] Diese bleibt jedoch in der Verantwortung.[61]

Es ist Samstag. Während der Sitzung der Fokusgruppe klingelt das Mobiltelefon einer der jungen Frauen. Sie spricht kurz und berichtet dann lachend: „Das war mein Mann, auch Manager in einem Unternehmen. Er hat den Einkaufszettel verlegt und wollte wissen, was er einkaufen soll: Spülmaschinen-Tabs, Frühstücksflocken und Apfelsinen."

Die Gründe für diese Aufteilung liegen nicht nur in den Vorbehalten der Männer, die sich ändern müssten:

- Es gibt strukturelle Barrieren. Männer, die in ihrer Ehe gleichgestellt leben wollen, sehen das Risiko, sich beruflich zu schaden, gar ihre Stelle zu verlieren, wenn sie den Erwartungen des Arbeitgebers an Arbeitsdauer, Mobilität und Verfügbarkeit nicht entsprechen. Teilzeit erscheint ihnen nicht machbar.[62] Hier sind die Unternehmen gefragt.
- Es gibt kaum positive Leitbilder oder Vorbilder für den „neuen Mann" – auf die Frage, wer sie denn sein könnten, wenn sie ihre Wünsche nach Sicherheit im Beruf und mehr Teilhabe am Familienleben verwirklichen, sind Antworten schwer zu finden.[63]
- Nicht zuletzt halten die Frauen ihre Partner in der traditionellen Rolle fest, wenn sie bei ihnen die letzte Verantwortung für den Lebensunterhalt sehen, während sie selbst mehrere Optionen in Anspruch nehmen, und wenn sie Verantwortung für die Haushaltsführung nicht wirklich abgeben.

Wenn das Unternehmen Führungsfrauen will …

… muss es die Vielfalt unter Männern steigern: Man kann davon ausgehen, dass Manager heute noch in großer Zahl dem Basis-Typ 1 – Hauptenährer – angehören. Selbst wenn sie Vorgaben und praktische Hilfen bekommen,[64] werden sie Mitarbeiterinnen mit Familie nicht vollen Herzens unterstützen. Und auch jüngere Männer, die privat die Karriere ihrer Frau für wichtig halten, befördern im Beruf eine Mutter in vielen Fällen nicht.[65] Das Unternehmen, dem Führungsfrauen wichtig sind, braucht aber Vorgesetzte, die diese unterstützen und befördern. Die Sensibilisierung der Manager und eine weniger konservative Einstellungspraxis auch bei Männern sind unverzichtbar.

… muss es Männern möglich machen, dass sie ihre Frauen unterstützen: Drei der vier oben beschriebenen Basis-Typen lehnen Teilzeitarbeit für sich ab. Auch diejenigen, die sich eine verminderte Arbeitszeit wünschen, haben Sorge, dann ausgenutzt zu werden oder keine interessanten Aufgaben mehr zu bekommen. Es geht auch anders, das zeigen einige Unternehmen, die das Thema der Vereinbarkeit zum Anlass nehmen, ihre Arbeitsabläufe grundsätzlich zu überdenken (→ Kapitel 7 in diesem Band).

... muss es sich darauf einrichten, dass immer mehr junge Männer eine Lebensform anstreben, die mehr Raum lässt für Privates. Die Generation Y, aber auch Wippermanns Basis-Typen 3 und 4 lassen erkennen, dass die Gewichte sich verschieben – langsam, aber deutlich. Diese Männer möchten keine „abwesenden Väter" sein, sondern wünschen sich eine emotionale Beziehung zu ihrem Kind und die Möglichkeit, Zeit mit ihm zu verbringen.[66]

29,3 % aller Väter von im zweiten Vierteljahr 2012 geborenen Kindern haben Elternzeit genommen.[67] Zunehmend haben damit auch Männer ein Vereinbarkeitsproblem – sie stehen vor der Frage, wie sie ihre (Vollzeit-) Berufstätigkeit mit ihren Vorstellungen von Vatersein verbinden können. Wenn ein Unternehmen diese Männer behalten will, darf es ihnen nicht mit Spott begegnen. Es muss sich vielmehr flexibel zeigen und verschiedene Karrieren möglich machen.

ZUM WEITERLESEN

Das Thema „Männer" wird aus unterschiedlichen Perspektiven anregend beleuchtet im Themenheft *Mannsbilder*, der Zeitschrift *Aus Politik und Zeitgeschichte*, 62. Jg., Heft 40, 1. Oktober 2012.

Verschiedene Konzepte von Männlichkeit präsentiert Michael Meuser auf der Basis einer empirischen Untersuchung; dennoch gut zu lesen: Michael Meuser, *Geschlecht und Männlichkeit. Soziologische Theorie und kulturelle Deutungsmuster*. Wiesbaden 2010.

Quellenverzeichnis

[1] Levinson, Daniel J., *Das Leben des Mannes. Werdenskrisen, Wendepunkte, Entwicklungschancen.* Köln 1990.
Levinson, Daniel J., *The Seasons of a Woman's Life*, New York 1996.

[2] www.destatis.de/DE/ZahlenFakten/GesellschaftStaat/Bevoelkerung/Geburten/Tabellen/GeburtenMutterAlterBundeslaender.html (letzter Zugriff 02.01.2014).

[3] Der *DIW-Führungskräfte-Monitor 2012* zeigt: In den Haushalten weiblicher Führungskräfte lebten im Jahr 2010 so wenige Kinder unter drei Jahren, dass sich die Zahl nicht in Prozent ausdrücken ließ. Das heißt: Frauen werden erst Führungskraft, wenn ihr Kind oder ihre Kinder schon älter als drei Jahre sind – oder sie bleiben kinderlos. Westdeutsche Führungsfrauen bekommen ihr erstes Kind mit durchschnittlich 30 Jahren, ostdeutsche mit 24 Jahren, d. h. vor oder während der Ausbildung.
Holst, Elke, Anne Busch und Lea Krüger, *Führungskräfte-Monitor 2012*, Update 2001–2010. DIW Berlin, Berlin 2012 (Politikberatung kompakt 65).

[4] Ebd., S. 58.

[5] http://statistik.arbeitsagentur.de/Statischer-Content/Arbeitsmarktberichte/Berichte-Broschueren/Arbeitsmarkt/Generische-Publikationen/Frauen-Maenner-Arbeitsmarkt-2012-07.pdf (letzter Zugriff 02.01.2014).

[6] Wippermann, Katja, und Carsten Wippermann, *Perspektive Wiedereinstieg. Ziele, Motive und Erfahrungen von Frauen vor, während und nach dem beruflichen Wiedereinstieg.* Quantitative Repräsentativuntersuchung von Sinus Sociovision im Auftrag des Bundesministeriums für Familie, Senioren, Frauen und Jugend. 4. Auflage, Berlin 2010.
www.bmfsfj.de/RedaktionBMFSFJ/Broschuerenstelle/Pdf-Anlagen/Perspektive-Wiedereinstieg-Ziele-Motive-Erfahrungen,property=pdf,bereich=bmfsfj,sprache=de,rwb=true.pdf (letzter Zugriff 02.01.2014).

[7] *Unternehmensmonitor Familienfreundlichkeit 2013*. Bundesministerium für Familie, Senioren, Frauen und Jugend. Berlin 2013, S. 11; siehe auch Irene Gerlach, Helmut Schneider, Ann Kristin Schneider und Anja Quednau, *Status quo der Vereinbarkeit von Beruf und Familie in deutschen Unternehmen sowie betriebswirtschaftliche Effekte einer familienbewussten Personalpolitik.* Forschungszentrum Familienbewusste Personalpolitik (Hrsg.), Münster und Berlin 2013, S. 27.

[8] Gerlach, Irene, Helmut Schneider, Ann Kristin Schneider und Anja Quednau, *Status quo der Vereinbarkeit*, a. a. O.

[9] *Unternehmensmonitor Familienfreundlichkeit 2013*, a. a. O.

[10] Gerlach, Irene, Helmut Schneider, Ann Kristin Schneider und Anja Quednau, *Status quo der Vereinbarkeit*, a. a. O., S. 73.

[11] Ebd., S. 61.

[12] Ebd., S. 51.

[13] Ebd., S. 64.

[14] Ebd., S. 73.

[15] Ebd., S. 73.

[16] Ebd., S. 5 f.

[17] Roer, Eva Maria, „Die Initiatorin des TOTAL E-QUALITY Prädikats – eine rebellische Unternehmerin". Marlies W. Fröse und Astrid Szebel-Habig (Hrsg.), *Mixed Leadership: Mit Frauen in die Führung!*. Bern, Stuttgart, Wien 2009, S. 223–228.

[18] www.total-e-quality.de (letzter Zugriff 02.01.2014).

[19] www.beruf-und-familie.de (letzter Zugriff 02.01.2014).

[20] Wollert, Artur, „Das Audit berufundfamilie". Gertraude Krell, Renate Ortlieb und Barbara Sieben (Hrsg.), *Chancengleichheit durch Personalpolitik. Gleichstellung von Frauen und Männern in Unternehmen und Verwaltungen.* 6. Auflage, Wiesbaden 2011, S. 559.

[21] www.genderdax.de/genderdax/ueber-uns.php (letzter Zugriff 02.01.2014).

[22] FidAR – Frauen in die Aufsichtsräte e. V., Women-on-Board-Index, Studie 15.9.2013, S. 23.
www.fidar.de/webmedia/documents/wob-index/130915_Studie_WoB-Index_XIII_end.pdf

[23] Ebd., S. 3.

[24] Lüders, Christine, „Deutschland: Die Antidiskriminierungsstelle des Bundes". Gertraude Krell, Renate Ortlieb und Barbara Sieben (Hrsg.), *Chancengleichheit durch Personalpolitik. Gleichstellung von Frauen und Männern in Unternehmen und Verwaltungen.* 6. Auflage, Wiesbaden 2011, S. 539.

[25] Jablonski, Hans W., und Ursula Schwarzenbart, „Die Charta der Vielfalt: Unternehmen entdecken Diversity als Chance – und andere Organisationen auch". Gertraude Krell, Renate Ortlieb und Barbara Sieben (Hrsg.), *Chancengleichheit durch Personalpolitik. Gleichstellung von Frauen und Männern in Unternehmen und Verwaltungen.* 6. Auflage, Wiesbaden 2011, S. 543.

[26] Bertelsmann Stiftung (Hrsg.), *Karrierek(n)ick Kinder. Mütter in Führungspositionen – ein Gewinn für Unternehmen.* Gütersloh 2006.

[27] www.trendence.com/unternehmen/rankings/germany.html
(letzter Zugriff 02.01.2014).

[28] HR-Report 2012/2013, *Schwerpunkt Mitarbeiterbindung.* Eine empirische Studie des Instituts für Beschäftigung und Employability IBE im Auftrag der Hays AG.
www.hays.de/aktuelles/arbeitsmarkt.cfm?nid=c7f3b5e4-4de2-4ed1-8aa5-439972c41caf&dieseSID=87b82cd7-222c-4423-9083-0a5384d67a1b
(letzter Zugriff 02.01.2014).

29 Wippermann, Carsten, *Zeit für Wiedereinstieg – Potenziale und Perspektiven.* Bundesministerium für Familie, Senioren, Frauen und Jugend. Berlin 2011.

30 Wippermann, Katja und Carsten Wippermann, *Perspektive Wiedereinstieg,* a. a. O.

31 Gersick, Connie J. G., und Kathy E. Kram, „High-Achieving Women at Midlife: An Exploratory Study". *Journal of Management Inquiry* 11, Nr. 2, 2002, S. 116.

32 Deutsche Gesellschaft für Personalführung e. V. – DGFP (Hrsg.), *Wiedereinstieg nach der Elternzeit – Maßnahmen der Unternehmen. Befragungsergebnisse.* 2013. www.dgfp.de/aktuelles/dgfp-news/dgfp-studie-wiedereinstieg-nach-der-elternzeit-4042 (letzter Zugriff 02.01.2014).

33 David, Barbara, „Praxisbeispiel Commerzbank: Kids & Co. – Kinderbetreuung in Ausnahme- und Notfällen". Gertraude Krell, Renate Ortlieb und Barbara Sieben (Hrsg.), *Chancengleichheit durch Personalpolitik. Gleichstellung von Frauen und Männern in Unternehmen und Verwaltungen.* 6. Auflage, Wiesbaden 2011, S. 523–528.

34 Wippermann, Katja und Carsten Wippermann, *Perspektive Wiedereinstieg,* a. a. O., S. 45.

35 Ebd., S. 47.

36 Auf die Bedeutung des Partners weisen gerade Führungsfrauen in hohen Positionen immer wieder hin. Ein prominentes Beispiel ist Facebook-COO Sheryl Sandberg in ihrem Buch *Lean in. Frauen und der Wille zum Erfolg.* Berlin 2013.

37 Wittig, Nils, „Die Vereinbarkeit von Karriere und Familie bei Frauen in Führungspositionen. Eine kritische Betrachtung personalpolitischer Maßnahmen zur Flexibilisierung von Arbeitsorten und Arbeitszeiten". Sibylle Peters und Jörg von Garrel (Hrsg.), *Arbeits – Zeitsouveränität für Führungskräfte von morgen.* München und Mering 2013, S. 51–84.

38 Mehr dazu im Band 5, Cornelia Edding, *Was wünschen sich Frauen von ihrer Arbeit?,* S. 12.

39 Levinson, Daniel J., *Seasons,* a. a. O.

40 Schreyögg, Astrid, „Was begünstigt die berufliche Ungleichheit von Frauen und Männern in Deutschland?". *Organisationsberatung, Supervision, Coaching,* 18. Jg., Heft 4, 2011, S. 471–478.

41 Bundesinstitut für Bevölkerungsforschung (Hrsg.), *Familienleitbilder 2012. Vorstellungen. Meinungen. Erwartungen.* www.bib-demografie.de/SharedDocs/Publikationen/DE/Broschueren/familien_leitbilder_2013.pdf?__blob=publicationFile&v=7 (letzter Zugriff 02.01.2014).

42 Busch, Friedrich W., und Wolf-Dieter Scholz (Hrsg.), *Familienvorstellungen zwischen Fortschrittlichkeit und Beharrung. Ergebnisse einer empirischen Untersuchung von Ehe- und Familienvorstellungen Jugendlicher im internationalen Vergleich.* Würzburg 2006 (Familie und Gesellschaft 19).

43 Schreyögg, Astrid, *Was begünstigt,* a. a. O., S. 473.

[44] Bruch, Heike, Florian Kunze und Stephan Böhm, *Generationen erfolgreich führen: Konzepte und Praxiserfahrungen zum Management des demographischen Wandels.* Wiesbaden 2010.

[45] Wikipedia, modifiziert und ergänzt. http://de.wikipedia.org/wiki/Generation_X_(Soziologie) (letzter Zugriff 2.1.2014).

[46] Ergebnisse aus der Befragung von über 20 000 kanadischen Studenten liefern Eddy S. W. Ng, Linda Schweitzer und Sean T. Lyons, „New Generation, Great Expectations: A Field Study of the Millennial Generation". *Journal of Business and Psychology* 25, 2010, S. 281–292.
PricewaterhouseCoopers hat in Zusammenarbeit mit der London School of Business und der University of Southern California weltweit eigene Mitarbeiterinnen und Mitarbeiter der Generation Y, aber auch anderer Generationen befragt: *PwC's NextGen: A Global Generational Study*, 2013.
www.pwc.com/en_GX/gx/hr-management-services/pdf/pwc-nextgen-study-2013.pdf (letzter Zugriff 02.01.2014).

[47] Mehr zu diesem Thema in dem Standardwerk der Deutschen Gesellschaft für Personalführung: DGFP e. V. (Hrsg.), *Employer Branding: Die Arbeitgebermarke gestalten und im Personalmarketing umsetzen.* Bielefeld 2012.

[48] Wippermann, Katja und Carsten Wippermann, *Perspektive Wiedereinstieg*, a. a. O.

[49] Bundesministerium für Familie, Senioren Frauen und Jugend (Hrsg.), *Neue Wege – Gleiche Chancen. Gleichstellung von Frauen und Männern im Lebenslauf.* Erster Gleichstellungsbericht. Berlin 2012, S. 118.

[50] Bessing, Nina, und Kathrin Mahler Walther, „Work-Life-Balance: Vorteile für Beschäftigte und Organisationen". Gertraude Krell, Renate Ortlieb und Barbara Sieben (Hrsg.), *Chancengleichheit durch Personalpolitik. Gleichstellung von Frauen und Männern in Unternehmen und Verwaltungen.* 6. Auflage, Wiesbaden 2011, S. 503.

[51] Walther, Kathrin, und Helga Lukoschat, *Kinder und Karrieren: die neuen Paare.* Studie der Europäischen Akademie für Frauen in Politik und Wirtschaft Berlin e. V., Bertelsmann Stiftung. Gütersloh 2008.

[52] Bessing, Nina, und Kathrin Mahler Walther, *Work-Life-Balance*, a. a. O.

[53] Lee, Mary Dean, Shelly M. MacDermid und Michelle L. Buck, „Organizational Paradigms of Reduced-Load Work: Accommodation, Elaboration, and Transformation". *Academy of Management Journal*, Vol. 43, No. 6, 2000, S. 1211–1226.

[54] DGFP e. V. (Hrsg.), *Personalentwicklung bei längerer Lebensarbeitszeit: Ältere Mitarbeiter von heute und morgen entwickeln.* Bielefeld 2012.

[55] Funken, Christiane. *Managerinnen 50plus – Karrierekorrekturen beruflich erfolgreicher Frauen in der Lebensmitte.* Bundesministerium für Familie, Senioren, Frauen und Jugend. Berlin 2011.

[56] Gersick, Connie J. G., und Kathy E. Kram, *High-Achieving Women*, a. a. O., S. 104–127.

57 Wippermann, Carsten, Marc Calmbach und Katja Wippermann, *Männer: Rolle vorwärts – Rolle rückwärts? Identitäten und Verhalten von traditionellen, modernen und postmodernen Männern.* Opladen & Farmington Hills, MI 2009.
In aktualisierter Form: Bundesministerium für Familie, Senioren, Frauen und Jugend (Hrsg.), *Jungen und Männer im Spagat: Zwischen Rollenbildern und Alltagspraxis. Eine sozialwissenschaftliche Untersuchung zu Einstellung und Verhalten.* Berlin 2013.

58 Wippermann, Carsten, Marc Calmbach und Katja Wippermann, *Männer: Rolle vorwärts,* a. a. O., S. 12 ff.

59 Ebd., S. 77.

60 Ebd., S. 27 f.

61 Umfangreiches Zahlenmaterial zur Aufteilung der Hausarbeiten in den Haushalten deutscher Führungskräfte findet sich bei: Elke Holst, Anne Busch und Lea Kröger, *Führungskräfte-Monitor,* a. a. O., S. 47–61.

62 Wippermann, Carsten, Marc Calmbach und Katja Wippermann, *Männer: Rolle vorwärts,* a. a. O., S. 91.

63 Abhilfe zu schaffen versuchen hier Veröffentlichungen wie z. B. die Porträtsammlung *Neue Wege – Porträts von Männern im Aufbruch* des Bundesministeriums für Familie, Senioren, Frauen und Jugend. 3. Auflage, Berlin 2012.

64 Wie zum Beispiel in dem Hörbuch von Jochen Geppert und Cornelia Edding, *(Ver-)Führung zur Chancengleichheit. Ein Wegweiser für Führungskräfte.* Bertelsmann Stiftung (Hrsg.). Gütersloh 2013.

65 Wippermann, Carsten, Marc Calmbach und Katja Wippermann, *Männer: Rolle vorwärts,* a. a. O., S. 150.

66 Baumgarten, Diana, „(Nicht) Vater werden und (nicht) Vater sein heute". *Aus Politik und Zeitgeschichte,* Themenheft *Mannsbilder,* 62. Jg., Heft 40, 1. Oktober 2012, S. 37–40.

67 *Süddeutsche Zeitung* vom 7./8.12. 2013.

BAND 1
Führung – Frauen und ihre Chefs

Einleitung ... 10
1 Die Macht der kleinen Dinge ... 12
2 „Die Frauen wollen ja nicht ...“ ... 16
3 Das Sichtbarkeitsdilemma ... 21
4 Extreme Minderheiten und extreme Mehrheiten ... 24
5 Führen Frauen wirklich anders? ... 30
6 Mixed Teams ... 36
7 Ein guter Chef bindet ... 41
8 Gender Pay Gap – bitte schließen! ... 46
9 Vermeidbare Verluste ... 54
10 Die gläserne Decke ... 59
11 Der Sprung ins Top-Management ... 64
12 Vorsichtig in der Führungsrolle ... 70
13 Der Nonkonformist – ein Wunschbild ... 74

BAND 2
Das Unternehmen – Schrittmacher der Veränderung

Einleitung ... 6
1 Doing Gender – die Macht der Unternehmenskultur ... 8
2 Wie Mythen den Alltag prägen ... 17
3 Business Case Frauen ... 21
4 Quote als Chance ... 25
5 Gender-Controlling – erstaunliche Zahlen ... 33
6 Strategien gegen das Versanden ... 39
7 Starker Hebel Task-Force ... 43
8 Ohne Störung keine Neuerung ... 47
9 Welche Maßnahmen sind erfolgreich? ... 52
10 Förderprogramme – was sagen die Frauen? ... 58

BAND 3
Personalmanagement: Die Hüter der Verfahren

Einleitung ... 6
1 Der Anfang der Karriere ... 8
2 Mythos Aufstiegskompetenz ... 14
3 70/20/10 – den Unterschieden auf der Spur ... 18
4 Vernetzen – aber wie? ... 22
5 Alternativen zur Karriereleiter ... 26
6 Geschlossene Gesellschaft ... 32
7 Personalberater: Gatekeeper oder Türöffner? ... 37
8 Die Krux mit der Leistungsbeurteilung ... 41
9 Auswahl und Diskriminierung ... 48
10 Härtetest Assessment-Center ... 53
11 Gendersensible Fortbildung ... 58

Die Autorinnen

Dr. Cornelia Edding

Dr. Cornelia Edding arbeitet in freier Praxis als Beraterin und Coach für Profit- und Non-Profit-Organisationen. Sie beschäftigt sich seit vielen Jahren mit der Dynamik von Teams und Organisationen. Die berufliche Entwicklung von Frauen liegt ihr besonders am Herzen. Sie ist Psychologin, Trainerin für Gruppendynamik (DGGO), Supervisorin (DGSv) und Mitglied des Fortbildungsinstituts TOPS München-Berlin e.V. Sie lebt und arbeitet in Berlin und auf dem Hof zur Linde in der Uckermark.

In den letzten Jahren hat sie mehrere Buchprojekte zu Gruppendynamik und Teamarbeit abgeschlossen. In Zusammenarbeit mit der Bertelsmann Stiftung sind unter ihrer maßgeblichen Mitwirkung zwei Hörbücher im Themenkomplex Gender-Diversity entstanden:

- „Der Erfolg steht Ihnen gut" – Karrierestrategien für Frauen
- „(Ver-)Führung zur Chancengleichheit" – ein Wegweiser für Führungskräfte

Gisela Clausen

Gisela Clausen ist als diplomierte Psychologin und Gründerin von Clausen + Co seit 1982 als Trainerin, Coach und Organisationsberaterin tätig. Kleinere mittelständische Unternehmen, öffentliche Verwaltungen und Non-Profit-Organisationen sowie große Wirtschaftsbetriebe zählen zu ihren Klienten. Sie ist außerdem Ausbilderin für Gruppendynamik (DAGG) und Supervisorin (DGSv). Zusätzlich ist sie Dozentin für „Change" und „Konfliktmanagement" an der Westfälischen Wilhelms-Universität Münster. Ihr Lebensmittelpunkt ist Hamburg.

Zu ihren Veröffentlichungen zählen Aufsätze und Artikel in den Themenkreisen „Führung" und „Arbeitsfähigkeit von Gruppen und Gremien".

BAND 5

Was wünschen sich Frauen von ihrer Arbeit?

Eine Literaturrecherche von Cornelia Edding

Verlag BertelsmannStiftung

Bibliografische Information der Deutschen Nationalbibliothek

Die Deutsche Nationalbibliothek verzeichnet diese Publikation in der Deutschen Nationalbibliografie; detaillierte bibliografische Daten sind im Internet unter http://dnb.d-nb.de abrufbar.

MIX
Papier aus verantwortungsvollen Quellen
FSC® C022573

Verantwortlich: Martina Schwenk
Lektorat: Viola Eigenberz, Hamburg
Herstellung: Sabine Reimann
Gestaltung: Visio Kommunikation GmbH, Bielefeld
Umschlagfoto: Katrin Biller, k.zwo, Bielefeld
Bildnachweis innen: Foto S. 48 oben: Frank Nürnberger, Berlin
Druck: Hans Kock Buch- und Offsetdruck GmbH, Bielefeld
ISBN 978-3-86793-514-2

www.bertelsmann-stiftung.de/verlag

BAND 5

Was wünschen sich Frauen von ihrer Arbeit?

Eine Literaturrecherche von Cornelia Edding

| **Verlag** Bertelsmann**Stiftung**

Inhalt

Einleitung 6

Teil I Umfrageergebnisse 8

1.1 Determinanten beruflicher Karrieren von Hochschulabsolvent(inn)en unter den Bedingungen flexibilisierter Arbeitsmärkte 9

1.2 Europe's Ideal Employers 10

1.3 New Generation, Great Expectations: A Field Study of the Millennial Generation 11

1.4 2008 National Study of the Changing Workforce 12

1.5 Leaders in a Global Economy – Finding the Fit for Top Talent 13

Teil II Wünsche und enttäuschte Wünsche 14

2.1 Karrierewünsche von Männern und Frauen 14

Karrierefaktor Gehalt 15

Karrierefaktor sozialer Status 15

Karrierefaktor Führungsverantwortung und Führungsmotivation 16

Karriererückblick erfahrener Managerinnen 17

2.2 Von Generation zu Generation 18

Ansprüche an den Beruf bei Berufseinsteigerinnen 19

Ansprüche an den Beruf bei Frauen der Y-Generation 20

Zurückschrauben der beruflichen Ziele 21

Das Selbstbild von Top-Frauen damals und heute 21

2.3 Beziehungen am Arbeitsplatz 22

Merkmale guter Arbeitsbeziehungen 23

Kooperieren oder konkurrieren? 24

Merkmale wichtiger Arbeitsbeziehungen – Männer und Frauen im Vergleich 25

2.4 Authentisch bleiben 27
Was bedroht die Identität? 27
Selbstentfremdung und Ent-Identifizierung 28
Das Projekt „Karriere" als Identitätsschutz 29
2.5 Frauen steigen aus I – „the hidden brain drain" 31
Gründe für die Unterbrechung der Karriere 31
Berufliche Neuausrichtung nach Unterbrechung der Karriere 32
Verantwortliche für das Vereinbarkeitsproblem 33
2.6 Frauen steigen aus II – Frauen in männerdominierten Branchen .. 33
Gründe für den Frauenschwund in technischen Berufen 34
Wann Frauen gehen oder bleiben 35
Das Phänomen des „cooling out" 36

Teil III Veränderungen der Wünsche im Lebensverlauf 38
3.1 Grundlagen der Lebensphasenforschung 38
Kontinuität und Wechsel im Lebensverlauf 38
Phasen im Berufsleben von Frauen 39
3.2 Die Bedeutung der Berufsarbeit in einzelnen Lebensphasen 39
Die Generation der Berufsanfängerinnen 39
Die Generation der 30- bis 40-Jährigen 40
Die Generation der 40- bis 50-Jährigen 40

Literaturliste 42

Die Autorin 48

EINLEITUNG

Was wünschen sich Frauen von ihrer Arbeit?

Was können Unternehmen tun, um engagierte, kompetente Frauen als Mitarbeiterinnen zu gewinnen und zu halten? Was können sie tun, um sie ihren Möglichkeiten entsprechend zu fördern und zu entwickeln?

Um diese Frage so zu beantworten, dass sie für die Unternehmenspraxis relevant wird, genügt es nicht, Aufstiegshindernisse zu identifizieren. Ebenso wichtig ist es, die Wünsche der Frauen kennenzulernen: Was erwarten sie von ihrer Arbeit, ihren Kollegen und Vorgesetzten? Was motiviert und ermutigt sie? Unter welchen Bedingungen sind sie bereit, Verantwortung zu übernehmen? Wie können ihre Vorgesetzten sie dabei unterstützen? In welchem Maße sind Frauen willens, sich an die Kultur ihres Unternehmens anzupassen? Kann man überhaupt von „die Frauen" sprechen? Welche Bedeutung haben Alter, Branche oder Status? Und nicht zuletzt: Unterscheiden sich die Vorstellungen der Frauen tatsächlich von denen der Männer?

Das Projekt der Bertelsmann Stiftung „Was wünschen sich Frauen von ihrer Arbeit?" dient dazu, jenseits gängiger Klischees diese Terra incognita zu erkunden. Die hier vorgelegte Literaturrecherche ist Teil dieses Vorhabens.

Untersuchungen, die sich unmittelbar mit den Erwartungen berufstätiger Frauen an ihre Arbeit, ihre Kollegen oder ihre Vorgesetzten befassen, sind selten. Deshalb haben Expertinnen zu Beginn dieses Projektes in einem Workshop mögliche „Suchfelder" identifiziert, die bei der Suche nach relevanten Texten die Richtung vorgeben sollten.

Im Folgenden werden Ergebnisse aus Umfragen, Reports, wissenschaftlichen Arbeiten und Experimenten sowie Erfahrungsberichte zum Thema vorgestellt und auf ihre Bedeutung hin geprüft. Die Datenlage ist insgesamt eher dürftig, die Quellen sind weit verstreut und die Befunde von sehr unterschiedlicher Qualität. Auf viele interessante Fragen gibt es keine oder nur vorläufige Antworten. Es wäre zum Beispiel wichtig, mehr darüber zu wissen, wie sich die Wünsche von Männern und Frauen unterscheiden, ob es „berufsfeldspezifische" Vorstellungen gibt – also etwa Unterschiede zwischen der Forscherin in der Universität und der Betriebswirtin im Unternehmen – oder ob und wie sich die Wünsche im Laufe von Lebensphasen verändern. Insgesamt ergibt die Zusammenschau der verschiedenen Texte einige wenige Gewissheiten und etliche Hypothesen, die es wert sind, weiterverfolgt zu werden. Sie wirft aber auch manche neue Frage auf.

Der Text ist in drei Teile gegliedert. Im ersten Teil werden Umfrageergebnisse zum Thema vorgestellt, auf die sich der weitere Text gelegentlich bezieht. Der zweite Teil beschreibt im Rahmen kleiner Kapitel die Wünsche und Vorstellungen berufstätiger Frauen, so wie sie aus Umfragen, Reports und angrenzenden Forschungsgebieten deutlich werden. Im Mittelpunkt des dritten Teils steht das Thema „Veränderung": Wie wandeln sich die Vorstellungen von Arbeit und die Ansprüche an Arbeit im Laufe des Lebens? Eine Liste der verarbeiteten Literatur schließt den Text ab.

TEIL I

Umfrageergebnisse

In diesem Abschnitt werden die Ergebnisse einer Reihe von Umfragen präsentiert – meist aus Online-Befragungen. Manche dieser Befragungen sind aufwendig und laufen über mehrere Jahre. Über andere wird nur in Pressemitteilungen berichtet, so dass sich Umfang und Qualität nicht abschätzen lassen.

Alle Befragungsergebnisse sind naturgemäß recht holzschnittartig – man möchte häufig genauer wissen, was sich hinter den Antworten verbirgt. Dennoch sind sie wichtig für diese Literaturrecherche. Sie liefern nämlich Hinweise und Hypothesen: Wo müsste man genauer nachfragen? Welche Annahmen bieten sich an und sollten überprüft werden? Welche Aussagen decken sich mit den Ergebnissen qualitativer Studien?

Die Umfragen

- „Determinanten beruflicher Karrieren von Hochschulabsolvent(inn)en unter den Bedingungen flexibilisierter Arbeitsmärkte." Wie kommen junge Akademiker heutzutage in den Arbeitsmarkt hinein? Langzeitstudie der Humboldt-Universität Berlin, 2008 bis heute.
- „Europe's Ideal Employers" – europaweite Befragung von Studenten zu ihren Erwartungen an zukünftige Arbeitgeber. Durchgeführt von der schwedischen Management-Consulting-Firma Universum, 2011.
- „New Generation, Great Expectations: A Field Study of the Millennial Generation" – Befragung von 23.000 kanadischen Studenten zu ihren Erwartungen an ihre Berufstätigkeit, 2010.
- „2008 National Study of the Changing Workforce" – landesweite Befragung einer repräsentativen Stichprobe zu unterschiedlichen Themen. Regelmäßig durchgeführt seit 1992 vom Families and Work Institute (FWI), N.Y.
- „Leaders in a Global Economy – Finding the Fit for Top Talent". Weltweite Umfrage unter 8000 Führungskräften zum Thema „Wie passen Erwartungen und tatsächliche Arbeitssituation zusammen?", durchgeführt von der Nonprofitorganisation Catalyst, deren Ziel es ist, die Beziehung zwischen Frauen und Business zu verbessern, in Zusammenarbeit mit dem Families and Work Institute (FWI), N.Y., 2008.

Die wichtigsten Hinweise und Hypothesen:

- Studenten sind karriereorientierter als Studentinnen, erwarten mehr Gehalt und einen rascheren Aufstieg, streben eher eine Führungsposition an, möchten mehr Verantwortung übernehmen.
- Studentinnen sind Gehalt und Prestige der Firma weniger wichtig, sie legen mehr Wert auf eine interessante Arbeit und ein gutes Betriebsklima.
- Bei jungen Amerikanern bis 29 Jahre – nicht nur Studenten – gibt es keinen Unterschied zwischen Männern und Frauen in dem Wunsch nach mehr Verantwortung.
- Studentinnen stellen sich eher als Studenten darauf ein, den Arbeitgeber zu wechseln.
- Die Wünsche männlicher und weiblicher Führungskräfte unterscheiden sich wenig, die der Männer jedoch erfüllen sich auf den Positionen, die sie innehaben, eher.
- Frauen erwägen häufiger als Männer (Führungskräfte), den Arbeitgeber zu wechseln.

1.1 Determinanten beruflicher Karrieren von Hochschulabsolvent(inn)en unter den Bedingungen flexibilisierter Arbeitsmärkte

Langzeitstudie des Instituts für Sozialwissenschaften der Humboldt-Universität Berlin, seit 2008

Seit 2008 werden im Abstand von sechs Monaten Studenten und Absolventen der HU per Fragebogen befragt. Bisher haben über 3000 Personen teilgenommen. Die Teilergebnisse werden als „Zwischenberichte" im Netz veröffentlicht (→ Literaturverzeichnis unter „Absolventenstudie"). Für einige Themen werden Unterschiede zwischen Frauen und Männern geprüft. Diese werden im Folgenden kurz dargestellt.

Berufliche Orientierung

In der Befragung wird deutlich, dass die Hochschulabsolventen sich in ihrer Einstellung zum Erwerbsleben unterscheiden. Die unterschiedlichen Orientierungen sind:

- Freizeit- und Familienorientierung: Nähe zur Heimat, geregelte Arbeitszeit, viel Zeit für Familie und Freizeit
- Karriereorientierung: überdurchschnittliches Einkommen, gute Karrierechancen
- Postmaterielle Berufsorientierung: interessante Tätigkeit, angenehmes Klima, Arbeit soll nützlich für die Gesellschaft sein
- Sicherheitsorientierung: unbefristete Beschäftigung, Absicherung über die staatliche Rentenversicherung

Frauen sind signifikant weniger karriere-, sondern eher postmateriell orientiert als Männer, und sie sind sicherheitsorientierter. Das hat Folgen, denn die Chancen, eine unbefristete Anstellung zu finden, steigen mit der Karriereorientierung. Weniger Karriereorientierte fanden häufiger nur eine befristete Anstellung. Insgesamt hatten Frauen – unabhängig von ihrer beruflichen Orientierung – geringere Chancen, eine unbefristete Stelle zu finden.

Personen mit einer höheren Karriereorientierung hatten auch höhere Einstiegseinkommen. Die postmaterielle Orientierung wirkte sich negativ auf den ersten Stundenlohn aus.

Zufriedenheit mit der ersten Arbeit

Für die Zufriedenheit mit dem ersten Job waren folgende fünf Merkmale wichtig (absteigend):

- eine qualifikationsadäquate Beschäftigung
- gute Karrierechancen
- überdurchschnittlicher Stundenlohn
- hohe Aufgabenautonomie
- Unterstützung bei Problemen

Signifikant unzufriedener waren Personen, die bei Problemen auf sich allein gestellt waren. Männer und Frauen wurden nicht verglichen.

Auf die Frage, warum sie eine Stelle nicht bekommen hätten, antworteten die Männer weitaus häufiger, dass sie mit der Vergütung und den Inhalten der Arbeit nicht zufrieden gewesen seien. Sie sehen sich also als diejenigen, die ablehnen. Die Frauen dagegen meinten, ihnen hätten Berufserfahrung und spezielle Kompetenzen gefehlt – sie werden abgelehnt.

Die Studie läuft noch und wird hoffentlich weitere interessante Ergebnisse liefern.

1.2 Europe's Ideal Employers

Befragungsprojekt der schwedischen Beratungsfirma Universum, 2011

Die schwedische Management-Consulting-Firma Universum fragte 20.000 Studentinnen und Studenten an europäischen Top-Universitäten nach den als Arbeitgeber beliebtesten Unternehmen. Am beliebtesten waren solche mit gutem Ruf (72 Prozent), Markterfolg (70 Prozent) und hohem Prestige (66 Prozent), relativ unwichtig waren Corporate Social Responsibility (CSR) (33 Prozent) und hohe ethische Standards (30 Prozent).

Im Vergleich von Männern und Frauen bestätigten sich viele Klischees: Männer bevorzugen Autohersteller und Banken, Frauen Fast Moving Consumer Goods (FMCG). Lediglich Apple war bei Männern wie bei Frauen die Nummer zwei. Bei Wirtschaftsstudentinnen war L'Oréal die Nummer eins, bei Wirtschaftsstudenten war es Google.

Weitere Unterschiede in den Karrierewünschen:

- Männer streben häufiger als Frauen eine Führungsposition an (34 vs. 22 Prozent).
- Frauen möchten eher eine sichere Stelle (36 vs. 26 Prozent).
- Männer bevorzugen eine Arbeit mit viel Verantwortung (25 vs. 17 Prozent).
- Männern geht es mehr als Frauen um das Prestige ihrer Firma (31 vs. 24 Prozent).
- Frauen geht es eher um ein Unternehmen mit sozialer Verantwortung und ethischen Standards (31 vs. 24 Prozent).

In Europa verdienen Frauen im Schnitt 17 Prozent weniger als Männer. In der Befragung erwarteten die Frauen, 21 Prozent weniger zu verdienen (32.200 Euro) als Männer (40.900 Euro Anfangsgehalt).

Auch die befragten deutschen Frauen erwarteten weniger Anfangsgehalt als die Männer, aber sie erwarteten mehr, als sie in Deutschland im Schnitt bekommen werden. Die tatsächliche Einkommenslücke (Pay Gap) ist größer als die von ihnen erwartete.

1.3 New Generation, Great Expectations: A Field Study of the Millennial Generation

Befragung von 23.000 kanadischen Studenten zu ihren Erwartungen an ihre Berufstätigkeit, 2010 (Ng et al. 2010)

Anhand der Daten einer nationalen Befragung werden die Karriereerwartungen von 23.000 Undergraduate-Studenten kanadischer Universitäten analysiert. Auf der Basis bereits vorliegender Befragungen der „Generation Y", die darauf hinweisen, dass diese Generation hohe Ansprüche an die Berufstätigkeit hat, werden folgende Themen unterschieden:

- Betonung einer guten Work-Life-Balance
- gute Bezahlung und angemessene Benefits
- gute Aussichten auf Beförderung
- sinnvolle und persönlich erfüllende Arbeit
- unterstützende Arbeitsumwelt

Die Ergebnisse:

Karriereerwartungen: 70 Prozent der Befragten waren bereit, als erste Stelle auch eine nicht ganz ihren Vorstellungen entsprechende anzunehmen. Bei Frauen war diese Bereitschaft signifikant höher als bei Männern. Über die Hälfte aller Befragten hatten den Wunsch, ihr ganzes Berufsleben bei einem einzigen Arbeitgeber zu bleiben – bei Frauen war dieser Wunsch signifikant weniger ausgeprägt als bei Männern. (Dies widerspricht den höheren Sicherheitsbedürfnissen bei Frauen, die sich in der Berliner Absolventenstudie zeigen.)

Bezahlung und Aufstieg: Männer wünschten sich einen schnelleren Aufstieg. Frauen erwarteten ein signifikant niedrigeres Anfangseinkommen.
Wünsche an die Arbeit: Hier wurde nicht nur nach den Wünschen gefragt, sondern auch danach, wie wichtig der jeweilige Wunsch für den Befragten ist. Am wichtigsten waren den Befragten gute Aufstiegs- und Entwicklungsmöglichkeiten, gute Kolleginnen und Kollegen sowie gute Vorgesetzte. Weiterbildungsmöglichkeiten waren ebenfalls wichtig. Soziale Verantwortung und die Möglichkeit, gesellschaftlich etwas zu bewirken, wurden als eher nebensächlich betrachtet.

Männern war die Möglichkeit zu Aufstieg und Entwicklung wichtiger als Frauen. Im Übrigen unterschieden sich die Wünsche nicht signifikant, aber den Frauen waren alle Wünsche wichtiger als den Männern.

1.4 2008 National Study of the Changing Workforce

Befragung einer repräsentativen Stichprobe durch das New Yorker Families and Work Institute (FWI), seit 1992

Diese an einer repräsentativen amerikanischen Stichprobe regelmäßig durchgeführte Befragung enthält einige für unser Thema relevante Aussagen:

- Zum ersten Mal seit Beginn der Befragung 1992 sagen Männer und Frauen unter 29 Jahren zu gleichen Anteilen, dass sie gern eine verantwortungsvollere Aufgabe hätten.
- Der Wunsch war bei jungen Frauen mit Kindern sogar noch ausgeprägter.
- Das Thema Work-Life-Konflikt bzw. Work-Life-Balance steht für die jungen Frauen ganz obenan. Die Befragung enthält eine interessante Liste von Punkten, die diesen Konflikt nach Aussage der Frauen mindern oder verschärfen.
- Der Work-Life-Konflikt unter Vätern hat zugenommen, da diese seit der letzten Umfrage mehr Familienaufgaben übernommen haben.

What factors predict work life conflict (wlc) for mothers?

All hours worked/week in all jobs	Each additional hour increases probability of experiencing some degree of wlc.
Time/week spent on self	Each additional hour decreases probability of wlc.
Work-live centrism	Mothers who are family-centric or dual centric are less likely to experience wlc.
Job satisfaction	Decreases wlc.
Job pressure	Increases wlc.

Aus: Families and Work Institute (FWI), 2008 National Study of the Changing Workforce, New York 2011 | BertelsmannStiftung

1.5 Leaders in a Global Economy – Finding the Fit for Top Talent

Weltweite Befragung von Führungskräften durch die Nonprofit-organisation Catalyst in Zusammenarbeit mit dem New Yorker Families and Work Institute (FWI), 2008

8000 erfahrene Führungskräfte, davon 36 Prozent Frauen in Amerika, Europa und Asien, wurden danach gefragt, was ihnen bei ihrer Arbeit am wichtigsten sei. Die Antworten von Männern und Frauen waren einander überraschend ähnlich – Unterschiede zeigten sich erst, wenn es um die Verwirklichung dieser Anliegen ging. Hier zunächst einmal die Wünsche:

- Eine unterstützende Arbeitsumwelt – dazu gehörten Aussagen wie: „Working in a company where I feel comfortable and a sense of belonging", „Working for a supervisor who supports me to do my best" und „Working with co-workers who support me to do my best".
- Eine herausfordernde Aufgabe – dazu gehörten Aussagen wie: „Continuing to grow and learn in my work", „Fully using my skills and abilities" und „Having a say about how my job gets done".
- Gute Bezahlung.
- Gute Passung zwischen Arbeit und Privatleben – das umfasste Aussagen wie: „Having the workplace flexibility to manage my work and personal or family life", „Having a manageable workload" and „Having the time to focus on what's most important to do at work".
- Ein Unternehmen, das hohe Werte verfolgt.
- Gute Möglichkeit, Hochleistung zu zeigen (opportunity for high achievement).

Die Vorstellungen von Männern und Frauen unterschieden sich nur geringfügig. Beiden waren eine unterstützende Umwelt und eine herausfordernde Aufgabe am wichtigsten. Frauen war die gute Passung zwischen Familie und Beruf etwas wichtiger als den Männern, die gute Bezahlung war ihnen etwas unwichtiger. Den Frauen waren allerdings ihre drei obersten Wünsche (unterstützende Umwelt, herausfordernde Aufgabe, gute Passung zwischen Familie und Beruf) viel wichtiger als den Männern die ihren.

Wie verhält sich nun die faktische Arbeitssituation zu den Wünschen? Männer und Frauen finden, dass ihre Arbeitssituation ihren Wünschen nur zum Teil entspricht. Männer waren zufriedener als Frauen. Viel zufriedener als Frauen waren sie mit

- den Werten ihres Unternehmens,
- der Unterstützung, die sie erhalten,
- den Ansprüchen ihrer Arbeitsaufgabe und
- der Passung zwischen Beruf und Familie.

Die Wahrscheinlichkeit, dass sie im Beruf das bekommen, was sie möchten, ist für Frauen in diesen vier Bereichen deutlich geringer als für Männer. Sie erwägen daher auch viel häufiger als Männer, ihr Unternehmen zu verlassen.

TEIL II

Wünsche und enttäuschte Wünsche

„We need to replace the corporate ladder with corporate lattice."
Anne Weisberg, Senior Advisor Deloitte

In diesem Abschnitt geht es um die Frage: Wollen Frauen überhaupt aufsteigen in einem Unternehmen? Wie wichtig ist es ihnen, Karriere zu machen im Sinne einer Aufwärtsbewegung, in der Verantwortung, Vergütung und Status stetig oder sprunghaft zunehmen? Unterscheiden sich in diesem Punkt Männer und Frauen oder möglicherweise die Frauen verschiedener Generationen untereinander? Oder verändern sich die Wünsche mit dem Aufstieg – müsste man also Frauen auf verschiedenen Stufen der Karriereleiter miteinander vergleichen?

2.1 Karrierewünsche von Männern und Frauen

Die wichtigsten Hypothesen und Hinweise

- Für die Zufriedenheit von Frauen ist der berufliche Status nicht so wichtig – anders als bei Männern.
- Ihre Führungsmotivation ist weniger stark ausgeprägt als die der Männer, und sie ist gebrochen, d. h. nicht widerspruchsfrei.
- Diese Ambivalenz erscheint ganz vernünftig, denn Frauen, die Karriere machen, sind nicht selten unzufrieden.
- Ob sie nach vielen Berufsjahren unzufriedener sind und mehr Schaden genommen haben als Männer, ist unklar.

Die Befragung der Studentinnen und Studenten in drei der oben geschilderten Umfragen ergibt ein etwas verschwommenes Bild. Es entsteht der Eindruck, als gingen Männer und Frauen mit einer unterschiedlichen Haltung ins Berufsleben. Die Berliner Absolventinnen sind weniger karriereorientiert als ihre Kommilitonen. In der schwedischen Umfrage quer durch Europa sind die Karrierewünsche der Männer ausgeprägter als die der Frauen. Und auch bei der kanadischen Gruppe war den Männern die Möglichkeit zu Aufstieg und Entwicklung wichtiger als den Frauen. Allerdings sind die Unterschiede in allen Fällen nicht sehr groß.

Karrierefaktor Gehalt

Es scheint, als seien Frauen finanziell leichter zufriedenzustellen. Dafür sprechen die oben erwähnten Umfrageergebnisse zum Thema Gehalt – immer erwarten Frauen deutlich weniger als Männer (und sie bekommen auch weniger). Sind die Frauen damit am Ende doch unzufrieden?

Mayrhofer et al. (2005) unterscheiden in ihrer Langzeitstudie zwischen subjektivem und objektivem Karriereerfolg.

Den objektiven Erfolg messen sie am Gehalt und an der Anzahl der unterstellten Mitarbeiter, den subjektiven an der Selbsteinschätzung und der Einschätzung durch das berufliche Umfeld. In ihrer Langzeitstudie, dem „Vienna Career Panel Project", haben die Autoren unter anderem die Karriereentwicklung von 52 „virtuellen Zwillingspaaren" zehn Jahre lang verfolgt. Diese unterschieden sich in ihrem Geschlecht; andere Merkmale wie Herkunft, Studienerfolg, Persönlichkeitsmerkmale waren weitestgehend vergleichbar.

Schon nach drei Jahren differierten Männer und Frauen deutlich im Gehalt und im Umfang der Führungsverantwortung (Zahl der Mitarbeiter), aber nicht in ihrer Zufriedenheit. Nach zehn Jahren betrug der Gehaltsunterschied 18.000 Euro pro Jahr, die Männer hatten im Schnitt 15, die Frauen vier Mitarbeiter.

Dennoch waren die Frauen genauso zufrieden wie die Männer. Und das berufliche Umfeld schätzte den Berufserfolg der Frauen sogar höher ein als den der Männer. Wichtig: Die Befragten wussten nichts voneinander. Maßstab für die Frauen waren daher nicht die Erwartungen der Männer, sondern die eigenen.

Karrierefaktor sozialer Status

In der Untersuchung von Trzcinski und Holst (2011) zeigt sich eine ähnliche Tendenz. Sie verglichen die Zufriedenheit von deutschen Männern und Frauen in Abhängigkeit von ihrem beruflichen Status. Die Statuskategorien waren:

- hohe Managementposition
- niedrige Managementposition
- keine Leitungsaufgabe
- Arbeitslosigkeit
- nicht auf dem Arbeitsmarkt

Die Autorinnen nutzten die Daten von 20.000 Personen aus dem Socio-Economic Panel (SOEP) in Deutschland der Jahre 2000 bis 2007. Für Männer ergab sich eine klare Abhängigkeit: Je höher ihr beruflicher Status, desto zufriedener waren sie mit ihrem Leben – die Manager waren am zufriedensten, die Arbeitslosen am unzufriedensten. Bei den Frauen sah das Bild ganz anders aus: Hier waren nur die Arbeitslosen signifikant unzufriedener. Alle anderen unterschieden sich nicht – ob sie nun hohe Managementpositionen innehatten oder dem Arbeitsmarkt gar nicht zur Verfügung standen.

Trzcinski und Holst meinen, ein größeres Interesse von Frauen an Leitungspositionen sei nicht zu erwarten, wenn junge Frauen sehen, dass ältere und erfolgreiche auch nicht zufriedener sind als sie selbst. Die Autorinnen plädieren dafür, die nicht pekuniären Anreize von Managementpositionen zu erhöhen, um sie so für Frauen attraktiver zu machen.

Karrierefaktor Führungsverantwortung und Führungsmotivation

Zum Erklimmen der Karriereleiter gehört die Übernahme von Führungsverantwortung. Eine Fülle von Literatur beschäftigt sich mit den Fragen „Wie führen Frauen, wenn sie führen?", „Führen sie anders, besser, schlechter?". Einen Überblick über den neuesten Stand hierzu bietet Krell (2012).

Zu der Frage „Wollen Frauen überhaupt führen?" gibt es widersprüchliche Aussagen.

In der Befragung von Universum möchten sie es weniger dringend als die Männer. Auch Mayrhofer et al. (2005) finden das Persönlichkeitsmerkmal „Führungsmotivation" bei Frauen geringer ausgeprägt. Auf der anderen Seite ergibt die Befragung des Families and Work Institute (FWI) im Jahre 2008 zum ersten Mal, dass genauso viele Frauen wie Männer eine Aufgabe mit mehr Verantwortung übernehmen würden. Bis dahin hatten sich in der alle fünf Jahre durchgeführten Umfrage Männer und Frauen in diesem Punkt stets unterschieden (2008 National Study of the Changing Workforce Survey). Man kann gespannt sein auf die Ergebnisse der nächsten Umfrage 2013!

Eine neuere Arbeit von Elprana et al. (2011) greift das Thema „Führungsmotivation" wieder auf. Sie fragt danach, ob Unterschiede in der Persönlichkeit dazu beitragen, dass Frauen weniger gern Führungsverantwortung übernehmen möchten. Die Autorinnen wollten herausfinden, welche Bedeutung die Motivation in der Erfolgstrias „Kompetenz – Rahmenbedingungen – Motivation" hat und wie sich Männer und Frauen in diesem Punkt unterscheiden. Sie wollten außerdem ein Gender-sensitives Messinstrument entwickeln.

Sie begannen mit einer bundesweiten Interviewstudie – 30 Männer und 20 Frauen. Dabei fanden sie – nicht ganz überraschend – ein größeres Vertrauen der Männer in ihre Fähigkeiten, während die Frauen ihren Erfolg eher von äußeren Umständen abhängig machten (externale Attribution). Daher, so die Autorinnen, sei Führungsmotivation für Frauen noch wichtiger als für Männer.

Diese besteht laut Elprana et al. aus drei Bausteinen: den Basismotiven (Macht, Leistung, soziale Einbindung), verschiedenen Erlebnisqualitäten, die mit Führung verbunden sind (affektiv, kalkulativ, normativ), und konkreten Interessen, die in einer Führungsposition befriedigt werden. Frauen haben den Ergebnissen dieser Studie zufolge eine von Ambivalenzen gekennzeichnete Führungsmotivation.

Besonders häufig ist der Widerspruch zwischen dem Wunsch, Führung zu übernehmen, und der Sorge, dabei zu versagen (32 Prozent der Frauen vs. 18 Prozent der Männer). Erst wenn sich die Frauen von einer Mentorin oder einer gleichgestellten Kollegin unterstützt fühlten, schwand dieser Widerspruch. Häufig misstrauen Frauen auch der Möglichkeit, Familie und Führungsaufgabe befriedigend zu verbinden. Einer der vier Motivationstypen, die Elprana et al. erarbeiteten, ist besonders kennzeichnend für Frauen:

„Die Personen in diesem Cluster streben vergleichsweise stark nach Einfluss und Leistung, neigen jedoch gleichzeitig stärker zu Vermeidung von Kontrollverlust und Misserfolg. Das bedeutet, es gibt ein ambivalentes Motivationsmuster, in dem sich Streben und Vermeiden gegenüberstehen. Versinnbildlicht fahren diese Personen ‚auf der Karriereautobahn mit angezogener Handbremse'. In dieser Gruppe steckt besonders viel weibliches Potenzial: Bei 28 % der Frauen und 25 % der Männer finden wir diese gehemmte Motivation!" (Elprana et al. 2011: 16).

Karriererückblick erfahrener Managerinnen

Vielleicht ist die Ambivalenz gar nicht so unvernünftig. Es geht Frauen oft nicht gut, wenn sie Karriere machen. Die Konflikte zwischen Familie und Arbeit sind sehr real (→ vgl. Kapitel 2.4 in diesem Band). Frauen haben Grund zur Unzufriedenheit (vgl. Catalyst-Studie 2008 in Carter und Silva 2011), und die Arbeit von Funken (2011) zeigt, dass sie nach Jahren der Anstrengung zweifeln müssen, ob sich diese gelohnt hat.

Funken hat biographische Interviews mit 25 Managerinnen mittelgroßer Unternehmen zwischen 45 und 55 Jahren durchgeführt. Ihre Ergebnisse haben einigen Wirbel im „Blätterwald" verursacht. Die große Schwäche der Arbeit liegt wohl darin, dass eine entsprechende Befragung von Männern und damit die Vergleichsmöglichkeit fehlt. So fragt man sich: „Ist das vielleicht immer so?", „Resignieren vielleicht auch Männer nach Jahren des Engagements?"

Die befragten Frauen haben eine Karriere in der Regel nicht bewusst geplant. Zum Zeitpunkt der Interviews stagniert ihre berufliche Entwicklung auf hohem Niveau: Sie sind unzufrieden mit ihrer Situation und finden – so das Fazit –, die hohen Investitionen in ihre Karriere hätten sich nicht gelohnt.

Sämtliche Frauen durchlaufen mit Eintritt in das mittlere Lebensalter – ab circa dem 45. Lebensjahr – eine mehr oder minder krisenhafte Reflexionsphase und fragen sich: „Wie gestalte ich die nächsten zehn Jahre meines beruflichen Agierens, und welche Priorität hat die Arbeit noch für mich, und will ich auch mein Leben noch anders gestalten? Oder was hat in meinem Leben sonst noch Bedeutung?" (Funken 2011: 32).

Die kritische Reflexion ihres bisherigen Berufslebens sowie die frustrierende Erfahrung, dass die Karriere stagniert und die Belastung im Verhältnis zum Gewinn entschieden zu groß ist, führte bei den befragten Managerinnen zu unterschiedlichen Reaktionen:

- 40 Prozent kämpfen weiter um Anerkennung und Aufstieg.
- 30 Prozent gehen in eine Art „innere Kündigung" oder Resignation und überlegen eine Seitwärtsbewegung, zum Beispiel in den Betriebsrat.
- 30 Prozent planen den Ausstieg. Sie sind gelangweilt oder frustriert, es mangelt an Wertschätzung. Der Sinn ist ihnen verloren gegangen. Sie suchen eine erfüllendere, befriedigendere Tätigkeit.

Eine Phase des Übergangs und der Neuorientierung bestätigen auch Gersick und Kram (2002) für diese Altersgruppe (Einzelheiten zu dieser Arbeit → Teil III in diesem Band).

Obwohl der Tenor der Studien von Funken sowie von Gersick und Kram sehr unterschiedlich ist, zeigen beide Arbeiten, dass Unternehmen keine Vorstellung davon haben, was sie mit diesen „alten" Frauen anfangen wollen, und daher viel Potenzial verschenken. Und aufseiten der Frauen zeigt sich, dass sie in diesem Alter sehr genau prüfen, wie zufrieden sie mit ihrer beruflichen Situation wirklich sind, wie sie ihre hohe Kompetenz nutzen wollen und können und welche Möglichkeiten es für sie gibt, Lust auf weitere Herausforderungen überhaupt zu verwirklichen.

2.2 Von Generation zu Generation

Die wichtigsten Hypothesen und Hinweise

- Die Generation Y ist nicht faul und übertrieben anspruchsvoll.
- Aber die Gewichte haben sich verschoben: Junge Frauen möchten sich unbedingt ein gutes Leben außerhalb der Arbeit erhalten.
- Sie sind ebenso wie die Männer bereit, mehr Verantwortung zu übernehmen.
- Auch bei älteren Frauen nimmt die Neigung, das eigene Leben allein in den Dienst des Unternehmens zu stellen, ab.
- Manche Unternehmen gehen auf das Bedürfnis, weiterhin engagiert zu arbeiten, aber nicht weiter aufsteigen zu wollen (Plateauing), ein und entwickeln vielfältigere Karrierewege in Abstimmung mit den Einzelnen (Career Customization).

In der amerikanischen Literatur wird gern zwischen Baby Boomers (1955 bis 1965 geboren), Generation X (in den Sechzigern und Siebzigern geboren) und Generation Y (auch: Millennial Generation, Ende der Siebziger bis Ende der Neunziger geboren) unterschieden. Ganz besonders ins Blickfeld geraten ist die Generation Y, deren Angehörigen gern unterstellt wird, sie hätten unrealistische Karriereziele und berufliche Erwartungen. Sie wollten lieber leben und nicht so schuften wie die Baby Boomers; sie seien nicht wirklich engagiert, sondern arbeiteten hauptsächlich, weil sie das Geld brauchen (s. auch Ng et al. 2010).

Ansprüche an den Beruf bei Berufseinsteigerinnen

Die Absolventenstudie der Humboldt-Universität Berlin zeigt, dass solche Vorstellungen in den Bereich der Klischees gehören. Befragt danach, welche beruflichen Merkmale ihnen wichtig seien, antworteten die jungen Leute am Übergang in den Beruf folgendermaßen:

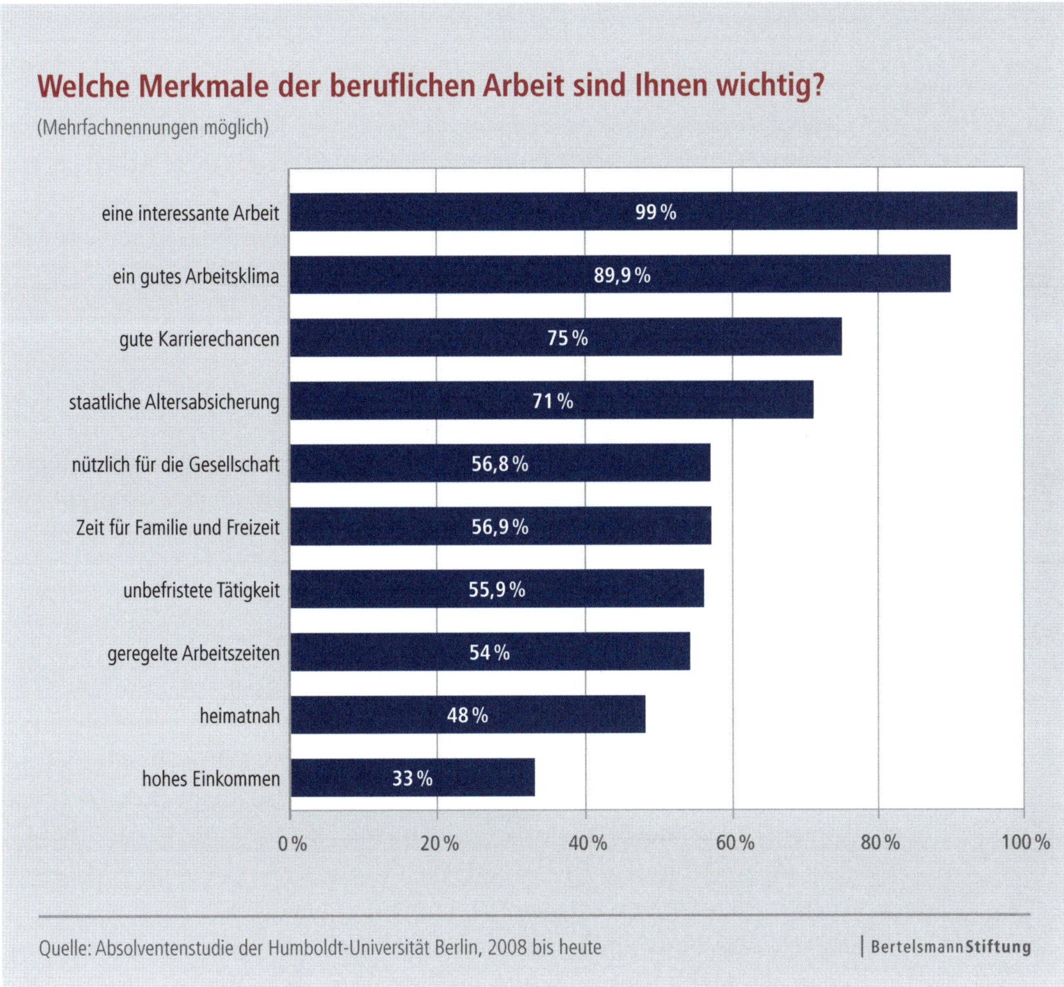

Immerhin 70 Prozent der Männer und 43 Prozent der Frauen waren karriereorientiert. Ihnen waren gute Karrierechancen und ein gutes Einkommen wichtig.

Eine Untersuchung der amerikanischen Stiftung „Business and Professional Women's Foundation" (BPW) aus dem Jahr 2011 ergibt ein differenziertes Bild dieser Generation. In einer zweistufigen Untersuchung wurden 660 berufstätige Frauen der Generation Y zunächst per Fragebogen befragt, dann diskutierten einige von ihnen in Fokus-Gruppen. Alle waren Angehörige der Jahrgänge 1978 bis 1984. 89 Prozent hatten einen College-Abschluss, 79 Prozent arbeiteten Vollzeit.

Diese Frauen leben nicht, um zu arbeiten – sie sehen die Arbeit als einen Teil des Lebens, aber eben nur als einen Teil und nicht als das ganze Leben.

Die Arbeit soll sinnvoll sein, sie soll persönliche Entwicklung erlauben und außerdem Spaß machen. Gleichzeitig haben die Frauen außerhalb der Arbeit ein Leben mit anderen Menschen, die ihnen wichtig sind. Der Arbeitsplatz soll dies ermöglichen und nicht verhindern.

Wenn die jungen Frauen eine Stelle suchen, sind Bezahlung und Zulagen (Fringe Benefits) nicht unwichtig. Wichtiger aber sind ihnen folgende Punkte:

- Die Möglichkeit zum Selbstmanagement, das heißt, Ziele müssen erreicht werden – wann, wie oder wo die Leute arbeiten, ist sekundär. Präsenzkultur ist unsinnig, die Frauen möchten am Ergebnis ihrer Arbeit gemessen werden.
- Die Arbeitgeber sollen sich um eine ergebnisorientierte Arbeitsumwelt und eine entsprechende Kultur bemühen.
- Entwicklungs- und Aufstiegsmöglichkeiten sind wichtig und sollen den Frauen aktiv angeboten werden.

Auch die nationale Umfrage des Families and Work Institute (FWI) (2008 National Study of the Changing Workforce Survey) zeigt ja, dass die jungen Frauen gern Verantwortung übernehmen, aber auch nicht auf Familie verzichten wollen. Eine gute Passung zwischen Arbeit und Familie ist ihnen wichtig.

Ansprüche an den Beruf bei Frauen der Y-Generation

Frauen der Y-Generation haben einerseits gelernt, dass sie alles können, befürchten aber doch Benachteiligung. Größte Hindernisse sind ihrer Meinung nach die „Mother Wall“ und die „Prove it again“-Einstellung der Betriebe.

Kinder schaden in jedem Fall der Karriere – das glauben auch die Absolventen der Berliner Studie. 30 Prozent meinen, Familie und Karriere ließen sich nicht verbinden. Die Arbeitgeber würden zwar aus ihrer Sicht versuchen, „den Frauen entgegenzukommen“, aber eigentlich sei die Vereinbarkeit zwischen Familie und Beruf ein Thema der Unternehmenskultur, eines, das Männer genauso angehe wie Frauen. Tatsache sei doch: Die Vorstellung von dem idealen Mitarbeiter, der 40 Jahre lang von 9 bis 17 Uhr arbeitet, stimmt nicht mehr, wirkt aber noch nach.

Das „Prove it again“-Hindernis besteht in der Notwendigkeit, die eigene Kompetenz im Unterschied zu den Männern immer wieder beweisen zu müssen. Die Catalyst-Studie (Carter und Silva 2011), bei der rund 8000 Führungskräfte weltweit befragt wurden, bestätigt diese Auffassung. Selbst wenn Frauen alles „richtig“ machen, alle Strategien einsetzen, die Männer zur Förderung ihrer Karriere benutzen, steigen sie langsamer auf und bekommen weniger Geld als die Männer. Ihre Chance auf ein höheres Gehalt besteht darin, sich beim selben Arbeitgeber immer wieder zu bewähren.

Gerade diese Bedingung ist für viele Frauen, die ihre Arbeit für Familienphasen unterbrechen, schwer zu erfüllen. Schon in der Umfrage unter den kanadischen Studenten gingen die Frauen häufiger als die Männer davon aus, dass sie den Arbeitgeber wechseln würden. Und auch die unzufriedenen Frauen in der Befragung der Führungskräfte weltweit erwogen einen Wechsel. Ein Dilemma.

Die Studie der Business and Professional Women's Foundation (BPW) zeigt, dass die Frauen der Generation Y zwar keine Hedonistinnen sind, dass sich jedoch in ihrer Lebensauffassung die Gewichte der Work-Life-Balance etwas verschoben haben. Sie möchten ihr Leben nicht völlig in den Dienst der Arbeit stellen.

Zurückschrauben der beruflichen Ziele

Diese Verschiebung der Gewichte passt zu einem Trend, den manche Autoren (z.B. Knowledge@Wharton 2006) „Plateauing" nennen: Im Berufsleben vieler Frauen und Männer gibt es einen Zeitpunkt, zu dem sie durchaus arbeiten und sich auch weiterhin engagieren wollen – aber sie möchten nicht noch zusätzliche Verantwortung übernehmen. Sie würden sich gern abkoppeln von dem Weg „onward and upward", den jemand anderer für sie bestimmt hat. Die Zahl derer, die bei Umfragen sagen, sie hätten gern eine Tätigkeit mit mehr Verantwortung, nimmt ab (von 57 Prozent 1992 auf 36 Prozent 2006). Befragt wurden Baby Boomers, Generation X und Generation Y, Männer und Frauen (genauere Daten waren nicht zu finden).

Das Families and Work Institute (FWI) in New York hat die 100 Top-Männer und 100 Top-Frauen der zehn Top-US-Unternehmen befragt. 34 Prozent der Frauen und 21 Prozent der Männer sagten, sie hätten ihre beruflichen Ziele „zurückgeschraubt" (reduced their aspirations) (Knowledge @Wharton 2006).

In dem oben erwähnten Text wird das Beispiel eines Unternehmens geschildert, das – nicht zuletzt angesichts drohenden Fachkräftemangels – darauf reagiert hat. Das Unternehmen Deloitte hat begonnen, das Programm „Mass Career Customization" (MCC) zu entwickeln. Darin wird die konkrete Stelle innerhalb folgender Parameter zwischen Unternehmen und Mitarbeiter ausgehandelt: Rolle, Tempo, Ort, Stundenplan und Arbeitslast. Ein Pilotprogramm lief 2006. Inzwischen haben hochrangige Führungsfrauen zwei Bücher zu diesem Programm und seiner Weiterentwicklung veröffentlicht (Benko und Weisberg 2007; Benko und Anderson 2010; → Band 3, „Alternativen zur Abschaffung der Karriereleiter").

Das Selbstbild von Top-Frauen damals und heute

Marcia Reynolds, Top-Management-Coach und Beraterin, blickt im ersten Teil ihres Buches „Wander Woman – How High-Achieving Women Find Contentment and Direction" (Reynolds 2010) auf die letzten 30 Jahre zurück und findet, dass Erwartungen und Haltung der erfolgreichen Managerinnen, die sie berät, sich verändert haben.

Ende der siebziger Jahre und in den frühen achtziger Jahren, so Reynolds, litten diese Frauen unter mangelndem Selbstbewusstsein. Sie fühlten sich als „Schwindlerinnen" – jeden Moment würde herauskommen, dass sie auf ihrer Position eigentlich falsch waren. Und wenn sie gefragt wurden, wie sie zu ihrem Erfolg gekommen seien, nannten sie Zufall und glückliche Umstände als häufigste Begründung. Reynolds sieht dieses Schwindler-Phänomen als die erste Phase in der Eroberung von Führungspositionen in Unternehmen durch Frauen.

In den neunziger Jahren dann, in einer zweiten Phase, so Reynolds, stieg das Vertrauen in die eigene Kompetenz. Gleichzeitig merkten die Frauen, dass Tüchtigkeit nicht ausreichte, um akzeptiert zu werden. Die Lebensformen, die öffentlich diskutiert wurden, waren: zu Hause bleiben und Kinder großziehen oder sich dagegen entscheiden – einen Hosenanzug anziehen und „wie ein Mann“ kämpfen und arbeiten.

Obwohl der Kampf um Anerkennung nicht ausgestanden ist und der Stress weiterhin besteht, fühlen sich die heute erfolgreichen Frauen, so Reynolds, nicht mehr als Schwindlerinnen. Sie entdecken auch ihre weiblichen Seiten wieder neu – dennoch ist die Frage, was sie wollen und brauchen, um zufrieden zu sein, nicht beantwortet. Sie fühlen sich häufig in ihrer Entwicklung behindert – und das durch Männer, die denken, sie würden ihnen helfen. Nach Reynolds brauchen und wollen Hochleistungsfrauen von heute:

- immer wieder neue Herausforderungen, die ihr Leistungsvermögen beanspruchen und erweitern,
- die Möglichkeit, ihren Zeitplan flexibel zu gestalten,
- die Möglichkeit, mit anderen Spitzenkräften (High Achievers) zusammenzuarbeiten,
- Anerkennung von ihrem Unternehmen,
- die Möglichkeit, sie selbst zu sein.

Wichtiger als äußere Erfolgsmerkmale ist diesen Frauen, mit sich selbst zufrieden zu sein.

2.3 Beziehungen am Arbeitsplatz

„Our relationships with individuals and groups constitute the environment in which we live our professional lives. Such environments can be nurturant sources of learning, inspiration, and enjoyment, or they can be destructive sources of frustration and injury. They send us powerful messages about who we are and how we are valued. They shape our expectations about what our careers can be or ought to be“ (Gersick et al. 2000: 1028).

Die wichtigsten Hypothesen und Hinweise

- Kollegiale Kollegen und ein unterstützender Chef sind für Männer und Frauen sehr wichtig. Ob sie sich in diesem Bedürfnis unterscheiden, ist unklar.
- Frauen erwähnen häufig, die Qualität ihrer Arbeitsbeziehungen sei nicht gut.

- Laborexperimente lassen den vorsichtigen Schluss zu, dass Frauen lieber kooperieren als konkurrieren.
- Möglicherweise fühlen Männer sich eher zugehörig – und bemühen sich aus dieser Position um einen hohen Status.
- Frauen dagegen fühlen sich eher nicht zugehörig und bemühen sich um „Aufnahme".

Alle, die in Unternehmen und Organisationen tätig sind und dort einen großen Teil ihres Lebens verbringen, sind auf die Zusammenarbeit mit anderen angewiesen. Die Qualität der Kooperation und das am Arbeitsplatz herrschende Klima sind für die meisten Menschen wichtig.

Häufig wird der Wunsch nach guten Beziehungen am Arbeitsplatz laut. Was aber sind „gute Beziehungen"? Verstehen Männer und Frauen das Gleiche darunter, und sind sie für beide Seiten gleich wichtig? Im folgenden Abschnitt werden die aktuellen Erkenntnisse zu diesen Fragen geprüft.

Merkmale guter Arbeitsbeziehungen

Gute Arbeitsbeziehungen sind Männern und Frauen wichtig – darauf verweisen viele Studien. In nahezu allen hier vorgestellten Befragungen rangiert der Wunsch nach guten Beziehungen auf den vorderen Rängen. Hierzu einige Beispiele:

Berufsanfängern ist vor allem wichtig, dass sie in einer schwierigen Arbeitssituation nicht allein gelassen, sondern beraten und unterstützt werden (vgl. Absolventenbefragung der Humboldt-Universität Berlin 2008). Dieselbe Gruppe wünscht sich auch unbedingt ein gutes Arbeitsklima.

In der weltweiten Befragung von Führungskräften (→ vgl. Abschnitt 1.5 in diesem Band) setzten Männer wie Frauen die „unterstützende Arbeitsumwelt" auf Platz eins einer Liste der fünf wichtigsten Wünsche. Zur Kennzeichnung einer solchen Arbeitsumwelt wurde nach folgenden Merkmalen gefragt:

- Wie sehr fühlen Sie sich durch den Vorgesetzten unterstützt?
- Wie sehr fühlen Sie sich durch die Kollegen unterstützt?
- Wie sehr respektieren Sie Ihren Vorgesetzten, und wie sehr vertrauen Sie ihm?
- Wie viel Spaß macht Ihnen Ihre Arbeit?
- Wie sehr haben Sie das Gefühl, in Ihrem Unternehmen Sie selbst sein zu können?

(Befragung: Leaders in a Global Economy 2008)

Aber diese wichtigen Merkmale finden eher Männer an ihrem Arbeitsplatz vor als Frauen. Oft geht es bei Letzteren um den Mangel an Zugehörigkeit. In den Interviews, die Funken mit älteren Managerinnen geführt hat, sorgt nicht nur der Mangel an Anerkennung und Beförderung, sondern auch ein empfindlicher Mangel an Zugehörigkeit für einen bitteren, oft resignierten Ton (Funken 2011).

Es sind wohl besonders Frauen in männerdominierten Branchen, die den Mangel an Kollegialität und Anerkennung beklagen (→ dazu mehr in Abschnitt 2.5 in diesem Band). Schon Kanter (1977) weist auf die Einsamkeit des „Tokens" hin und darauf, dass eine „Token"-Frau nie unauffällig dazugehören kann.

Kooperieren oder konkurrieren?

Im Folgenden werden Untersuchungen dargestellt, die einzelne Aspekte des Themas vertiefen. Zunächst einige Arbeiten zu den Fragen „Meiden Frauen Konkurrenz am Arbeitsplatz?", „Suchen sie stärker als Männer kooperative Arbeitsbeziehungen?". Wenn Männer konkurrierende und kooperative Beziehungen als „gute Beziehungen" erlebten, Frauen aber kooperative Beziehungen höher schätzten, dann würde dies zum Teil erklären, warum weniger Frauen als Männer mit der Qualität ihrer Beziehungen am Arbeitsplatz zufrieden sind.

Alle nun erwähnten Studien sind Laborexperimente, also keine Selbstauskünfte (Dargnies 2011; Kuhn und Villeval 2011; Niederle et al. 2008; Niederle und Vesterlund 2007).

Die Ergebnisse:

Frauen und Männer, so scheint es, unterscheiden sich in ihrer Vorliebe für Leistung unter Wettbewerbsdruck. In einem Experiment konnten sie sich entscheiden, ob sie lieber „nach Stücklohn" bezahlt werden wollten oder im Wettbewerb mit anderen, in einer Art Turnier. Frauen entschieden sich häufiger gegen den Wettbewerb, obwohl sie dadurch möglicherweise weniger Entgelt bekamen, Männer wiederum bevorzugten den Wettkampf, den Stücklohn nur dann, wenn sie wussten, dass sie allen anderen überlegen waren (Kuhn und Villeval 2011).

Niederle et al. (2008) sowie Niederle und Vesterlund (2007) gingen der Frage nach, wie ein Wettbewerb gestaltet sein müsste, an dem sich auch Frauen beteiligen würden. Sie ließen zwei Teams miteinander konkurrieren. Jedes Team bestand aus zwei Personen, die einander nicht kannten, sondern nur voneinander wussten, dass sie ein Team bildeten. Nun, als Mitglied eines Teams, verschwand der Unterschied zwischen Männern und Frauen.

Dies kam jedoch nicht dadurch zustande, dass die Frauen sich (im Team) für den Wettbewerb entschieden hätten. Vielmehr entschieden sich die leistungsstarken Männer gegen den Wettbewerb, sobald sie im Team antreten sollten. Erst nach der Zusicherung, die Teilnehmer würden mit einem gleich starken Teamgefährten zusammengespannt, entschieden sich die Männer wieder für den Wettbewerb und gegen den Stücklohn.

Wenn Frauen konkurrenzhafte Arbeitssituationen nicht schätzen, stellt sich die Frage, ob sie überproportional Arbeitsbedingungen bevorzugen, unter denen eher kooperatives als konkurrierendes Verhalten belohnt wird. Es zeigte sich, dass Frauen tatsächlich lieber im Team arbeiten (Dargnies 2011). Aber warum? Die Hypothese der Forscherin lautet:

Männer und Frauen meiden Teamarbeit in dem Maße, in dem ihre Fähigkeiten zunehmen und ihre Einschätzung der Fähigkeiten der anderen Teammitglieder sinkt. Da die Frauen optimistischer in der Einschätzung der Fähigkeiten der Teammitglieder waren (und pessimistischer, was ihre eigenen angeht), erklärt das zum Teil ihre größere Neigung zur Teamarbeit.

In eine ähnliche Richtung weisen die oben bereits geschilderten Befragungsergebnisse von Elprana et al. (2011). Sie fanden heraus, dass die Ambivalenz von Frauen gegenüber einer Führungsaufgabe abnahm, wenn sie eine unterstützende Mentorin oder eine Kollegin an ihrer Seite wussten.

Frauen bevorzugen also kooperative Beziehungen in ihrem Arbeitsumfeld, sind aber mit der Qualität der Beziehungen, die sie tatsächlich vorfinden, oft nicht zufrieden.

Merkmale wichtiger Arbeitsbeziehungen – Männer und Frauen im Vergleich

Gersick et al. (2000) haben sich für folgende Fragen interessiert: „Was erleben Frauen und Männer tatsächlich in ihrem Berufsalltag?", „Welche Erfahrungen machen sie an ihrem Arbeitsplatz?", „Wer sind die wichtigen Personen?", „Was macht sie wichtig?", „Um welche Inhalte geht es in diesen Beziehungen?"

Dazu haben sie 37 statushohe und statusniedrigere Männer und Frauen („senior and junior faculty") aus verschiedenen Wirtschaftsfakultäten befragt. Die Teilnehmer wurden gebeten, zwei Personen zu benennen, die für ihre berufliche Entwicklung bedeutsam waren, und deren Bedeutung mit einer Geschichte zu illustrieren. Dann wurden die Geschichten der Männer und Frauen, der statushöheren und -niedrigeren, miteinander verglichen.

Viele der genannten Personen wurden – wie nicht anders zu erwarten – als bedeutsam beschrieben, weil sie zum Beispiel gut beraten hatten, wichtige Mentoren waren, bei der Karriere unterstützt hatten usw. Einige Ergebnisse aber überraschten die Forscherinnen:

- Die Bedeutung der Kollegialität: In 39 Prozent der Fälle wurden die genannten Personen für die Befragten einfach deswegen wichtig, weil sie gut mit ihnen zusammengearbeitet hatten.
- Die Bedeutung von Macht und Kontrolle: 16 Prozent der genannten Personen waren wichtig, weil sie die Befragten kontrollieren konnten oder über für deren Arbeit wichtige Ressourcen verfügten. Im Vordergrund standen hier Abhängigkeit und Verwundbarkeit.
- Die Bedeutung der Schädigung: 8 Prozent der als besonders wichtig genannten Personen waren solche, die den Befragten nachhaltig oder jedenfalls unvergesslich geschadet hatten.

Die Analyse der Geschichten, die die Forscherinnen in die Kategorien Helfen, Schaden, emotionale Unterstützung, Kollegialität und gemeinsame Arbeit einordneten, ergab Folgendes:

- „Helfen": Dies war die am häufigsten genannte Kategorie. Dort zeigten sich zunächst keine Unterschiede zwischen Männern und Frauen. Eine genauere qualitative Analyse ergab jedoch: Männer beschrieben oft Situationen, in denen sie praktische und direkte Karrierehilfe bekamen. Frauen dagegen beschrieben solche, in denen sie (unerwartet) freundliche Aufmerksamkeit in einer unsicheren Umwelt erhielten. Männer erzählten dreimal häufiger als Frauen Geschichten übers Helfen.
- „Schaden": 55 Prozent der statushöheren und 70 Prozent der statusniedrigeren Frauen erzählten zumindest eine Schadensgeschichte. Es waren immer Situationen, in denen sie ausgegrenzt oder zurückgewiesen wurden. Vielfach wurden ihnen Ressourcen verweigert, die anderen zugestanden wurden. Im Vergleich: Nur 11 Prozent der statushöheren und 33 Prozent der statusniedrigeren Männer erzählten eine Schadensgeschichte.
- „Emotionale Unterstützung": Vor allem statushöhere Männer und statusniedrigere Frauen erzählten solche Geschichten.
- „Kollegialität und gemeinsame Arbeit": Hier gab es zwischen Männern und Frauen Unterschiede, die aber in der Arbeit nicht näher benannt sind.

Die Forscherinnen kommen zu dem Schluss, dass die Beziehungswelt der Frauen weniger durch Karriereunterstützung und mehr durch Kränkung und Ausschluss gekennzeichnet ist. Bemerkenswert finden sie nicht nur, dass die Frauen Kränkungen hinnehmen müssen, sondern dass sie diese kränkenden Beziehungen zu den wichtigsten ihres beruflichen Lebens zählen!

In ihrer Zusammenschau aller Ergebnisse zeichnen die Autorinnen folgendes Bild der sozialen Situation ihrer Interviewpartner: Die Situation der Männer ist vor allem durch das Bemühen gekennzeichnet, in „ihrer" Gruppe, also einer Gruppe, der sie bereits angehören, an Reputation und Status zu gewinnen. Frauen hingegen fühlen sich nicht zugehörig, sondern versuchen immer wieder, ihre Kompetenz unter Beweis zu stellen, um in die Gruppe aufgenommen zu werden.

Dieses Ergebnis passt gut zu dem der neuesten Studie von Catalyst (Carter und Silva 2011). Wenn es um Bezahlung geht, so stellen die Forscherinnen von Catalyst fest, wird bei Männern eher das Potenzial (also der Ruf) belohnt: Sie können nämlich ihre Einkünfte erhöhen, indem sie die Firma wechseln, das heißt, sie bekommen auf ihren guten Ruf hin gewissermaßen einen Scheck ausgestellt. Frauen dagegen können ihre Einkünfte nur steigern, wenn sie bei derselben Firma bleiben und immer wieder neu ihre Tüchtigkeit unter Beweis stellen. Bischoff (2010) bestätigt, dass sich ein Wechsel für Frauen karrieremäßig nicht auszahlt.

2.4 Authentisch bleiben

„Authenticity is that ‚inner jewel' of integrity that employees keep to themselves as they act through the organizational roles assigned to them."
Arlie Russell Hochschild: The Managed Heart

Die wichtigsten Hypothesen und Hinweise

- Unternehmen haben Strategien entwickelt, wie sie das „innere Selbst" ihrer Mitarbeiter in den Dienst der Firma stellen und verwerten können.
- Ent-Identifikation, also innere Distanz zu halten, ist eine Möglichkeit für Mitarbeiter, sich ein sicheres Gefühl für das „eigentliche Selbst" zu bewahren.
- Wenn dies nicht mehr gelingt, verschwimmen die Grenzen zwischen firmendefinierter und „eigentlicher" Identität, und ein Prozess der Selbstentfremdung setzt ein.
- Möglicherweise können Mitarbeiter sich gegen diesen Verlust ihres Selbst schützen, wenn sie das, was ihnen bei der Arbeit zugemutet wird, im Rahmen eines sinngebenden Projektes „Karriere" umdefinieren.

Nicht nur ganz junge Frauen fürchten, dass sie für eine Karriere einen Preis zahlen müssen. Auch bei Zusammenkünften bereits erfahrener Managerinnen fällt hin und wieder die Bemerkung: „Ich will mich nicht verbiegen" – also die Ankündigung von Widerstand gegen Anforderungen des Unternehmens, die „nicht zu einem passen".

Die Frauen befürchten, sich im Laufe ihrer beruflichen Entwicklung, ihrer Karriere, persönlich zu verlieren oder so zu werden, wie es ihnen – einem angenommenen wirklichen Selbst – nicht entspricht. Und obwohl sie sehen, dass Anpassungsleistungen notwendig sind, betrachten sie diesen Prozess mit etwas Sorge. Sie möchten Arbeitsbedingungen, die es ihnen erlauben, ihr eigentliches, ihr wahres Selbst zu bewahren. Welche Arbeitsbedingungen das sind, bleibt zunächst unklar.

Was bedroht die Identität?

Ein Beispiel für solch eine unwillkommene Entwicklung findet sich in der Untersuchung von Funken (2011). Dort sprechen die älteren Managerinnen im Rückblick davon, dass sie „versucht haben, der bessere Mann zu sein", oder dass sie nun versuchen, „mal wieder weibliche Seiten zu entwickeln". So reden vor allem diejenigen, die weiter um ihren Aufstieg kämpfen wollen. Es sind Frauen, die überwiegend mit Männern zusammengearbeitet haben und noch arbeiten, die versucht haben, sich anzupassen, und die nun feststellen: Es hat ihnen beruflich nicht viel genützt, persönlich vielleicht geschadet.

Gerade Frauen in männerdominierten Bereichen geraten oft in das Dilemma, dass sie nicht führungsfähig scheinen, wenn sie einem weiblichen Frauenbild entsprechen, aber als unweiblich diffamiert werden, wenn sie eher männlich auftreten. Das mag ein Grund dafür sein, dass sie in solchem Arbeitsumfeld häufiger kündigen (→ auch Abschnitt 2.5 in diesem Band).

Zur Auseinandersetzung mit dem Thema „Authentisch sein und bleiben" gehören mehrere Diskussionsstränge, die hier nur benannt werden können:

- die Frage „Was ist Identität in der heutigen Gesellschaft" (z. B. Keupp et al. 1999) sowie
- die zunehmende „Kolonisierung" des Individuums, das sich mit Haut und Haaren in den Dienst der Verwertung durch das Unternehmen stellen soll – eine Diskussion, die m. E. mit dem Buch von Hochschild (1983) begann, durch den großen Erfolg von Sennett (1998) populär wurde und heute bei der Frage angekommen ist, ob Authentizität in der modernen Arbeitsorganisation überhaupt möglich ist (z. B. Fleming 2009);
- schließlich die Beschädigung des Menschen durch die Internalisierung betrieblicher Ansprüche – mit gesundheitlichen Folgen (z. B. Kratzer et al. 2011).

Die Sorgen der Frauen sind nicht unbegründet. Aber wie sieht der Verlust an Authentizität tatsächlich aus, und wie schützen die Menschen sich dagegen? Die im Folgenden vorgestellten Studien gehen auf beide Fragen näher ein. Es handelt sich um qualitative Untersuchungen in zwei englischen Unternehmen. Im ersten Fall geht es um Prozesse der Selbstentfremdung in einer Unternehmensberatungsfirma (Costas und Fleming 2009), im zweiten um Karriereschritte und Anpassungsleistungen in einem Wirtschaftsprüfungsunternehmen (Grey 1994).

Selbstentfremdung und Ent-Identifizierung

Costas und Fleming richteten ihr Augenmerk auf die Themen Ent-Identifizierung (Dis-Identification) und Selbstentfremdung (Self-Alienation). Beide Prozesse finden in Organisationen statt, die sich des inneren Selbst, der Gefühle, der Zu- und Abneigungen, der Hobbys und der Leidenschaften ihrer Mitarbeiter bemächtigen wollen (und auch bemächtigen), um sie zur Steigerung des Geschäftserfolges zu nutzen. Die Autoren haben diese Annahmen in einer international agierenden Unternehmensberatung mittels teilnehmender Beobachtung und Tiefeninterviews von 37 Mitarbeiterinnen und Mitarbeitern untersucht.

Costas und Fleming nennen Ent-Identifizierung einen Prozess, mithilfe dessen die Mitarbeiter versuchen, ihr „wahres Selbst" zu schützen. Sie halten die Überzeugung aufrecht, dass sie in Wirklichkeit andere seien als diejenigen, die im Alltag ihres Unternehmens sichtbar werden. Eine für Ent-Identifizierung typische Aussage einer 37-jährigen Managerin:

„I don't feel there is much room to express myself here and it seems that the culture stifles you (...) It is like you are at a masquerade party and you come to the party every day and choose a mask. And you wear that mask every day and you return it at the end of the day (...) When I am on the weekend or in the evening I can be myself" (ebd.: 365).

Jeder einzelne Mensch hat eine Vorstellung davon, wie er „wirklich" ist, und erhält sich dieses innere Bild einer imaginierten Authentizität.

Selbstentfremdung im Sinne der Autoren tritt dann ein, wenn Ent-Identifizierung nicht (mehr) gelingt. Dann machen Menschen die Erfahrung, dass die Grenze zwischen der vom Unternehmen definierten Identität und ihrem eigenen Bild davon, wie sie wirklich sind, verschwimmt. Sie merken, dass sie ihr imaginiertes „eigentliches Selbst" nirgendwo leben, weder in noch außerhalb der Firma. Und sie merken gleichzeitig, dass das, was sie leben, der vom Unternehmen verlangten Identität entspricht, die ihnen gleichzeitig fremd ist.

Die Autoren illustrieren diesen Prozess der Selbstentfremdung mit der Geschichte von Paul. Paul hat eher zufällig begonnen, bei der Beratungsgesellschaft zu arbeiten. Lange Zeit hielt er sich für einen eher kreativen Boheme-Typ mit intellektuellen Interessen. Er merkt dann aber, dass für die Person, für die er sich hält, in seinem Leben kein Platz ist, dass er sie nirgendwo lebt. Er hat das Gefühl, die Firma habe ihn von seiner eigentlichen Persönlichkeit getrennt, ersticke ihn und mache ihn unglücklich.

Die Autoren führen drei mögliche Gründe für zunehmende Selbstentfremdung an:

- Die Arbeitszeit in vielen Branchen lässt kaum noch Raum, andere Entwürfe seiner selbst auch zu leben.
- Die Kolonisierung der Echtheit durch insbesondere Dienstleistungsunternehmen schreitet immer weiter fort.
- Die Sorge, nicht mehr echt zu sein, verstärkt paradoxerweise die Selbstentfremdung. Wer angesichts der Unternehmenswirklichkeit nach seinem wahren Selbst sucht, wird sich noch fremder.

Das Projekt „Karriere" als Identitätsschutz

Möglicherweise ist es leichter, Abstand zu halten, wenn es gelingt, das, was einem bei der Arbeit zustößt, und das, was von einem verlangt wird, in einen sinngebenden Rahmen zu stellen. Die Arbeit von Grey (1994) legt solche Überlegungen nahe.

Grey beschäftigt die Frage: Wie verändern sich die Erfahrungen am Arbeitsplatz, wenn der Einzelne ein Projekt „Karriere" verfolgt? Wie verstehen und bewerten Individuen unter diesen Umständen das, was ihnen in ihrer Firma „zustößt"? Das Material für seine Untersuchung stammt aus 100 Interviews von Mitarbeitern einer großen Wirtschaftsprüfungsgesellschaft.

Der Autor kommt zu der Einschätzung, dass die Erfahrungen von Berufsanfängern in dieser Firma eigentlich schwer erträglich sind, aber leicht ertragen werden: Die Arbeit ist monoton, die Kontrollen und Beurteilungen sind häufig und streng. Es werden Anforderungen an Verhalten, Kleidung und Haarschnitt, an Lebensführung und Freundeskreis gestellt. „Rausschmisse" werden nicht begründet.

Viele von Greys Interviewpartnern jedoch bewerteten diese Erfahrungen als Ereignisse im Rahmen ihres Projekts „Karriere". In diesen Kontext gestellt, werden die strengen Anforderungen zur willkommenen „Entwicklungshilfe". Die Monotonie der Arbeit im ersten Jahr wird nicht als langweilig erlebt, sondern als eine Station auf dem Weg zum Ziel.

In den Rahmen des persönlich wichtigen Projekts „Karriere" gestellt, verwandeln sich die bedrohlichen Kontrolltechniken des Managements in wohlmeinende Maßnahmen, die den Einzelnen auf seinem Weg zur Perfektion unterstützen. Auf dem Weg an die Spitze stört es die Einzelnen nicht, wenn ihre Freunde zu „Kontakten" werden und wenn sie faktisch ihr ganzes Leben in den Dienst der Karriereentwicklung stellen. Es ist ja nur eine „Projektphase". So erklärt sich Grey die Diskrepanz zwischen den schwer erträglichen Verhältnissen und der hohen Akzeptanz, die sie besitzen.

Im Abschnitt 2.1 wurde deutlich, dass Frauen ihre berufliche Entwicklung meist nicht als einen linearen Prozess sehen, innerhalb dessen sie wie auf einer Leiter Sprosse um Sprosse erklimmen. Sie möchten zwar eine unterstützende Umwelt und gerechte Bedingungen, zum Beispiel Anerkennung für ihre Leistung und interessante, herausfordernde Aufgaben mit Entwicklungsmöglichkeiten. Sie betrachten aber ihren Berufsweg nicht als ein eigenes, von ihnen selbst losgelöstes Projekt – daher können sie so ein Projekt auch nicht nutzen, um Distanz zu wahren.

Für Männer ist die Ent-Identifikation leichter. Sie verfolgen ihr Projekt „Karriere" und können sich immer sagen: „Das bin ich nicht, das mache ich jetzt nur im Rahmen meines Projektes", oder: „Dies ist eine Phase in meinem Projekt. Sie wird vorübergehen." Die Existenz eines Projektes schafft Distanz. Fehlt es aber als sinngebender Rahmen, treffen die Ereignisse die Betroffenen viel unmittelbarer und ungeschützter. Der Zwang zur Anpassung ist bedrohlicher, die Beurteilung kränkender, die Vorschriften sind einengender.

Natürlich verändern sich nicht nur die Frauen unter dem Einfluss beruflicher Anforderungen – auch die Männer tun dies. Das zeigt die Alltagserfahrung, das zeigen aber auch Interviews mit erfolgreichen Männern, denen erst im Rückblick deutlich wird, welchen Preis sie gezahlt haben (z. B. Liebold 2005). Entscheidend für die Wünsche und Befürchtungen ist nicht eine tatsächliche oder von anderen wahrgenommene Veränderung, sondern das subjektive Gefühl, sich selbst fremd zu werden.

Wenn, so Grey, die Definition eines Projekts „Karriere" die Ent-Identifikation erleichtert und wenn Frauen eine solche Definition seltener als Männer vornehmen und daher schlechter vor Selbstentfremdung geschützt sind, dann bliebe ihnen ihr zweiter Lebensbereich als sicherer Hort. Sie könnten die Familie als Mittel zur Ent-Identifikation nutzen: „Die in der Firma, die bin ich nicht wirklich – zu Hause bin ich die, die ich wirklich bin."

2.5 Frauen steigen aus I – „the hidden brain drain“

„Turnover is a huge cost!“
Anne Weisberg, Deloitte's Women's Initiative

Die wichtigsten Hypothesen und Hinweise

- Viel mehr hochqualifizierte Frauen als Männer unterbrechen ihre Karriere. Der Grund sind in der Regel Familienaufgaben. Ihre Arbeitsbedingungen bieten nur unbefriedigende Möglichkeiten, beides zu verbinden.
- Wenn sie wieder berufstätig werden wollen, müssen sie mit massiven finanziellen Einbußen rechnen.
- In den USA kehren nur sehr wenige Frauen zu ihrem vormaligen Arbeitgeber zurück (in Deutschland ist das anders).
- Bei vielen Frauen verändern sich aufgrund ihrer Erfahrungen in der „Auszeit“ die beruflichen Interessen und Wünsche, und sie orientieren sich neu. Häufig wechseln sie in traditionelle Frauenberufe.
- Für die Arbeitgeber ist dieser versteckte „brain drain“ ein großer Verlust.

Vor einigen Jahren entbrannte in amerikanischen Medien eine heftige Debatte über die sogenannte „opt-out revolution“ (Maniero und Sullivan 2006). Viele Frauen zwischen 30 und 40 – das zeigten die Berichte aus großen Unternehmen – hatten sich dafür entschieden, ihre Karriere zu unterbrechen und ihre Firma zugunsten von Familienaufgaben zu verlassen.

Gründe für die Unterbrechung der Karriere

Vor einigen Jahren sorgte die Statistik in den USA für einige Aufregung: Nur 38 Prozent der Frauen aus drei Harvard-Jahrgängen waren voll berufstätig. 57 Prozent der Frauen aus dem Abschlussjahr 1981 der Stanford-Universität waren gar nicht berufstätig. Ein Drittel aller Frauen mit dem Abschluss Master of Business Administration (MBA) arbeiteten nicht voll. Diese Zahlen waren angesichts des sich abzeichnenden Arbeitskräftemangels bedrohlich. Aber entsprachen sie den Tatsachen – und wenn ja, was waren die Gründe für diesen „brain drain“?

Im Jahr 2004 rief das Center for Work Life Policy eine Task-Force mit dem Titel „The hidden brain drain – women and minorities as unrealized assets“ ins Leben. Diese Task-Force initiierte eine umfangreiche Umfrage, um die Sachlage zu prüfen. Es wurde eine repräsentative Stichprobe von 2400 hochqualifizierten Frauen befragt und zum Vergleich 700 Männer. Die Ergebnisse wurden 2005 im „Harvard Business Review“ veröffentlicht und waren für die Unternehmen aufrüttelnd (Hewlett und Luce 2005). Hier die wichtigsten Ergebnisse:

- 37 Prozent der Frauen unterbrechen tatsächlich ihre Karriere einmal.
- Die meisten möchten sich ihrer Familie widmen oder alternde Eltern versorgen.

- Auch ihre Situation im Unternehmen ist von Bedeutung: Sie erwähnen unbefriedigende Aufgaben, Mangel an Entwicklungsmöglichkeiten, unflexible Zeitstrukturen.
- 24 Prozent der Männer verlassen ihr Unternehmen ebenfalls, aber sie gehen, um sich für ihre Karriere neu zu positionieren – durch Zusatzqualifikationen oder durch eine bessere Stelle.
- Fast alle Frauen (93 Prozent) möchten zu einem späteren Zeitpunkt ihre Karriere wieder aufnehmen. Von diesen tun es aber nur 74 Prozent, und von diesen arbeiten wiederum nur 40 Prozent ganztags.
- Der Wiedereintritt erweist sich als schwierig und ist mit großen finanziellen Verlusten verbunden: 11 Prozent Gehaltsverlust nach einer Pause von unter einem Jahr, 37 Prozent nach drei oder mehr Jahren Pause.

Bemerkenswert ist, dass eine Wiederholung der Befragung im Jahr 2009, also in einer Zeit wirtschaftlicher Krise, keine signifikante Veränderung ergab (Hewlett et al. 2010). Ein besonders erstaunliches Ergebnis war, dass nur 5 Prozent der Frauen zu ihrem alten Arbeitgeber zurückkehren wollten – im Wirtschaftssektor wollte dies keine. Das sollte den Unternehmen doch zu denken geben, meinen Hewlett et al.

Berufliche Neuausrichtung nach Unterbrechung der Karriere

Während der Zeit zu Hause verändern sich die Wünsche und Ziele der Frauen, denn 54 Prozent derjenigen, die wieder berufstätig werden, beschließen und verwirklichen eine berufliche Neuausrichtung, oft mit einer neuen Ausbildung oder einem zusätzlichen Studium verbunden. Lovejoy und Stone (2011) wollten wissen, was in dieser „Auszeit" geschieht, das diese Neuausrichtung erklären könnte.

Die Autorinnen haben mit 54 Müttern, die zwar hochqualifiziert, aber zu der Zeit nicht berufstätig waren, Tiefeninterviews durchgeführt. Hier die Ergebnisse:

- Während der Auszeit machten die Frauen neue Erfahrungen; andere Wünsche und Vorstellungen gewannen an Bedeutung, die im Ergebnis in vielen Fällen zu einer beruflichen Neuorientierung führten. Für diese Veränderung waren folgende Faktoren bedeutsam:
- Mit Beginn der Familienphase veränderte sich die familiäre Arbeitsteilung: Der Ehemann überließ sofort alle häuslichen Arbeiten seiner Frau.
- Die Frauen lernten die Bedürfnisse ihrer Kinder viel genauer kennen, merkten, wie sehr sie gebraucht wurden, und genossen die engere Bindung.
- Die Beziehungen zum Wohnort, zur Schule und zur Gemeinde wurden wichtiger und intensiver. Das führte zu neuen Formen ehrenamtlichen Engagements.
- Als Folge dieser neuen Erfahrungen wählte über die Hälfte der Frauen eine traditionellere berufliche Richtung (z. B. als Lehrerin eine soziale Arbeit) oder suchte nach Möglichkeiten, ihre berufliche Qualifikation sozialer einzusetzen.

Die Situation in Deutschland (vgl. Ziegler und Graml 2011) ähnelt der in den USA in mancher Hinsicht, weist aber auch Unterschiede auf. Auch hier sind Frauen nach wie vor der Meinung, Familie und ein anspruchsvoller Beruf ließen sich schlecht miteinander verbinden. Auch hier unterbrechen viele Frauen ihre berufliche Laufbahn und nehmen dafür deutliche Nachteile in Kauf. Allerdings kehren über 60 Prozent derjenigen, die ihre Arbeit wieder aufnehmen, zu ihrem früheren Arbeitgeber zurück, da gesetzliche Regelungen in Deutschland Personen in Elternzeit besser schützen. Eine berufliche Neu- oder Umorientierung, wie von Lovejoy und Stone (2011) beschrieben und oben geschildert, findet sich in der Studie von Ziegler und Graml (2011) nicht.

Verantwortliche für das Vereinbarkeitsproblem

Interessant ist der unterschiedliche Tenor der Arbeiten von Hewlett et al. (2010) im Vergleich zu Ziegler und Graml. Die Amerikanerinnen argumentieren rein ökonomisch: Sowohl die Frauen als auch die Unternehmen hätten viel investiert – es wäre doch jammerschade, diese Investitionen zu verschenken und die Ressourcen abzuschreiben. In ihrem eigenen Interesse müssten Unternehmen Konzepte entwickeln, um hochqualifizierte Frauen zu halten und ihnen tragbare Kompromisse zwischen Familie und Beruf zu ermöglichen.

Hewlett et al. beschreiben, was Unternehmen tun können, wenn sie Interesse daran haben, qualifizierte Frauen zu halten. Sie nennen einige Beispiele, die sie in ihrer Task-Force entwickelt und in einzelnen Unternehmen bereits umgesetzt haben. Ganz anders der Tonfall bei Ziegler und Graml. Hier kommen die „ausgestiegenen" Frauen mit konkreten Forderungen und Wünschen an die Arbeitgeber zu Wort. Die Argumentation ist nicht ökonomisch, sondern es geht um Recht und um faire Behandlung.

Die Frage, wie eine befriedigende Passung zwischen Familie und Beruf gefunden werden kann, zieht sich wie ein roter Faden durch viele der bislang erwähnten Arbeiten. In der Umfrage von Catalyst 2008 („Leaders in a Global Economy") steht bei Frauen der Wunsch nach einer guten Passung auf Platz vier der wichtigen Wünsche – und auf dem letzten Platz, wenn es im Vergleich dazu um ihre reale Situation geht. Die Frauen der Generation Y erwarten bereits, dass es schwierig werden wird, eine gute Passung zu realisieren. Im Unterschied zu allen anderen bestehen sie aber darauf, dass es sich hierbei nicht um ein Problem der Frauen handelt.

2.6 Frauen steigen aus II – Frauen in männerdominierten Branchen

Die wichtigsten Hypothesen und Hinweise

- In naturwissenschaftlichen und technischen Arbeitsfeldern kündigen deutlich mehr Frauen als Männer, ebenso in den entsprechenden Universitätsinstituten.

- Entgegen einer verbreiteten Annahme verlassen Frauen in diesen Branchen ihren Arbeitgeber nicht in erster Linie aus familiären Gründen. Diese spielen bei etwa einem Drittel der Frauen eine Rolle, ausschlaggebend sind häufig andere Gründe.
- Die meisten wechseln in andere berufliche Felder. Sie gehen, wenn verschiedene Dinge zusammentreffen: eine von Männern geprägte Unternehmenskultur und ein Vorgesetzter, von dem sie sich nicht anerkannt und nicht unterstützt fühlen. Sie bleiben, wenn sie von den Kollegen geachtet und von den Vorgesetzten anerkannt und gefördert werden.
- Über die Ursachen des als „cooling out" bezeichneten Prozesses, in dem berufliche Ambitionen versickern, ist noch wenig bekannt.

Im angelsächsischen Sprachbereich, besonders in den USA, ist die Frage „Why do women leave?" für den naturwissenschaftlich-technischen Bereich recht gut untersucht. Der drohende Arbeitskräftemangel ist viel stärker – und vor allem: viel folgenreicher – im Bewusstsein als bei uns. Unternehmen und vor allem auch Universitäten sehen Frauen in diesem Feld als eine teure Ressource, die es zu halten und zu nutzen gilt. Und wenn die Frauen da nicht mitmachen, möchte man wissen, warum.

Die wenigen deutschen Untersuchungen befassen sich hauptsächlich mit der Frage, ob Ingenieurinnen häufiger aussteigen als ihre männlichen Kollegen. Dieser Aspekt ist am Ende dieses Abschnitts kurz referiert.

Die häufigste Annahme, die bisher allen anderslautenden Umfrageergebnissen standgehalten hat, ist die, dass Frauen ihre Stelle kündigen, um sich ihrer Familie zu widmen. Diese Mutmaßung taucht immer wieder auf und wird immer wieder entkräftet – selbst im fernen Australien. Dort hat Isabel Metz (2011) 44 Frauen aus dem Bankensektor befragt. In diesem Bereich arbeiten viele Frauen unter einem männlichen Management. Dieser Zustand wird, so die Autorin, oft damit begründet, dass Frauen ja die Banken verließen, um sich ihrer Familie zu widmen, und dass es daher zu wenige gebe, die für einen Aufstieg infrage kämen. In ihrer Studie nannten nur 11 Prozent familiäre Gründe für ihr Ausscheiden.

Die meisten der Befragten gaben an, sie seien nicht freiwillig gegangen (opting out), sondern durch eine Kombination verschiedener Faktoren hinausgedrängt worden. Besonders häufig wurden genannt: Verlust der Position durch Reorganisation und schlechtes Ersatzangebot, Stellen ohne Entwicklungsmöglichkeit oder Stellen, die nicht ihren Qualifikationen entsprachen. Als weitere Faktoren wurden ein unangenehmes, vage frauenfeindliches Klima sowie eine männerdominierte Unternehmenskultur genannt.

Gründe für den Frauenschwund in technischen Berufen

In einer Kombination aus Umfrage- und Fokus-Gruppen untersuchte das Families and Work Institute (FWI), New York, den Frauenschwund bei 34 Unternehmen aus dem Technologie-Sektor weltweit (Hewlett et al. 2008). Diese sogenannte „Athena-Studie" ergab: Auf den unteren Hierarchiestufen von diesen Unternehmen waren 41 Prozent des Personals mit einem

Studienabschluss in Science, Engineering, Technology (SET) Frauen; von diesen verließen 52 Prozent nicht nur ihre Stelle, sondern auch das Feld. Warum?

In den befragten Unternehmen stieg die Zahl der Kündigungen bei Frauen zwischen 30 und 35 steil an, in einer Lebensphase also, in der die Ansprüche der Familie steigen. Aber auch hier nannten die Frauen nicht Familienpflichten als entscheidenden Kündigungsgrund, sondern vielmehr:

- feindselige Macho-Kultur – 63 Prozent berichteten von sexuellen Übergriffen;
- Isolation – sie waren oft die einzige Frau im Team;
- unklare Aufstiegswege – 40 Prozent hatten das Gefühl, sie seien „stecken geblieben";
- Arbeitsdruck – viele arbeiteten über Zeitzonen hinweg und hatten das Gefühl, sie müssten 24 Stunden täglich präsent sein, und das an sieben Tagen der Woche.

Dieser Befund passt zu einer Arbeit von Haffner et al. (2006), wonach die Zufriedenheit mit der beruflichen Situation bei Frauen in technischen Berufen mit zunehmendem Alter abnimmt, während sie bei Männern steigt.

Wann Frauen gehen oder bleiben

Ein ähnliches Bild für den akademischen Bereich ergab eine groß angelegte Untersuchung der Universität Wisconsin-Milwaukee (Fouad und Singh 2011), an der sich 3700 Frauen mit einem Abschluss in Ingenieurwissenschaften beteiligten. Danach bleiben Frauen, wenn:

- wichtige Personen in der Firma (Vorgesetzte und Kollegen) sie unterstützen und
- die Firma in ihre professionelle Entwicklung investiert.

Unter diesen Bedingungen gelingt es ihnen eher, mit dem männlich geprägten Klima in ihrer Organisation, das viele Frauen als schwierig bezeichnen, zurechtzukommen. Sie bedürfen zudem der Unterstützung und eines Interesses des Betriebes, um die Ansprüche von Arbeit und Familie in einer guten Balance halten zu können.

Frauen gehen, wenn:

- sie herablassend behandelt werden,
- ihre Stellung durch ihren Vorgesetzten unterminiert wird,
- sie keine Entwicklungsmöglichkeiten sehen und
- sie viel Verantwortung tragen, aber dafür nicht angemessen bezahlt werden.

Über die Hälfte der Befragten, die gegangen waren, nannten das Arbeitsklima und die Arbeitsbedingungen als Kündigungsgrund.

Im Jahr 2010 hat Jennifer Hunt die mittlerweile recht umfangreiche Literatur zum Schwund von Frauen in Naturwissenschaft und Technik zusammenfassend präsentiert und nach Maßgabe einer statistischen Analyse eine eigene Hypothese aufgestellt. In der Zusammenschau zeigte sich, dass die Schwundrate bei Frauen tatsächlich deutlich größer ist als bei Männern, ganz besonders im Bereich Technik (Ingenieurwesen).

Es zeigte sich weiter, dass die Frauen meist nicht in die Familie oder die Arbeitslosigkeit wechseln, sondern in andere Bereiche abwandern, und dass die Familiensituation nicht der wichtigste Grund für die Abwanderung ist. Die genannten Gründe unterschieden sich nicht von den oben bereits aufgezählten – bis auf einen: Frauen im Technikbereich klagten besonders häufig über Probleme mit Bezahlung und Beförderung. Sie begründeten ihren Wechsel genauso oft wie die Männer mit diesem Problem – und das ist ungewöhnlich, denn in anderen Feldern und Branchen wechseln die Männer signifikant häufiger als die Frauen aufgrund schlechter Bezahlung und unbefriedigender Aufstiegschancen.

Die Autorin setzte dann den Umfang des Frauenschwunds ins Verhältnis zum Männeranteil in 140 verschiedenen beruflichen Feldern. Ihr Fazit: Frauen verlassen männerdominierte Berufsfelder generell in größerem Umfang als Männer. Ein Unterschied in der Kündigungsrate von Frauen und Männern lässt sich also für alle männerdominierten Branchen vorhersagen.

Die Autorin empfiehlt, sich weniger damit zu befassen, ob Frauen den technischen Aufgaben gewachsen sind, denn das erwies sich in keiner Untersuchung als ein Problem. Stattdessen sollten Unternehmen und auch Universitäten das Augenmerk auf den Mangel an Mentoren und an Netzwerken richten – und zwar in allen männerdominierten Bereichen.

Diese Schlussfolgerung passt zu vielen anderen Artikeln und Umfragen, die sich mit dem Frauenschwund in männerdominierten Bereichen befassen: zum Beispiel an der Wall Street (Knowledge@Wharton 2010), bei Anwälten (Ms. JD 2010) und Architekten (de Graft-Johnson et al. 2003).

In Deutschland nimmt die Erwerbsquote der Frauen in diesen Berufsfeldern einige Jahre nach dem Berufseinstieg mehr ab als bei den Männern (Schramm und Kerst 2009; Schwarze und Wentzel 2007). Dabei ist die Aussteigerquote im Geschlechtervergleich offenbar davon beeinflusst, ob der Arbeitgeber privat oder öffentlich ist. Im öffentlichen Sektor ist die Ausstiegsquote für Männer und Frauen gleich, aus Unternehmen jedoch wandern sehr viel mehr Ingenieurinnen als Ingenieure ab (Lind und Löther 2007).

Das Phänomen des „cooling out"

Kahlert (2011) untersuchte den Schwund unter Nachwuchswissenschaftlern und beschreibt für Frauen den Prozess des „cooling out". Darunter versteht sie eine Entwicklung, innerhalb derer Motivation und Engagement von Nachwuchswissenschaftlerinnen langsam erlöschen, so dass sie schließlich den Plan einer wissenschaftlichen Karriere aufgeben und andere Berufswege einschlagen – bestätigend dazu auch die oben erwähnte Studie von Haffner et al. (2006).

Bisher wird das Phänomen des „cooling out" als ein Geschehen im Individuum beschrieben. Man kann aber davon ausgehen, dass Unternehmen und Einrichtungen daran aktiv mitwirken, indem sie Frauen Arbeitsbedingungen „bieten“, die den Rückzug fördern. Es wird interessant sein, mehr darüber zu erfahren, wie solche Prozesse entstehen und durch welche Bedingungen sie verstärkt werden (Hildegard Matthies vom Wissenschaftszentrum Berlin für Sozialforschung [WZB] wird laut einer persönlichen Mitteilung dazu demnächst ein Forschungsprojekt beginnen).

Eine mögliche Denkrichtung stößt der Aufsatz von Fels (2004) an. Sie befasste sich mit der Frage, wie Ehrgeiz (Ambition) entsteht, und stellte fest: Damit Ehrgeiz entstehen und sich entwickeln kann, bedarf es immer zweier Dinge: einer Leistung und der Anerkennung dieser Leistung. Fehlt die Anerkennung der Leistung, verringern sich die Ambitionen, und schließlich verschwinden sie ganz.

Aussagen über Mangel an Akzeptanz, Anerkennung und fachlicher Herausforderung durchziehen die in diesem Text referierten Arbeiten. Möglicherweise wird das Verschwinden der Wünsche, das sich im „cooling out“ manifestiert, durch diesen Mangel befördert.

TEIL III

Veränderungen der Wünsche im Lebensverlauf

Die Ergebnisse von Umfragen, Interviews und Experimenten sind Momentaufnahmen – Ausschnitte aus einem Prozess, in dem sich Wünsche und Ansprüche über Jahrzehnte hinweg entwickeln und verändern. Es ist das Verdienst von Gersick und Kram (2002), uns diese Tatsache ins Bewusstsein zu rufen und darüber hinaus zu zeigen, dass die Veränderung der Wünsche nicht zufällig ist, sondern einem beschreibbaren Muster folgt.

3.1 Grundlagen der Lebensphasenforschung

Theoretischer Hintergrund ihrer Pilotstudie über Hochleistungsfrauen zwischen 45 und 55 Jahren ist das Konzept von Levinson (1978; 1996), der die Lebensphasen von Männern und Frauen beschrieben hat. Seine Ausgangsfrage war: Müssen wir davon ausgehen, dass das Leben des erwachsenen Menschen nach Ende der Jugend eine Art ungegliedertes Plateau darstellt, bis der Mensch vergreist und dann stirbt?

Kontinuität und Wechsel im Lebensverlauf

In seiner Analyse der Lebensläufe von Männern und Frauen zwischen 18 und 45 Jahren fand er, dass Menschen nicht nur in der Kindheit, sondern auch als Erwachsene verschiedene Phasen durchleben. Im Erwachsenenleben, so Levinson, wechseln Phasen der Kontinuität und der Balance mit solchen der Veränderung und des Übergangs. Dieser Wechsel zwischen Veränderung und Beständigkeit zu grob markierten Zeitpunkten im menschlichen Leben ist eine seiner zentralen Aussagen; eine andere ist das Konzept der Lebensstruktur.

Folgt man seinem Konzept der Lebensstruktur, steht in jeder Lebensphase eine Aufgabe im Mittelpunkt, die irgendwie gelöst werden muss. Frauen, so der Forscher, haben es schwerer, ihre jeweilige Lebensstruktur zu finden, weil weniger befriedigende und gesellschaftlich akzeptierte Rollen für sie bereitliegen und weil sie bei der Lösung dieser Aufgabe in innere Konflikte geraten.

Phasen im Berufsleben von Frauen
Vor dem Hintergrund dieses Konzeptes erforschten Gersick und Kram (2002) die Frage, ob sich im Berufsleben von Frauen ähnliche Phasen auffinden lassen. Sie interviewten in einer Pilotstudie zehn hochrangige Frauen zwischen 45 und 55 Jahren – eine Altersgruppe, die bei Levinson nicht vorkommt. Alle arbeiteten bei derselben Firma, einem Finanzdienstleister. Die Hypothesen, die die Forscherinnen aus diesen zehn Interviews entwickelten, diskutierten sie anschließend auf einer Art Ergebniskonferenz mit diesen und 30 weiteren Frauen, die sie zu dieser Veranstaltung einluden.

Die Autorinnen fanden drei Lebensphasen:
- Zwischen Anfang 20 und Anfang 30 – hier stellt sich die Frage, welche Bedeutung die Frauen der Arbeit in ihrem Leben einräumen.
- Zwischen Anfang 30 und Anfang 40 – hier lautet das zentraleThema: Wie kann ein guter Kompromiss zwischen Arbeit und Familie aussehen?
- Zwischen Anfang 40 und Mitte 50 – hier geht es darum, die gefundene Balance zu überprüfen und möglicherweise auf dem Höhepunkt von Kompetenz und Erfahrung noch einmal eine neue Herausforderung zu suchen.

3.2 Die Bedeutung der Berufsarbeit in einzelnen Lebensphasen

Alle von Gersick und Kram befragten Frauen sind in einer längeren oder kürzeren Übergangsphase und mit unterschiedlichen Motiven in ihre Arbeit „hineingestolpert". Keine hatte geplant, bei einer Bank zu arbeiten, keine hatte vor, Karriere zu machen. Sie „landeten" dort, weil der Weg, den sie eigentlich einschlagen wollten, aus verschiedenen Gründen blockiert war. Oder sie waren hauptsächlich auf der Suche nach Unabhängigkeit, kamen in die große Stadt und nahmen dann an, was sich ihnen bot. Mit 30 war diese Phase abgeschlossen, alle Frauen waren „engaged in serious professional work".

Die Generation der Berufsanfängerinnen
Die in Teil I beschriebenen Umfragen bestätigen einerseits die Bedeutung, die die Phase zwischen 20 und 30 Jahren für die Berufsanfängerinnen hat: Auch für diese Frauen stellt sich die Frage nach der Rolle, die Berufsarbeit in ihrem Leben haben soll. In manchem jedoch erscheinen sie planvoller und vorsichtiger, als die von Gersick und Kram interviewten Frauen damals waren. Sie fragen sich beispielsweise: Wie komme ich in den Arbeitsmarkt hinein? Wie kann ich eine Stelle finden, die meinen Qualifikationen entspricht? Welche Prioritäten setze ich? Was erwarte ich von meiner Arbeit? Womit gebe ich mich zufrieden?

Die Generation der 30- bis 40-Jährigen

Für die Phase zwischen 30 und 40 fanden Gersick und Kram: Nicht so sehr der Zeitpunkt, zu dem Kinder auf die Welt kamen, war für die berufliche Entwicklung wichtig, sondern vor allem die Vorstellung, die die Frauen von der Mutterschaft hatten. Die Forscherinnen fanden drei Modelle zum Umgang mit der Familie-Arbeit-Situation:

- Sie delegieren an andere.
- Sie machen Pause und kommen wieder, machen vielleicht noch einmal Pause (Abschnittsmodell).
- Sie widmen sich mit ganzer Kraft sowohl der Familie als auch der Arbeit.

Die Frauen, die das letzte Modell gelebt hatten, waren am unglücklichsten und am unzufriedensten.

In der hier dargestellten Arbeit (Gersick und Kram 2002) erscheint die Lebensphase zwischen 30 und 40 als die, in der die Frauen – anders als die Männer – sich mit besonderen Konflikten arrangieren müssen. Die Frage, wie ein für die einzelne Frau tragbarer Kompromiss zwischen Familie und Karriere aussieht, ist nach wie vor von großer Bedeutung und muss beantwortet werden.

Ein zweiter Konfliktbereich existiert unabhängig von dem Vereinbarkeitsthema. Hier geht es um die Frage, wie sich die berufliche Wirklichkeit der Frauen zu ihren Wünschen und Bedürfnissen verhält: Wie arrangieren sich die Frauen mit dem von ihnen erlebten Mangel an Anerkennung, an Möglichkeiten und an Zugehörigkeit?

Die Generation der 40- bis 50-Jährigen

Zurück zu Gersick und Kram. Das Lebensthema der Phase zwischen 40 und 55 Jahren nennen die Autorinnen „Coming into their own". Die Kinder sind jetzt größer, die Frauen sind unabhängig und sehr kompetent, sie haben Zeit und Kraft und sind eigentlich bereit, noch einmal einen Schritt voranzugehen, Neues zu übernehmen – aber eine unternehmensinterne Entwicklung von Frauen dieser Altersgruppe ist nicht vorgesehen. Die Frauen möchten nicht ganz an die Spitze, denn die Männer, die sie dort erleben, erscheinen ihnen als abschreckende Beispiele.

Wenn diese Frauen auf ihre bisherige Karriere zurückblicken, dann beschreiben sie einen wichtigen Unterschied zu den Laufbahnen der Männer. Sie, die Frauen, möchten etwas Sinnvolles tun, sie möchten einen guten Beitrag leisten und dabei Familie und befriedigende Arbeit miteinander verbinden. Die Vorstellung von einer Leiter, die es hinaufzusteigen gilt, sehen sie eher als das Modell der Männer, das für sie keine große Bedeutung hat.

Die Arbeit von Funken (2011) bestätigt einerseits die Ergebnisse von Gersick und Kram, denn auch die von ihr interviewten Frauen befinden sich in einem neuen Lebensabschnitt. Aber die Stimmung ist krisenhafter und der Ton bitterer. Nach mehreren Jahrzehnten hoher Investitionen in die eigene Karriere halten die Frauen in dieser Phase inne, ziehen eine Zwischenbilanz: Was haben sie geschafft? Welche Wünsche sind offen? Was wollen sie noch?

Für allzu viele fällt die Bilanz nicht zufriedenstellend aus. Sie würden gern weiter aufsteigen, aber sie stecken fest. Aus dieser Erkenntnis ziehen sie unterschiedliche Konsequenzen. Ein trauriges Ergebnis – und auch die Überlegung, dass es den Männern möglicherweise nicht anders gehen könnte, stimmt nicht heiterer.

Literaturliste

Absolventenstudie: Institut für Sozialwissenschaften der Humboldt-Universität Berlin, *DBKH – Determinanten beruflicher Karrieren von Hochschulabsolvent(inn)en unter den Bedingungen flexibilisierter Arbeitsmärkte.* Berlin 2008 bis heute. www.sowi.hu-berlin.de/lehrbereiche/empisoz/forschung/dbkh (Download am 08.12.2013).

Befragungsprojekt: Universum, *Europe's Ideal Employers.* Stockholm 2011. www.universumglobal.com/Newsroom/News/Global-News/Europes-Ideal-Employers-2011 (Download am 08.12.2013).

Befragungsprojekt: Ng, Eddy S. W., Linda Schweitzer und Sean T. Lyons, „New Generation, Great Expectations: A Field Study of the Millennial Generation". *Journal of Business and Psychology* 25 2010, S. 281–292.

Befragungsprojekt: Families and Work Institute, *Times Are Changing. Gender and Generation at Work and at Home.* 2008 National Study of the Changing Workforce. New York 2011. http://familiesandwork.org/site/research/reports/Times_Are_Changing.pdf (Download am 08.12.2013).

Befragungsprojekt: Catalyst in Zusammenarbeit mit dem Families and Work Institute, *Leaders in a Global Economy – Finding the Fit for Top Talent.* New York 2008. www.catalyst.org/knowledge/leaders-global-economy-finding-fit-top-talent (Download am 08.12.2013).

Bischoff, Sonja, *Wer führt in (die) Zukunft? Männer und Frauen in Führungspositionen der Wirtschaft in Deutschland – die 5. Studie.* Hrsg. Deutsche Gesellschaft für Personalführung e. V. Bielefeld 2010.

Benko, Cathleen, und Anne C. Weisberg, *Mass Career Customization. Aligning the Workplace with Today's Nontraditional Workforce.* Boston 2007.

Benko, Cathleen, und Molly Anderson, *The Corporate Lattice. Achieving High Performance in the Changing World of Work.* Boston 2010.

Business and Professional Women's Foundation (BPW), *Gen Y Women in the Workplace. Focus Group Summary Report.* Young Careerists Research Project 2011 (Generation Y). Washington D.C. 2011. www.bpwfoundation.org/documents/uploads/YC_SummaryReport_Final.pdf (Download am 08.12.2013).

Carter, Nancy M., und Christine Silva, *The Myth of the Ideal Worker: Does Doing All the Right Things Really Get Women Ahead?* New York 2011.
www.catalyst.org/knowledge/myth-ideal-worker-does-doing-all-right-things-really-get-women-ahead (Download am 06.01.2014).

Costas, Jana, und Peter Fleming, „Beyond Dis-Identification: A Discursive Approach to Self-Alienation in Contemporary Organizations". *Human Relations* 62 2009, S. 353–378.

Dargnies, Marie-Pierre, *Men Too Sometimes Shy Away from Competition: The Case of Team Competition.* Wissenschaftszentrum Berlin für Sozialforschung (WZB). Discussion paper SP II 2011–201. Berlin 2011.

de Graft-Johnson, Ann, Sandra Manley und Clara Greed, *Why Do Women Leave Architecture?* University of the West of England. Report im Auftrag des Royal Institute of British Architects (RIBA). Bristol 2003.
www.architecture.com/Files/RIBAProfessionalServices/Education/DiscussionPapers/WhyDoWomenLeaveArchitecture.pdf (Download am 08.12.2013).

Elprana, Gwen, Magdalena Gatzka, Sibylle Stiehl und Jörg Felfe, *Führungsmotivation im Geschlechtervergleich. Aktuelle Ergebnisse aus dem Forschungsprojekt. Mai 2009 bis Februar 2011.* Hamburg 2011.
www.career-women.org/dateien/dateien/fm_ergebnisse_2009_2011.pdf (Download am 08.12.2013).

Fels, Anna, „Do Women Lack Ambition?" *Harvard Business Review, Product 9424.* Cambridge, MA 2004.
http://ecampus.nmit.ac.nz/moodle/file.php/4599/Diversity/HBR%20-%20Fels,%20Do%20women%20lack%20ambition,%202004.pdf (Download am 08.12.2013).

Fleming, Peter, *Authenticity and the Cultural Politics of Work: New Forms of Informal Control.* Oxford 2009.

Fouad, Nadya A., und Romila Singh, *Stemming the Tide – Why Women Leave Engineering.* Report. University of Wisconsin-Milwaukee. Milwaukee, WI 2011.
http://studyofwork.com/files/2011/03/NSF_Women-Full-Report-0314.pdf (Download am 08.12.2013).

Funken, Christiane, *Managerinnen 50plus – Karrierekorrekturen beruflich erfolgreicher Frauen in der Lebensmitte.* Hrsg. Bundesministerium für Familie, Senioren, Frauen und Jugend. Berlin 2011.

Gersick, Connie J. G., und Kathy E. Kram, „High-Achieving Women at Midlife: An Exploratory Study". *Journal of Management Inquiry* (11) 6 2002, S. 104–127.

Gersick, Connie J. G., Jean M. Bartunek und Jane E. Dutton, „Learning from Academia: The Importance of Relationships in Professional Life". *Academy of Management Journal* (43) Mai 2000, S. 1026–1044.
http://homepages.uwp.edu/crooker/745-Resile/articles/Gersick-etal-2000.pdf (Download am 08.12.2013).

Grey, Christopher, „Career as a Project of the Self and Labour Process Discipline". *Sociology* (28) Mai 1994, S. 479–497.

Haffner, Yvonne, Bärbel Könekamp und Beate Krais, *Arbeitswelt in Bewegung. Chancengleichheit in technischen und naturwissenschaftlichen Berufen als Impuls für Unternehmen.* Hrsg. Bundesministerium für Bildung und Forschung. Berlin 2006.

Hewlett, Sylvia Ann, und Carolyn Buck Luce, „Off-Ramps and On-Ramps: Keeping Talented Women on the Road to Success". *Harvard Business Review* März 2005, S. 43–54.

Hewlett, Sylvia Ann, Laura Sherbin und Diana Forster, „Off-Ramps and On-Ramps Revisited". *Harvard Business Review* Juni 2010, S. 30.

Hewlett, Sylvia Ann, Carolyn Buck Luce, Lisa J. Servon, Laura Sherbin, Peggy Shiller, Eytan Sosnovich und Karen Sumberg, *The Athena Factor: Reversing the Brain Drain in Science, Engineering, and Technology.* Worcester, MA 2008.
http://rachelappel.com/media/downloads/w_athena_factor.pdf
(Download am 08.12.2013).

Hochschild, Arlie Russell, *The Managed Heart.* Berkeley, CA 1983.

Hunt, Jennifer, „Why Do Women Leave Science and Engineering?" *Working Paper 15853.* Hrsg. National Bureau of Economic Research, Cambridge, MA 2010. www.nber.org/papers/w15853 (Download am 08.12.2013).

Kahlert, Heike, „‚Cooling out' und der riskante Weg an die Spitze – Zum Einfluss von Ungleichheitsregimes auf Karriereorientierungen im wissenschaftlichen Nachwuchs". *Forschung und Förderung: Promovierende im Blick der Hochschulen.* Hrsg. Jutta Wergen. Münster, Hamburg, Berlin, Wien, London 2011, S. 105–123.

Kanter, Rosabeth Moss, *Men and Women of the Corporation.* New York 1977.

Keupp, Heiner, Thomas Ahbe, Wolfgang Gmür, Renate Höfer, Beate Mitzscherlich, Wolfgang Kraus und Florian Straus, *Identitätskonstruktionen: Das Patchwork der Identitäten in der Spätmoderne.* Reinbek 1999.

KIT – Karlsruhe Institute of Technology, *Frauen in Führungspositionen – Status quo in der deutschen Wirtschaft – Analyse organisatorischer Erfolgsfaktoren und individueller Potentiale.* Abschlussbericht 12.7.2010. Karlsruhe 2010.

Knowledge@Wharton, *Plateauing – Redefining Success at Work*. Wharton School, University of Pennsylvania 2006.
http://knowledge.wharton.upenn.edu/article.cfm?articleid=1564 (Download am 08.12.2013).

Knowledge@Wharton, *You've Come a Long Way, Baby – or Maybe Not. Why Women are Losing Ground on Wall Street*. Wharton School, University of Pennsylvania 2010.
http://knowledge.wharton.upenn.edu/article.cfm?articleid=2622 (Download am 08.12.2013).

Kratzer, Nick, Wolfgang Dunkel, Karina Becker und Stephan Hinrichs (Hrsg.), *Arbeit und Gesundheit im Konflikt: Analysen und Ansätze für ein partizipatives Gesundheitsmanagement*. Berlin 2011.

Krell, Gertraude, „‚Geschlecht', ‚Führung', ‚Karriere' und deren Verschränkungen als diskursive Fabrikationen". *Geschlecht Macht Karriere in Organisationen. Analysen zur Chancengleichheit in Fach- und Führungspositionen*. Hrsg. Gertraude Krell, Daniela Rastetter und Karin Reichel. Berlin 2012, S. 17–41.

Kuhn, Peter J., und Marie Claire Villeval, „Do Women Prefer a Co-operative Work Environment?" *Discussion Paper* no. 5999, Sept. 2011. IZA-Institut für die Zukunft der Arbeit.
http://ftp.iza.org/dp5999.pdf (Download am 08.12.2013).

Levinson, Daniel J., *Das Leben des Mannes. Werdenskrisen, Wendepunkte, Entwicklungschancen*. Köln 1990.

Levinson, Daniel J., *The Seasons of a Woman's Life*. New York 1996.

Liebold, Renate, „‚Meine Kinder fragen mich schon lange nichts mehr'. Die Kehrseite einer beruflichen Erfolgsbiographie". *Scheitern und Biographie. Die andere Seite moderner Lebensgeschichten*. Hrsg. Sylka Scholz und Stefan Zahlmann. Gießen 2005, S. 89–105.

Lind, Inken, und Andrea Löther, „Chancen für Frauen in der Wissenschaft – eine Frage der Fachkultur? Retrospektive Verlaufsanalysen und aktuelle Forschungsergebnisse". *Schweizerische Zeitschrift für Bildungswissenschaften* (29) 2 2007, S. 249–271.

Lovejoy, Meg, und Pamela Stone, „Opting Back in: The Influence of Time at Home on Professional Women's Career Redirection after Opting Out". *Gender, Work and Organization* 2011. DOI:10.1111/j.1468-0432.2010.00550.x. S. 1–23.

Mainiero, Lisa A., und Sherry E. Sullivan, *The Opt-Out Revolt. Why People Are Leaving Companies to Create Kaleidoscope Careers*. Mountain View, CA 2006.

Mayrhofer, Wolfgang, Michael Meyer und Johannes Steyrer (Hrsg.), *Macht? Erfolg? Reich? Glücklich? Einflussfaktoren auf Karrieren*. Wien 2005.

Metz, Isabel, „Women Leave Work because of Family Responsibilities: Fact or Fiction?“ *Asia Pacific Journal of Human Resources* (49) 3 2011, S. 285–307.

Ms. JD, *High-Achieving Women Need More Than a Bubble Bath.* Lakeside, CA 2010. http://ms-jd.org/high-achieving-women-need-more-bubble-bath (Download am 08.12.2013).

Ng, Eddy S. W., Linda Schweitzer und Sean T. Lyons, „New Generation, Great Expectations: A Field Study of the Millennial Generation". *Journal of Business and Psychology* 25 2010, S. 281–292.

Niederle, Muriel, und Lise Vesterlund, „Do Women Shy Away from Competition? Do Men Compete Too Much? "*The Quarterly Journal of Economics* (122) August 2007, S. 1067–1102.
www.stanford.edu/~niederle/Women.Competition.pdf (Download am 08.12.2013).

Niederle, Muriel, Carmit Segal und Lise Vesterlund, „How Costly is Diversity? Affirmative Action in Light of Gender Differences in Competitiveness“. *NBER Working Paper* 13923. Cambridge, MA: National Bureau of Economic Research 2008.
www.nber.org/papers/w13923

Reynolds, Marcia, *Wander Woman – How High-Achieving Women Find Contentment and Direction.* San Francisco, CA 2010.

Schramm, Michael, und Christian Kerst, *Berufseinmündung und Erwerbstätigkeit in den Ingenieur- und Naturwissenschaften.* HIS-Projektbericht Mai 2009. Hannover 2009.
www.fachportal-paedagogik.de/fis_bildung/suche/fis_set.html?FId=865924
(Download am 08.12.2013).

Schwarze, Barbara, und Wenka Wentzel, *„Zeit, dass sich was dreht“ – Technik ist auch weiblich! Instrumente zur Herstellung von Chancengleichheit in technischen und naturwissenschaftlichen Ausbildungen und Berufen in Nordrhein-Westfalen.* Hrsg. Kompetenzzentrum Technik – Diversity – Chancengleichheit e. V. Bielefeld 2007.
www.fachportal-paedagogik.de/fis_bildung/suche/fis_set.html?FId=874582
(Download am 08.12.2013).

Sennett, Richard, *Der flexible Mensch. Die Kultur des neuen Kapitalismus.* Berlin 1998.

Trzcinski, Eileen, und Elke Holst, „Gender Differences in Subjective Well-Being in and Out of Management Positions“. *Social Indicators Research*
DOI 10.1007/s11205-011-9857-y. Detroit und Berlin 2011.
www.springerlink.com/content/3p5k6l062j4pn466/fulltext.html
(Download am 08.12.2013).

Zhao, Hao, Sandy J. Wayne, Brian C. Glibkowski und Jesus Bravo, „The Impact of Psychological Contract Breach on Work-Related Outcomes: A Meta-Analysis". *Personnel Psychology* (60) 3 2007, S. 647–680.

Ziegler, Yvonne, und Regina Graml, „Die Illusion von der Vereinbarkeit von Familie und Karriere". *GIP – Gleichstellung in der Praxis* (7) 2 2011, S. 15–21. www.career-women.org/studie-beruf-und-familie-karrierebedingungen-karriereerfahrungen-_id2639.html (Download am 08.12.2013).

Die Autorin

Dr. Cornelia Edding

Dr. Cornelia Edding arbeitet in freier Praxis als Beraterin und Coach für Profit- und Non-Profit-Organisationen. Sie beschäftigt sich seit vielen Jahren mit der Dynamik von Teams und Organisationen. Die berufliche Entwicklung von Frauen liegt ihr besonders am Herzen. Sie ist Psychologin, Trainerin für Gruppendynamik (DGGO), Supervisorin (DGSv) und Mitglied des Fortbildungsinstituts TOPS München-Berlin e.V. Sie lebt und arbeitet in Berlin und auf dem Hof zur Linde in der Uckermark.

In den letzten Jahren hat sie mehrere Buchprojekte zu Gruppendynamik und Teamarbeit abgeschlossen. In Zusammenarbeit mit der Bertelsmann Stiftung sind unter ihrer maßgeblichen Mitwirkung zwei Hörbücher im Themenkomplex Gender-Diversity entstanden:

- „Der Erfolg steht Ihnen gut“ – Karrierestrategien für Frauen
- „(Ver-)Führung zur Chancengleichheit“ – ein Wegweiser für Führungskräfte